国家社会科学基金一般项目

浙江省哲学社会科学规划重点项目

浙江师范大学中国语言文学博士点立项建设资助成果

江南山水与中国审美文化的生成

吴海庆 著

中国社会科学出版社

图书在版编目（CIP）数据

江南山水与中国审美文化的生成/吴海庆著. —北京：
中国社会科学出版社，2011.11
ISBN 978-7-5004-9735-6

Ⅰ.①江…　Ⅱ.①吴…　Ⅲ.①审美文化—研究—中国
Ⅳ.①B83-092

中国版本图书馆 CIP 数据核字（2011）第 066939 号

责任编辑　李炳青
责任校对　王雪梅
封面设计　毛国宣
技术编辑　张汉林

出版发行　中国社会科学出版社
社　　址　北京鼓楼西大街甲 158 号　　邮　编　100720
电　　话　010－84029450（邮购）
网　　址　http：//www.csspw.cn
经　　销　新华书店
印　　刷　新魏印刷厂　　　　　　装　订　广增装订厂
版　　次　2011 年 11 月第 1 版　　印　次　2011 年 11 月第 1 次印刷
开　　本　880×1230　1/32
印　　张　12　　　　　　　　　　插　页　2
字　　数　300 千字
定　　价　36.00 元

序

　　吴海庆博士的国家社科基金结项成果《江南山水与中国审美文化的生成》一书即将付梓出版，这反映了海庆三年多的辛勤劳动和学术成绩，是值得高兴的事情。该项目立项之初，我真为海庆捏了一把汗，因为论题太大，难以把握，怕他写空。但现在我放心了，因为海庆很好地实现了自己的研究目标，形成了具有一定创新意义的学术成果。

　　本书的特点是比较好地运用了人文地理学的方法研究江南山水与中国审美文化生成的关系，论述了江南特定的气候、土壤、地形、风俗与其特有的审美文化乃至整个中国审美文化之间的关系。这当然不完全是海庆的独创，早在18世纪德国著名艺术史家温克尔曼就在《古代艺术史》一书中运用人文地理学的方法论证了古代希腊艺术产生过程中特定地理环境的作用；19世纪法国史学家丹纳又在著名的《艺术哲学》一书中提出艺术生成的种族、环境与时代三因素说；在我国，20世纪20年代，梁启超发表的《地理与年代》一文，论述了地理与文化生成的关系。地理、气候与文化之间的联系不能过分加以夸大，但是其必然关系也是不言而喻的，在那特殊的年代里，往往一涉及此说就被说成是违背历史唯物论的"地理决定论"，地理环境与文化关系的理论被搁置一旁，直到1978年之后才重新被提出。引人注目的是杨义先生运用人文地理学对于中国文学版图的创造性研究，后来的生态美学与环境美学研究更是无法避开地理环境的因素了。

本书很值得关注的一点是不仅论述了地理环境与审美的直接关系，而且透彻地分析了地理环境与社会文化的复杂关系，以及此种关系对审美与文学产生的影响，阐明了社会文化作为地理环境与艺术审美之间中介的巨大作用。这里所说的社会文化包括特定的风俗习惯、语言、信仰、生存方式、历史传统与族群遗存，等等。本书实际上还涉及了人文生态的重要问题，无论是江南特有的民谣、诗歌、曲艺、传奇，还是园林、宗教艺术等审美形态都是一种在特定地理环境中生成的人类的"家园之歌"与"生存之曲"，是特定的生态审美的表现形态，具有不可代替的历史地域性与价值。海庆在书中以广阔的学术视野阐述了"江南山水美学"在一定的意义上就是江南文化生态美学这一论题，涉及江南特有的诗画、民艺、园林、宗教、生态与日常生活的方方面面，周到翔实，这正是本书的贡献与特殊价值之所在。非常可贵的是，海庆在本书中表现了非常强烈的现实关怀，针对当代工业化过程中地理环境的污染和城市化过程中文化遗产的迅速消失等现象，海庆指出，特有的江南审美形态正逐步退出历史舞台，文化特征的消失在某种程度上就是一个民族特征的消失。这是多么严重的事情啊！海庆在书中写道："我们今天纵论江南山水的过去和现在，倡言它在中国审美文化生成过程中地位与作用，以引人惊醒，促人反思，呼唤我们的政府和人民行动起来阻止一切对它的破坏行为。"这就是本书的主旨所在，也是海庆的苦心所在。

需要特别指出的是，本书的写作颇富文学色彩，在文字表现上下了不少工夫，使得本书具有相当的可读性，而所涉及的大量文学与艺术作品也说明海庆在写作中所投入的精力。

这是一部经过认真研究而形成的厚重的学术著作，如果说有什么建议的话，那就是还需进一步加强理论性。海庆是从不会偷懒的，十多年前在我这里攻读博士学位时就选择了较为繁难的王夫子美学研究，之后又继续苦心钻研多年，同样本课题也是比较复杂的，他同样投入了大量精力，所有的耕耘都会有收获的，本课题的完成说明他进入了一个新的领域并跨上了一个新的台阶。写以上的话作为对海庆的祝福并与他共勉。

曾繁仁

2010 年 10 月 24 日

目　录

引　论

在漫长的历史过程中，人类一天天把自己印入大自然中，又通过大自然来观照自身，在那些激起人类丰富的美好感受的山川湖泊中，文人雅士们吟诗作赋、弹琴绘画，尽情表现大自然的风采，并借之礼赞人文，大自然无穷的姿态变幻与人类对语言、色彩和声音的魔幻般的运用相结合，便出现了一个又一个人间天堂。在俄罗斯，从阿瓦库姆到托尔斯泰，诗人们把贝加尔湖唱成了"圣湖"、"圣水"和"圣海"；在英国，从济慈到"湖畔诗人"柯勒律治，大湖被描绘成童话仙境；在法国，从保尔·塞尚的油画到罗曼·罗兰的小说，人们发现普罗旺斯才是法国人的浪漫之源；而在中国，从庾信的《哀江南》到白居易的《忆江南》，从王勃的《江南弄》到张籍的《江南行》，从董源的《潇湘图》到张大千的《长江万里图卷》，文士们构建了一个承载着中华民族集体梦想与希望的江南乌托邦。古往今来，一提到江南，人们便会诗情澎湃，想象着纵一叶小舟，"酣睡于十里荷花之中，香气拍人，清梦甚惬"（《陶庵梦忆·西湖七月半》）。然而，江南在哪里？江南山水的概念是怎样界定的？今天纵论江南又有什么意义呢？

一 "江南"在哪里

　　江南在哪里？这似乎不是一个问题，越过长江，一路向南，岂不就是江南了？然而，事实是直到目前为止，学术界也没有达成一个关于江南范围的共识，这对于我们深入而全面地研究江南无疑是一个很大的障碍。为了克服这个障碍，笔者对过去一些有代表性的江南概念进行了梳理，并谋求建立一个能为大多数人接受，至少是能使我们的课题有着更为可靠基础的江南概念。

　　首先，江南是一个在历史上不断变化的概念。从江南概念的使用情况来看，可以分为地理上的模糊期和清晰期两大阶段。在唐以前，江南的地理界限是非常模糊的。如屈原《招魂》中讲"魂兮归来，哀江南"，这个"江南"指的是淮河以南楚国的中心区域和大后方。又如《后汉书·刘表传》载："江南宗贼大盛……唯江夏贼张虎、陈坐拥兵据襄阳城，表使越与庞季往譬之，乃降，江南悉平。"这里把长江以北颇远的襄阳也纳入了江南，可见汉人要么是把淮河以南称为江南，要么就是在很随意地使用江南这个概念。唐代开始，江南有了一个十分明确的地理范围。初唐时中央政府设立了江南道，包括了北到长江，东临大海，西抵川东，南至南岭的广大区域，虽然这时的"道"还只是一个不设机构、不派官员的地理区划，却明确地划出了江南的地域范围。唐玄宗时（733年）江南道被分为江南东道、江南西道和黔中道三个行政区，其中江南东道"理苏州"（《旧唐书·地理志一》），辖今江苏省南部、上海、浙江和福建全境，江南西道"理洪州"（《旧唐书·地理志一》），辖今江西省（婺源县除外）全部、皖南、湖南大部和湖北鄂州市。由于玄宗时的"道"已经成为州以上的一级行政区划，所以，可以说由江南东道和江南西道所确立的江南是中国历史上最早由一个强大的中央政府来划定和命名的"江南"，这个"江南"在世人心中具有不容怀疑的权威性和持久的影响力。至北宋置江南路，辖区东限闽海，西界夏口，南抵大庚，北际大江，与唐代的江南东西两道基本吻合。另外，从政治、经济和文化中心区域的变化来看，江南的历史可以分为洞庭湖中心期和太湖中心期以及两者的并行期。先秦时期，人口众多、经济发达的楚国把云梦泽（洞庭湖）、鄱阳湖作为自己的内湖和腹地，并据此向四周扩张，这时江南地区的政治、经济和文化中心在长江中游，我们可以称之为江南的洞、鄱中心期。到三国时期，孙权据江东，整个太湖流域得到开发，长江下游逐渐成为可以和荆楚大地媲美的另一个江南的政治、经济和文化发达的"远东"区域，这可以称之为江南的洞、鄱、太并行期。到宋代，洞、鄱流域的江南西路人口总数、粮食产量和科举考试等方面均明显落后于江南东部的江南东路和两浙路。至明清时期，太湖流域已经完全取代洞、鄱流域而成为江南的"腹心"，所以在当今研究明清时期江南政治、经济和文化的学者眼中，明清时期的江南就是太湖流域及其周边地区，即包括苏州、淞江、常州、杭州、嘉兴、湖州在内的"江南六府"，或包括江宁、润州、常州、苏州、松江、嘉兴、湖州、杭州、绍兴、明州等在内的"江南十府"。如王家范从明清时期区域经济的角度来界定江南，认为江南是以苏州、杭州为中心的苏松常、杭嘉湖市场网络区①。李伯重以日本学者斯波义信的"地文—生态地域"说为根据，认为"经济史研究中的明清江南，应指苏、松、常、镇、

---

① 王家范：《明清江南市镇结构及历史价值初探》，《华东师范大学学报》1984年第1期，第74—84页。

宁、杭、嘉、湖八府及太仓州所构成的经济区"①，主要原因是这一地区"在地理、水文、自然生态以及经济联系等方面形成了一个整体，从而构成了一个比较完整的经济区"②。冯贤亮赞成周振鹤在《释江南》中表述的观点，把明清时期的江南界定为"太湖流域（或称太湖平原)"③。

其次，在今天，从不同的学科和角度，人们形成了差异很大的关于江南的定义。如地理学上的江南指的是江南丘陵地区，即"长江以南、南岭以北、武夷山、天目山以西、贵州高原以东低山丘陵的总称"。④ 这种说法把洞庭湖、鄱阳湖、太湖都不包括在江南范围之内，显然不会得到大多数人的认同。气象学上的江南指的是所有梅雨覆盖的地区，即"淮河以南，南岭以北，大约东经110度以东的大陆地区，以及台湾省的最北端"⑤。这样把大片长江以北的地区划入江南也不符合人们通常的感觉，虽然江南不是一个纯粹的自然地理概念，但无视长江所具有的明确的地理界限意义恐怕也难以为人所接受。相比之下，全国一级气象地理区划中的江南更合于人们的心理感觉，即长江至南岭间所含的湖北、湖南、江西、浙江、安徽、江苏、上海和福建北部等地。文化上的江南更复杂一些。刘士林以"诗性"来概括江南文化的独立品质和独特内涵，并根据这一文化特色来探索江南的范围，认为"江南不仅与北方文化圈判然有别，同时与巴蜀等南方的区

---

① 李伯重：《多视角看江南经济史》，生活·读书·新知三联书店2003年版，第462页。

② 同上书，第449页。

③ 冯贤亮：《明清江南地区的环境变动与社会控制》，上海人民出版社2002年版，第10页。

④ 杨勤业：《地理学者说：江南是丘陵》，《中国国家地理》2007年第3期。

⑤ 林之光：《气象学者说：江南是梅雨》，《中国国家地理》2007年第3期。

域文化也有很大不同"①，其范围可以确定为"往北可以延伸到皖南、淮南的缘江部分，而往南则可以达到今天的福建一带"②，同时又指出，当今江南文化的中心在长江三角洲地区。文化系列电视片《江南》以如诗如歌的画面和语言表现了江南的"诗性"，电视片中的江南涵盖了苏南、浙北、徽州、江西等区域，并从中选择了苏州、杭州、南京、扬州、黄山、九华山、宏村和乌镇等文化发达或富于文化个性的地方作为重点展示对象，这与刘士林所言的江南基本一致。单之蔷采用寻找纷纭江南共有部分的方法来确立当代江南，他在《"江南"是怎样炼成的?》一文中指出，如果把各个时代、各种类型的江南地图叠加在一起，那么其共有的部分便是真正的江南，而这样叠加的结果是把江南定格在了"太湖和西湖流域"③。

　　上述各种江南定义的形成既有自己的历史、文化、政治和经济上的根据，也往往着眼于学者们各自的学术兴趣或方便于各自所研究的课题，如此定义江南虽在情理之中，但也不免狭隘。首先，江南是一个具有悠久历史的概念，不能以某一历史阶段上的江南，比如明清时期的江南来代表整个中国历史上的江南，或代表今日的江南。其次，江南是一个与政治、经济、历史和文化联系紧密的综合性概念，是一个从地形、环境、气候、历史、文化和风俗中提炼出来的形象概念，具有十分丰富的意蕴和内涵，所以既不能从单一学科的角度来界定它，也不能以它的优势区域来取代它的整体，而排除它在政治、经济和文化上相对落后的地区和不太突出的部分。

----

① 刘士林:《西洲在何处》，东方出版社2005年版，第206页。
② 刘士林:《江南文化读本》，辽宁人民出版社2008年版，第5页。
③ 单之蔷:《"江南"是怎样炼成的?》，《中国国家地理》2007年第3期。

要建立一个合理的当代的江南概念，以下两个方面必须充分重视：第一，必须以地理分界为基础，综合考虑历史、文化、政治、经济和人的社会心理等各种因素。江南概念确立的最重要的依据是地理因素。古时候，中国的许多河流都叫江，因而也就出现了众多的"江南"，但是，随着统一的大中国疆域的巩固和稳定，长江作为中华民族母亲河的独特地位日益彰显，长江中下游之南的地区就逐步成为大众心目中的江南，而其他的"江南"则相应地失去了其"合法"性，包括长江上游以南的地区也不被视为江南，因为自古以来只有宜宾以下的江段才称长江。第二，必须考虑江南形象的多重意义。关于江南形象的意义，在下文中将有十分详细的说明，这里就不再赘述。

综合上述多方面的因素，笔者认为今天的江南应该界定为北起长江，南至南岭，东至大海，西及两湖的区域，这十分接近于唐人所理解的江南。在这个江南范围内，根据其在政治、经济、文化、历史和地理等方面的差异性，又可以分为两大相互关联又相对独立的部分：（1）长江下游的江南部分，以太湖、钱塘江流域为主体，这是江南地区政治、经济和文化最为发达的地区，可以称之为"江南腹心"。不过，这里要特别指出的是，扬州以地理位置而言是在长江以北，但传统上却把它视为一个江南城市，这主要是因为扬州在"大运河畔、长江边上、东海之滨，她的繁华、富庶、舞榭歌台、诗词歌赋、琴棋书画都和江南的苏杭相通、相似、相媲美"。① 也就是说，对扬州江南"身份"的认证既有地理位置接近的考虑，也有经济一体、文化一脉的考量。（2）长江中游的江南部分，以皖南、洞庭湖流域、鄱阳湖流域为主体，这是江南的大后方。

---

① 单之蔷：《"江南"是怎样炼成的？》，《中国国家地理》2007 年第 3 期。

这样界定江南可能会形成如下一些优势：第一，突出了长江的地理意义和江南概念的地理品质。第二，充分考虑了江南作为一个形象概念的综合意义，尤其是其复杂丰富的文化意义。比如，从文化上考虑，长江中游地区在历史上以楚文化为主，楚文化的根基是姬周文化，在此基础上它融合、吸收了江汉平原及周边地区的土著文化。楚文化早期以江汉平原为生成和发展的中心区域，西北为秦岭阻隔，西南为巫山所断，南越洞庭湖，北过淮河，东至吴越。楚文化由于受到中原文化的压制和同化，其中心逐渐南移至洞庭湖流域，而向东则日渐与有更多共同性的吴文化合流。吴越文化与楚文化虽然有不少差异，但同属稻作文化，且在历史上混融共生，所以被人们合称为"吴头楚尾"的吴楚文化。我们对江南的上述界定是把楚文化和吴越文化都视为了江南文化的重要组成部分。第三，具有现实性和前瞻性，适用于对江南的多学科、跨学科的综合研究。如从当代生态环境状况考虑，随着长江三角洲地区的过度开发和它的生态环境的恶化、自然色彩的脱落，与之遥遥相望的由湘江、沅江、蒸水和潇水等构建起来的三湘世界在各个方面都表现出较大的发展潜力。总之，按照我们的理解，这样界定江南既尊重历史，又符合社会习惯，同时也有利于对江南的学术研究和江南社会的整体发展。

二　"江南山水"的界定与"生成"概念的哲学含义

在确立了"江南"的范围后，"江南山水"的界定就比较容易了，那就是在"江南"范围内的山水环境。但是，在按照这样一种界定使用这个概念的时候还是遇到了一些新的问题，所以需要作进一步的说明。首先，"江南山水"是否应包括江南的气候呢？单纯从名称上讲，显然是应该将气候排除在外的，但是从自然环境各要素之间的关系来看，又必须将它们视为一体，因为江南山水的风貌和特性如果处于另一种气候条件下必然会呈现出完全不同的形态，所以本书将江南的气候视为"江南山水"的应有之义。其次，"江南山水"虽然指向特定的地域，但它又是一个在与中原、塞北、岭南、西部等区域性的自然环境进行比较中形成的概念，所以在运用它的时候，有必要突出"江南山水"与其他地域环境的差异性、特殊性，而对它们的共同品质则尽量不予论述。再次，由于本书的中心任务是研究"江南山水"与"中国审美文化生成"之间的关系，所以在使用"江南山水"这个概念的时候一般是指在"江南"范围内与中国审美文化的生成有直接或间接关系的，且具有典型性的山水环境。这就有可能使读者产生一种误解，即认为本书只看到了江南山水对中国审美文化的特殊贡献，而忽视了它与中国文化整体的全面而深刻的联系。所以这里想说明一下，这不是"忽视"，而是"悬置"，目的是为了避免对主题的冲淡。

"生成"一词，《辞海》的解释是："反映事物发生、变化与消灭的哲学范畴。"也就是说，它作为一个哲学范畴，反映的是事物从无到有和从有到无的发展过程，是有与无相统一的动态概念。以之来反观江南山水与中国审美文化之间的关系，也应该持有与无的对立统一观，不仅能看到有，也应该能看到无，以及二者的交替互动。具体而言，就是要研究江南山水是怎样参与到中国审美文化的创造中的，研究江南山水给中国审美文化带来了哪些变化，发现它究竟孕育了什么、滋养了什么，又消灭了什么，同时还要研究中国审美文化怎样反作用于江南山水，使其从纯粹的自然现象成为拥有文化灵魂的审美对象，这个审美对象又怎样支持中国审美文化走向新的境界，以及江南山水在遭遇破坏的情况下对未来中国审美文化发展方向将产生怎样的影响。

　　江南山水与中国审美文化生成的关系问题并不是一个崭新的课题，迄今为止，学术界在这方面的研究已经取得了一些重要成果。如关于江南山水与文学、绘画、园林、建筑关系的研究有田望生的《空山诗魂》，罗宗强的《魏晋南北朝文学思想史》，徐复观的《中国艺术精神》，王力坚的《由山水到宫体》，孙筱祥的《文人写意山水派园林艺术境界》，邵忠、李瑾选编的《苏州历代名园记》，陈野的《浙江绘画史》，苏旅主编的《江南古典园林》，马时雍主编的《杭州古建筑》，阮仪三的《江南六镇》等；对江南山水作为旅游资源的研究有段宝林、江溶主编的系列丛书《山水中国》中的湖南卷、江西卷、浙江卷、江苏卷等，以及魏伯男的《浙江》等；对江南山水进行文化透视的文章与著作也有不少，如陈水云的《中国山水文化》、李文初的《中国山水文化》、高建新的《山水风景审美》、范阳的《山水美学研究》等。近年来，刘士林对"江南文化"的研究非常出色，重要成果如《中国诗性文化》、《西洲在哪里：江南文化的诗性叙事》、《江南文化的诗性阐释》等。此外，俞惠煜主编的"释江南"丛书也很有影响。但从总体上看，大家对江南山水与中国审美文化生成的关系研究都是在搞"副业"，其相关成果要么是局部性的，要么是概括性的，缺乏对这一重大问题的系统性考察与研究。

　　随着中国经济的崛起，包括山水审美文化在内的中国传统文化也开始更多地受到世界各国的关注。一些外国学者十分重视中国古代文化中"天人合一"精神对解决现代生态问题的启示意义，并着手研究与"天人合一"思想有直接关系的中国独具特色的古代山水艺术，如英国学者劳伦斯·比尼恩的《亚洲艺术中人的精神》、美国学者房龙的《人类的艺术》等，但是，他们还远远没有认识到江南山水这一特定的地域环境对于中国审美文化生成的重大而切实的意义。

鉴于上述实际情况，很有必要就江南山水与中国审美文化生成的关系问题展开一次多向度、大纵深的研究，通过这种系统的研究，一方面可以全面了解江南山水在中国审美文化生成过程中的作用，进一步把握中国审美文化生成的根据与发展规律，从而丰富我国的当代审美文化理论；另一方面通过这种带有发生学性质的研究，可以更科学地认识自然环境在人类建设和谐社会方面的具体作用，为当代人实现艺术化生存的伟大目标提供文化上的参考。

三 江南社会经济文化的发展与"江南"形象的成长

江南山水对中国审美文化的最大贡献就在于奠定了"江南"形象的自然基础，所以研究江南山水与中国审美文化生成的关系必须围绕"江南"形象展开。而绚丽多姿、魅力无限的"江南"形象并不是一蹴而就和一成不变的，而是经历了一个从诞生、成长到成熟的不断被赋予新内涵的漫长过程。在这个成长过程中，江南社会日益发达的经济是其最重要的社会支撑，而直接向其输送精神营养的则是逐渐成熟的江南文化。古代江南的原生态文化主要是吴楚文化，在历史上，吴楚文化多次与中原文化进行了多方位、深层次的融合，最终发展为成熟的江南文化。越到后来，中原文化在江南文化中所占的分量越重，而吸收了中原文化精髓的江南文化也更加丰富和具有活力，从而能够使江南形象在它的哺育下茁壮成长。

（一）"江南"形象的诞生是造化之功，也得益于中原生产技术的南播之力。在生产力非常低下的原始社会和早期封建社会，先民使用石器和木器进行耕作，这种情况下，黄土高原和中原地区疏松肥沃的黄土要比江南黏滞板结的土壤具有更大的优越性，所以中国社会早期的政治中心都在北方的河南、陕西一带。这时的江南淫雨连绵、潮湿濡热，并不比四季分明、温暖凉爽的中原地区更有利于古人类生存。即使到西汉时，人们仍然认为"江南卑湿，丈夫早夭"（《史记·货殖列传》）。在北方，战国后期的秦国开始使用铁器，而江南地区至少在西汉时已经掌握了冶铁技术，据《三国志》载，东汉末年的吴地已是"山出铜铁，自铸甲兵"（《三国志》卷64）。铁器的使用为生产力带来了革命性的发展，随着铁制耕作工具向江南的传播和商业贸易的兴盛，江南的地理与气候优势逐渐显露出来。首先，铁器广泛使用后，江南黏滞板结的红壤没有了耕作上的困难，同时在粮食生产上，雨水丰沛的江南明显优于干旱少雨的北方，所以在隋朝时江南就已经称得上是天下粮仓了。其次，铁艺在造船方面的使用使江南的造船技术得到了较大的提高，能够造出较大体积的运输船只后，水上交通开始优于陆上交通，于是江南的商业贸易更加繁荣。欧阳修对宋代杭州水上航行与贸易曾有这样生动的描述："闽商海贾，风帆浪舶，出入于江涛浩渺、烟云杳霭之间，可谓盛矣。"（《有美堂记》）松江地区的水上航行条件甚至比杭州还要好，明人顾祖禹对其有这样的赞赏："雄襟大海，险扼三江，引闽越之梯杭，控江淮之关键。盖风帆出入，瞬息千里。"（《读史方舆纪要》卷24，《江南六·松江府》）古人言语虽有夸张，大致景象却符合实际。总之，由于中原先进生产技术向江南的传播，江南社会的生产力得到迅速的提高，这时江南自然环境中的许多不利于人类生存的因素开始转化为有利于人类生存的条件。魏晋时期，人们对江南湿热的气候和山多水丰的地貌环境已经开始由鄙视和厌恶转向重视和喜爱，江南在整个国家中的地位逐步上升，江南形象也初现端倪。

（二）"江南"形象的成长是吴楚文化与中原文化共同哺育的结果。中国文化是以中原文化为中心向四面推进的，不过这种推进不是一种单向度的取代，而是与当地文化结合形成更加发达的文化，中原文化向江南的推进就属于这种情况。西晋末年的"永嘉之乱"、宋代的"靖康之耻"、唐代天宝年间的"安史之乱"这三次衣冠南渡是中原文化南移的重要契机，它不仅影响了江南文化的发展进程，而且为中原文明自身找到了理想的"避难所"和大后方。中原文明就像候鸟一样，当严冬来临时，就迁到了江南，当春天来临时，又向北飞去。中原文明在退居江南时，休养生息，待羽翼丰满，又卷土重来。杨义先生称之为"太极推移"，并认为正是这种太极推移使中华文明几千年来充满活力，永不衰竭。历史上许多古老的文明都在游牧民族的铁蹄下灭绝了，而中原文明却五千多年绵绵不坠，其中最重要的原因之一便是中原文明有一个"江南"大后方。当然，江南文化并不是简单复制中原文化，因为江南文化中包含着许多吴楚文化的因子，地域特色非常鲜明。春秋时期，在北方史官文化成型之时，荆楚之地仍盛行着巫觋文化的风俗，《汉书·地理志》说："楚有江汉川泽山林之饶，江南地广……信巫鬼，重淫祀。"《列子·说符篇》也称"楚人鬼而越人祀"。楚地和吴地等江南地区的原生文化是一种充满了想象和神话的具有神秘色彩的文化，儒家所不谈的"怪力乱神"在吴楚之地都是热门话题。这种文化特征与这里"江汉川泽山林之饶"的地理环境关系甚密。水的灵动与浩渺，山的幽玄与神秘，为早期人类的想象力提供了足够广大的活动空间，并且诱发人们在奇思妙想中构筑起虚幻的时空，从而使巫觋文化的流行具备了坚实的自然基础和社会心理基础。春秋战国时期，政治、经济和军事上的割据，限制了地域文化之间的交流，使江南地域文化中的巫觋因子得以保留并获得了稳定发展。基于吴楚巫觋文化的江南审美文化正是在这样的背景下取得了丰硕成果。如屈原具有神幻之美的《九歌》、《招魂》，有"神曲"美誉的《离骚》，还有宋玉激荡淋漓的《九辩》，以及大量构思奇妙、境界浪漫、言辞优美的民间楚歌、吴歌等，还有丰富的具有审美文化品质和吴楚风情的楚声、越物、吴楚建筑等。由于具有悠久的历史、坚实的民间基础和自然环境基础，吴楚文化并没有因中原文化的到来而丧失其基本特征。李白诗云："屈平词赋悬日月，楚王台榭空山丘。"（《江上吟》）由于中原文化的浸润和社会名流的推崇，吴楚文化在历史的绵延中更加光辉灿烂。吴楚文化终究没有成为主流文化，这可能与江南的历代割据政权总是被北方的政府打败和统一有关。不过，平心而论，没有成为主流文化，这既是吴楚文化的遗憾，也是江南文化的幸运，因为正是吴楚文化的这种非主流地位使江南文化形象少了一些严肃和单调而增添了许多活泼与可爱。

（三）"江南"形象的成熟离不开历代文人的精心塑造。"江南"形象的成熟，诗人和画家的贡献很大。江南日益发达的经济固然是塑造其形象的基本力量，但是，文人的赞誉和美化却是其获得卓越的精神品质和丰富的形而上意义的主要原因。江南山水的宜人性造就了江南文人对自然环境的审美视角。一般来说，在自然环境恶劣的地方，人们往往产生强烈的改造自然的愿望，人与自然的关系相对比较紧张，相反，在自然环境宜人的地方，人们容易生发出一种对大自然的亲密感情和深刻的爱。正如丹纳在《艺术哲学》一书中指出的那样，柔和的阳光、温暖的空气、湛蓝的天空、和谐的山形与山坳中的橘树、橄榄树、柏树等景致会使人形成欢乐和活泼的性格，在美感中获得满足。对于江南文人来说，江南山水牵引着他们的情思、铸造着他们的灵魂，使他们醉心于诗歌、绘画、书法等艺术形式，并以之来表达对江南山水的深情。民国时期的学者朱鹏曾发出这样的感慨："我生雁荡间，天公待我厚！"（《自窑川历芙蓉村，过四十九盘岭，抵能仁寺三十韵》）苏东坡亦云："扁舟一棹归何处，家在江南黄叶村。"（《书李世南所画秋景》）在我国，这可以说是一种普遍性的文人情怀，文人们以生于江南为荣，以家居江南为人生幸事，以能在江南山水中畅游为人生莫大的快乐。李渔在《芥子园画传·序》中讲到，江南山水已经成为自己生命中与生活中不可缺少的要素，所以常游山水以自娱，当身体不适不能出游时，便展画卧游，"当其屏幛列前，帧册盈几，面彼峥嵘退旷，峰翠欲流，泉声若答，时而烟云晻霭，时而景物清和，宛然置身于一丘一壑之间，不必蜡屐扶筇而已有登临之乐。"叶燮出生于有中国山水诗摇篮之称的嘉兴，他一生游遍了中国的名山大川，但他评诗论画大多还是依托于横山之悟。明清之际的王夫之特别喜爱以写永嘉山水为主的谢灵运的山水诗，称赞谢灵运的《富春渚》等诗是能"藏锋锷于光景之中"的极品，并认为"情景相入，涯际不分。振往古，尽来今，唯康乐能之"（《古诗评选》）。而闻一多则把"诗中的诗，顶峰的顶峰"（《唐诗杂论·宫体诗的自赎》）这顶诗歌王国中最为光辉灿烂的桂冠献给了写江南春夜山水风光的《春江花月夜》。文人们对江南山水的倾情歌唱使江南形象如一轮红日从海上喷薄而出，并走向了它更加光辉灿烂的未来。

四 "江南"形象的内涵及其在
中国审美文化中的地位

"江南"形象在中国审美文化中的地位举足轻重，中国审美文化中没有"江南"形象是难以想象的，成熟的江南形象是中国审美文化中的一座丰碑，这座丰碑为我们解读历史，又向我们启示未来，激起我们对生活的热爱，又鼓舞我们对生活的信心。"江南"形象无限丰富的文化意义是言说不尽的，但从大的方面来讲，可以概括为以下五个方面：

（一）民族的"存在之家"

家园，从最通俗的层面上来理解，就是通常情况下一个人生活的基本处所。从哲学上讲，家园意味着人的存在方式，一个民族的家园便是一个民族的生存方式。江南作为中华民族生存的理想家园，无疑体现了我们民族的生存方式。海德格尔曾经指出，语言是存在之家，并借诗人格奥尔格的诗《新王国》中的一句诗"词语破碎处，无物存在"①来说明语言对人类存在的意义。由此推论，江南作为我们民族家园的价值也应该体现在其作为独特的民族语言方面。当代江南文化学者刘士林认为，中国话语就是江南话语，而"江南话语的语言学条件是所谓'吴侬软语'"②，即"妖而浮"的吴声。我认为，作为标示人类存在方式的语言的概念应该从广义上来理解，也就是说，应该把它理解为一种文化符号，而不仅仅是可以发声的词语。如此看来，江南作为我们民族独特的语言，就不仅体现为诗歌、散文所描写的"塔、杏花、春雨、满月、杨柳、旧桥、寺院、石板弄、木格子花窗……当然还有少不了的碧绿的水"③，而且体现为各种文化景观与符号。

在渔耕时代的江南水乡，一艘小船就是一个家，即使在今

---

① 孙周兴选编：《海德格尔选集》（下册），上海三联书店1996年版，第1065页。

② 刘士林：《江南文化的诗性阐释》，《江苏大学学报》（社会科学版）2004年第1期。

③ 邹汉明：《江南词典》，湖南文艺出版社2007年版，第18页。

天的绍兴，我们仍然能够看到那种以船为家的生活，在水的柔波里漂荡着的乌篷船，平底的船舱中铺着草席，备有枕头和毛毯，或泊，或行，或捕鱼，或雨中，或烈日下，都是一派闲雅。"船头一束书，船后一壶酒，新钓紫鳜鱼，旋洗白莲藕。"（陆游《思故山》）江南的人们喜欢在这种漫不经心的散淡中表达心灵的安宁。江南村落的小巷和细雨自从进入戴望舒的《雨巷》后，平添了许多柔韵，在文人的眼中它们成了无限乡愁的载体。轻软飘逸的蓝印花布穿在明眸的"丁香一样的"姑娘身上，与小桥流水、粉墙黛瓦、绿柳红桃以及淡淡的茶烟氤氲、轻轻的弦索弹唱，组成了水乡的爱情曲。狮子山、龙井村一带的茶园年年生长出色、香、味、形皆绝的茶中极品，"啜之淡然，似乎无味，饮过后觉有一种太和之气，弥沦乎齿颊之间，此无味之味，乃至味也"（陆次云《湖壖杂记》），"令人对此清心魂，一漱如饮甘露液"（屠隆《龙井茶歌》）。无数文人把自己对茶的美妙感受凝练为精致的诗句，而这些诗句最终都成为对家的注解。千百年来，江南茶乡的人们创造了精湛茶艺，沏茶的用水、用具和方式在这里都十分讲究。用虎跑的山岩石罅间的涓涓涌流沏茶才能汤色清碧、香馥如兰、味甘无比，但光有好水还不够，还得要掌握沏茶的功夫，煮水、置茶、冲泡，泡好的茶还要用"凤凰三点头"的方式敬客。在这里，家便是江南人甘怡的日常生活方式与温情的表达方式。

南北朝时，江南的陈伯之将军叛梁降魏，他的好友丘迟以书信劝其归梁，信中写道："暮春三月，江南草长，杂树生花，群莺乱飞。"（《与陈伯之书》）这短短几句描绘江南风情的话竟让那位远离故土的浪子感动得泪流满面，陈伯之终于抵不住强烈的思乡之情，毅然重返南梁。对于陈伯之来说，家便是那深深地印在脑海中的江南的自然景致。晚清大学者、大思想家龚自珍长期客居他乡，但时刻不忘归隐江南故里，有诗为证："下南一以望，终恋杭州路。城里虽无家，城外却有墓。相期买一丘，毋远故乡故。"（《寒月吟》）在龚自珍的眼中，家是江南的一丘坟墓。明末清初的诗人钱澄之在抗清斗争最艰苦的岁月里，仍表现出对江南山水深深的依恋："鸡鸣深竹里，隔水见人家。"（钱澄之《昌化道中》）在抗清斗争彻底失败后，钱澄之有幸能回到皖南老家，"辛苦天涯愿已违，江村重返旧柴扉"（钱澄之《到家》），政治抱负虽未能实现，但能在故乡的江村安度晚年，心中也得到莫大的安慰。在钱澄之看来，家便是江村中的柴扉，人可以藏匿"天涯"之愿，却不能没有那个可靠的"柴扉"。

今天的人们仍然有幸能以江南为家，只是这种荣幸中多了一份隐忧。当代著名科普作家和诗人黎先耀在他的《莼鲈之思》[①]一文中就表达了他的家园之忧。文中讲到，自己近年去故乡杭州讲学，看到曾经清澈潋滟的西湖变得混浊晦暗了，莼菜羹、鲈鱼脍本来是杭州最普通，人们也最喜爱的两道菜，可是在今天的杭州却难得品尝。从晋代开始，莼菜羹、鲈鱼脍就成了我们家园的景象，如果连莼菜羹、鲈鱼脍都没有了，江南还是江南吗？那是否意味着令人恐惧的"词语的破碎"？

（二）优美自然的典范

在我国，山水之美一般分为两大类型，一类是肃杀、凋零、苍凉的塞北，一类是宁静、安逸、温馨的江南。塞北风光是崇高型的，江南山水是优美型的。江南山水的优美既是一种真实的景

---

① 黎先耀、袁鹰主编：《百年人文随笔·中国卷》，吉林人民出版社2003年版，第1161页。

观，也是艺术家们的精心表现与描绘，古往今来的艺术家们把自己对江南山水的精妙感受和体验用他们生花的妙笔描绘和表现出来，让世人一起来分享。在这方面，我们首先应该感谢作为山水诗鼻祖的谢灵运，这位风流才子当年被贬为永嘉太守后，恋上了永嘉山水，官司诉讼不顾，只管在茂林、修竹、清泉、峭壁间寻幽探微，"澹潋结寒姿，团栾润霜质。涧委水屡迷，林迥岩逾密"（《登永嘉绿嶂山》），在密林寒雾中行走极易迷失方向，但倾情山水的人纵然迷失在岩林间似乎也心甘情愿。绿嶂山、盘屿山、华盖山、东山、西山、破石山、大罗山等一一游过，诗人细细地体味着"白云抱幽石，绿筱媚清涟"（《过始宁墅》）的韵味，抒发着"安得山水似永嘉"的感叹。事实上，江南的好山水岂止在永嘉，如西湖独特的山水配合就是历代皇帝也十分向往的，当年宋仁宗在送梅挚人赴杭州任知府时，曾不无羡慕地写道："地有吴山美，东南第一州。"（《赐梅挚知杭州》）南宋诗人杨万里描绘西湖是"接天莲叶无穷碧，映日荷花别样红"，而且盛赞西湖是盛夏里的"红香世界清凉国"（《晓出净慈送林子方》）。有人感叹此诗只写莲花之美，没有美丽的江南女子飘然其中，少了点儿功力和慧眼，但笔者却觉得它体现了诗人对西湖自然风韵的信心。西湖之所以能让一代又一代人陶醉，不是因为它的某一种格调，而是因为它是一种动态的美，春夏秋冬，阴晴风雨，西湖以大自然赋予它的优越的形体舞出了千姿百态，没有美女和月亮的西湖同样充满魅力。

也许是一种偶然，也许是历史的必然，上天让两位才华横溢的艺术家白居易和苏东坡去做杭州百姓的父母官，在这里，他们将本来就风姿绰约的西湖略加修缮，如同给一个眉清目秀、身材窈窕的少女缝制了一身合体的时装，而他们赞美西湖的脍炙人口的诗句则如美妙的音乐让这位盛装的美女翩翩起舞。白居易在做杭州刺史时修建了白堤[①]，不仅使湖水得到了更好的控制，而且使整个西湖有了长虹卧波的韵味。走在晨曦中的白堤上，四周都是生命涌动的气息。苏轼在守杭州时又在西湖修建了苏堤，将西湖定格为今天的形态。望着自己的杰作，苏东坡酒醉心也醉，纵笔写道："黑云翻墨未遮山，白雨跳珠乱入船。卷地风来忽吹散，望湖楼下水如天。"（《六月二十七日望湖楼醉书五绝》其一）雨中的西湖水天相连，只有远方的青黛和那漫漫长堤让人意识到自己依然生活在尘世间，诗人不无自豪地向世人表明，在大自然的神功中也有自己的一处妙笔。

与江浙一带自然风光相似而又略有差异的是三湘大地。在三湘世界里，江水滔滔，流灌洞庭，给人以无限壮阔和神秘的感觉。"斜月沉沉藏海雾，碣石潇湘无限路"（张若虚《春江花月夜》），"高楼谁得江湖趣，坐听潇潇对烛花"（宣宗《潇湘夜雨》）。三湘之美似乎美得有些凄婉、悲凉。不过，随着长江三角洲地区的过度开发和它的自然色彩的脱落，与之遥遥相望的三湘大地的朴野之美会越来越多地受到世人的关注。

（三）演绎浪漫的"剧场"

过去一提到中华民族的品格，人们便会想到勤劳、善良、勇敢、质朴等字眼，其实，我们更是一个浪漫的民族，而且正是因为有了江南，我们的浪漫才是那样的优美和高雅。在祖国大江南北，传唱着无数凄婉动人的爱情故事，而以长江中下游地区的爱情故事最为婉约缠绵，这不能说不是水的韵致所致，那含烟带雨

---

①　李杭育认为，白居易时所筑湖堤自钱塘门外石涵桥迤北至武林门，以隔绝江水。今日所谓白堤在白居易守杭前就有了。参见李杭育《老杭州》，江苏美术出版社2000年版，第41页。

的青山，那荡着小舟飘着白帆的春水绿波，太容易使人情思绵绵，因此几乎所有乐府诗里的江南曲都在吟唱水边的欢会与相思。"朝登凉台上，夕宿兰池里。乘月采芙蓉，夜夜得莲子。"（《子夜吴歌·夏》）南朝民歌把江南乡间美景、平淡自然的日常生活与动人的情爱故事缀合得天衣无缝。李白以江南生活为题材的作品并不多，但即使这有限的几篇作品也少不了描写人间情爱，如其《子夜吴歌》中以宁静的笔调写西施采莲若耶溪的情景："镜湖三百里，菡萏发荷花。五月西施采，人看隘若耶。回舟不待月，归去越王家。"（《子夜吴歌》其二）诗人对西施难以自主的婚嫁表现出一种无可奈何的感伤，在这感伤中，我们可以深深地体味到诗人对自由爱情的渴慕与向往。的确，在美丽的若耶溪畔，浪漫的鉴湖之上，倾国倾城的女子却没有得到应有的爱情，这怎能不让天下人扼腕叹息。

《诗经》中的诗多为北方民歌，少有的几首关涉于江南的作品也是写情爱的，如："南有乔木，不可休思，汉有游女，不可求思。汉之广矣，不可泳思，江之永矣，不可方思。"（《诗经·周南·汉广》）汉女指汉水之神，传说中的汉水之神是帝尧的一双女儿娥皇、女英殉情后的魂魄，成为神仙的她们"出入必以飘风暴雨"，在长满了湘妃竹的三湘湖山之间永远与舜过着相亲相爱的生活。在屈原的《九歌》中，湘君与湘夫人是一对恋人，然而却都遭受了爱情无果的痛苦，《湘君》中湘君的恋人以桂木作桨，木兰为舵，"令沅湘兮无波，使江水兮安流"，渡过大江后又策马江畔，然而两眼望穿，受尽寂寥，看到的却只是双飞的鸟儿，而不是践约的郎君。《湘夫人》中的湘君，也是在水中的洲上以花草、桂木、紫贝、石兰筑室，驰神遥望迎候湘夫人的到来，但也只能在无限惆怅中虚度光阴。宋玉的《高唐赋》、《神女赋》中更有两性情爱的经典描绘，《高唐赋》描写了在高唐、巫山"谲诡奇伟，不可究陈"的梦幻之境中巫山神女向楚襄王自荐枕席的故事：

> 昔者楚襄王与宋玉游于云梦之台，望高唐之观。其上独有云气，崪兮直上，忽兮改容，须臾之间，变化无穷。王问玉曰："此何气也？"玉对曰："所谓朝云者也。"王曰："何谓朝云？"玉曰："昔者先王尝游高唐，怠而昼寝，梦见一妇人曰：'妾巫山之女也，为高唐之客。闻君游高唐，愿荐枕席。'王因幸之。去而辞曰：'妾在巫山之阳，高丘之阻，旦为朝云，暮为行雨。朝朝暮暮，阳台之下。'旦朝视之如言。故为立庙，号曰'朝云'。"

《神女赋》中以更加生动的笔法叙写了这个故事，说楚襄王梦见"上古既无，世所未见。瑰姿玮态，不可胜赞"的绝世神女在楚襄王室中"悦薄装，沐兰泽"，然后掀起楚襄王的睡帐，"愿尽心之"。尽管他们终究也是"欢情未接"，但从此，巫山云雨、高唐之梦便成了男女情爱的代名词。试想一下，如果我们的祖先不是被奇幻的江南山水滋养出一颗浪漫的心，怎能在这谲诡奇伟的云山雾水中构想出如此乐而不淫的爱情故事。

在西湖，六朝名妓苏小小以她的花容月貌装点着湖光山色，那婀娜的香樟，招摇的串红、桃花和茶花，还有那悠悠碧水引得美人春心萌动，在车马盈门的追求者中，苏小小唯独看上了阮郁，终日与阮郎徘徊于湖心柳岸，虽然也是如湘夫人一样落得个"西陵下，风吹雨"（李贺《苏小小墓》）的悲凉结局，但一代名妓的芳魂依然不散，至今仍出没于西湖的花丛林间。在西子湖畔传说最盛的要算是白娘子与许仙的爱情故事了，西湖三月的杏花春雨成就了他们感人的姻缘，然而同样是这玲珑碧绿的西湖，却把他们的爱情葬送得那样彻底。也许世间最感人的爱情注定是一场悲剧，也许因为是悲剧的爱情才最感人，不管怎么说，把一出出凄婉的爱情故事编织在西湖山水中，让人生出无尽的山水之痛，这应该是创作者们刻意的安排。

浪漫的爱情故事，不管是传说还是真实，不管是喜剧还是悲剧，依然在今天的江南山水中得以续演，因为江南山水依然是一个优雅并略带奢华的爱情剧场。当代著名学者和诗人李长之在《大自然的礼赞》① 一文中指出，生活就像演剧，剧本不好可以改，角色平庸可以换，观众愚劣可以散，但剧场必须靠得住，而生活的剧场就是大自然。不过，这个大自然剧场是需要付出代价来维护的，否则它就会颓圮倒塌，今天随着生态失衡和环境污染问题的出现，这个剧场是否依然能够巍峨矗立，中华民族是否能够永远地保有这份浪漫，在今天似乎已经成为一个疑问。

（四）财富的象征

从六朝开始，江南成为我国物产最为丰饶的膏腴之地，南朝史臣称其"鱼盐杞梓之利，充仞八方，丝绵布帛之饶，覆衣天下"。（《宋书》卷54，《孔季恭等传论》）在唐朝时，中国的经济中心已经由长安转移至江南太湖流域。唐贞元十八年（802年），时任国子监四门博士的韩愈说："当今赋出于天下，江南居十九。"（《送陆歙州诗序》）唐宪宗在元和十四年（819年）也称："天宝已后，戎事方殷，两河宿兵，户赋不入，军国费用，取资江淮。"（《文苑英华》卷422，《元和十四年册尊号赦》）由此可见江南在整个国家经济中的地位。唐时民间还流传有类似于"放尔生，放尔命，放尔湖州做百姓"（《全唐诗》卷877，《湖州里

---

① 黎先耀、袁鹰主编：《百年人文随笔·中国卷》，第1164页。

谚》）的歌谣，体现了人们对于做一个普通太湖百姓的满足。其后，江南一直是历代王朝赋税的主要来源地，在宋代，太湖平原的苏州、常州、湖州和秀州（即嘉兴）被视为宋王朝的粮仓，民间有"苏湖熟，天下足"的说法。明朝时，朱元璋更加重了对江南财富的收敛，明人丘溶说："韩愈谓赋出天下，而江南居十九。以今观之，浙东、西又居江南十九，而苏、松、常、嘉、湖五郡，又居两浙十九也。"（《大学衍义补》卷24，《治国平天下之要·制国用·经制之义》）如此沉重的赋税给江南人民带来了巨大的生存压力，但是，由于江南良好的生态环境、多元化的经济生长模式、繁荣发达的城镇商业贸易等多方面的有利条件，江南经济并未因此陷于困厄境地。明代人文地理学家王士性说："毕竟吴中百货所聚，其工商贾人之利又居农之什七，故虽赋重，不见民贫。"（《广志绎》卷2）明人徐献忠说："湖俗务本，诸利俱集。春时看蚕，一月之劳，而得厚利。其他菜麦麻苎木棉菱藕萝蘼姜芋，各随土宜，以济缺乏，逐末者与之推移转徙，山中竹木茶笋亦饶。故荒歉之年，不过减其分数，不至大困。"（《吴兴掌故集》卷13，《物产类》）总之，由于江南兼有漕运、盐池、陆海和灌溉等优越条件，遂成为中国最富庶的地区，"江南"形象自然也就成了财富的象征。

由于"江南"成为财富的象征，所以很早以前人们就习惯于把那些土地肥沃、水草丰茂、物产丰富的地方比作"江南"，如黄河冲积成的银川平原沟渠纵横、稻香鱼肥、瓜果飘香，在唐代就有诗人绘之曰："贺兰山下果园成，塞北江南旧有名。"（韦蟾《送卢潘尚书之灵武》）银川平原从此拥有了"塞北江南"的美誉。其他如长白山南麓的集安地区被赞为"辽北小江南"，而雅鲁藏布江大峡谷的林芝一带则有"西藏江南"之说。

（五）在神话中完成的人间天堂

当代法国哲学家德里达指出，人的心理需求总是对现实形成一种"补充"关系，也就是说，人总是感觉现实是不完善的，因此会自觉或不自觉地对其进行补充。人们在对待江南的心态上也是如此。江南可谓有说不尽的现实好处，但人们并不因此而满足，还要在这种优越的现实之上附会一种神性，以使其超越人世而通向天堂，或与天堂之间建立起某种神秘的联系。其中关于江南的种种神话式的解读与演绎便是建立这种神秘联系的重要途径。如关于太湖的成因，古人就曾构想出多种神话来解释，其中之一是这样说的：有一天，玉帝的七个女儿趁太上老君到王母娘娘那儿赴蟠桃会之机，偷拿了太上老君的大、中、小三面镜子，在镜子中她们第一次看到了自己的花容月貌，非常高兴，但是她们从镜子的反面却看到了凡间。只见人世间"青山环抱、绿水悠悠，鲜花盛开，蜂飞蝶舞。女的在纺纱采茶，男的在耕种读书。一家家和睦相处，一村村鸡鸣狗吠"①，再比比天堂的寂寞，于是她们整日郁闷，茶饭不思。玉帝知道此事后很生气，就把这三面镜子扔到了凡间，三面镜子落到了苏南大地，分别生成了太湖、漏湖和长荡湖。太湖边上的平台山，传说是大禹治水时，用女娲补天时剩下来的五色宝石堵住了东海之水倒灌江南的水洞，之后这块补天石不断生长，最后长成了今天的平台山。这些神话的形成，与古代自然科学水平低下有关，但更与人们刻意神化它们的心态有关。尼采在《悲剧的诞生》中曾经表达过这样的观点：神话使人更直观地感受到真理和普遍性，人类的诗的语言都建立在神话形成的氛围中，神话的毁灭将意味着诗被逐出自己的

---

① 金熙：《太湖传说》，古吴轩出版社 2006 年版，第 11 页。

故土。尼采的观点使我们更加清楚地认识到了古人构想关于江南神话的用意，以及这些神话对于我们民族生存的深远意义。

不仅江南山水被普遍地赋予神性，江南的人也常常因为一些特殊的机遇而秉持了长生不老的神性，并据此而能够永恒地享受美好的江南。在洞庭湖流域流传着许多凡人遇仙、人神相恋，最终凡人能享乐长生的仙乡传说，如唐人李朝威写的《柳毅传》就是在这些仙乡传说的基础上完成的一个传奇名篇。故事中讲到落第书生柳毅在泾阳河边遇到受公婆和丈夫虐待的牧羊女龙女，龙女请柳毅传书给父亲洞庭君。龙女获救后，洞庭君请兄弟钱塘君做媒把龙女许配给柳毅，结果遭到柳毅的拒绝。在这个故事中有两个方面对我们的论题很有启示意义。首先，钱塘君和洞庭君被设定为兄弟关系在一定程度上显现了两地文化之间的关系，也就是说，在古人的心目中钱塘风情与洞庭文化之间既有深刻的内在联系，又有格调上的差异，如钱塘文化有其斯文的一面，更有其"千雷万霆，缴绕其身"、"擘青天而飞去"的刚扬悍慄的品质，而洞庭文化虽繁富奢华，但与钱塘文化相比则要老成持重、文雅内敛多了。其次，故事中的钱塘、洞庭和龙女虽为江河灵类，神气、仙气十足，但同时他们又"体被衣冠，坐谈礼义，尽五常之志性，负百行之微旨"，俨然人世贤杰，特别是龙女不仅形貌慧美，而且重情重义，知恩图报，乃一秀外慧中的理想女性，所不同的只是她能使自己的丈夫也有机会成为神仙，夫妻二人永奉欢好。所以，故事中的这些神实际上就是长生不老的人，它反映了古人留恋人生、长享人生的愿望，也是我们民族关于江南天堂意识的一种神话表达。

总之，"江南"形象是在漫长的历史岁月中被"炼"出来的，"天堂"、"天下粮仓"、"堆金积玉地"、"莼鲈之思"、唐诗宋词、神话传奇等都为"炼"出这个"江南"作出了重要贡献，但是，从当今全球化的生态视角我们更清楚地看到，这些因素的作用都是以江南山水的完善存在为基础的，没有了这个基础，"江南"形象就会轰然倒塌。不幸的是，今日的江南社会虽然已经创造并正在创造着经济奇迹，然而却同时在毁掉这个奇迹的基础，工业化几乎把江南山水的诗意消耗殆尽，现代建筑和污染已经成为唐诗宋词的反讽。面对工业化，我们不得不高呼：

> 哀哉！哀哉！
> 你已经破坏
> 这美丽的世界，
> 以铁拳一击，
> 它倒塌下来！①

或许如天堂般美好的"江南"注定将成为一种历史的记忆，但是我们又不甘心无所作为，就这样无可奈何地看着它消失在我们这一代人的视野中，所以我们今天纵论江南山水的过去与现在，倡言它在中国审美文化生成过程中的地位和作用，以引人惊醒，促人反思，呼唤我们的政府和人民行动起来阻止一切对它的破坏行为。但愿我们的苦心经营不是在为江南山水唱一首动听的挽歌。

---

① ［德］尼采：《悲剧的诞生》，周国平译，生活·读书·新知三联书店 1986 年版，第 56 页。

第 一 章

江南山水与中国古代山水
审美意识的变迁

山水诗和山水画构成了中国古代艺术的主体，这在世界审美文化中是一个非常奇特的现象，造成这种现象的原因，很多人认为是由中国古人浓厚的自然本位思想决定的，老子、孔子、庄子以及他们的后学大都认为人应当效法自然，《周易》更是持完全的自然教化态度，这无疑对整个中国审美文化偏重于自然审美产生了重大影响。但是，除此之外，还有一个更为基本却容易为美学家们忽视的原因，这就是我国地理环境复杂多样，山水形貌千姿百态，特别是以越中为中心的江南山水为中国山水艺术的生成提供了最丰富、最优质的自然资源。从中国山水审美文化发展的实际情况来看，上述两个方面恰恰支持了它的两大主题，前者使中国古代山水艺术多以关注和探究人与自然的关系为主题，在自然山水之上寄托了人的终极关怀，后者又使绝大多数优秀的山水艺术作品以发现自然山水的独特魅力为己任。这样，中国的山水艺术便在山水审美启蒙与对人的终极关怀这两大主题的交融与变奏中一路向前，光辉灿烂。

所谓终极关怀，按神学家蒂利希的看法，即"凡是从一个人的人格中心紧紧掌握住这个人的东西，凡是一个人情愿为其受苦甚至牺牲性命的东西，就是这个人的终极关怀，就是他的宗教"。① 我国学者王晓毅的解释则更为简洁，他认为终极关怀就是"人类对自身生命终极意义的关切"②。在社会实践中，不同的人群和学派其终极关怀的内容是不同的，道家以"道"为核心展开自己的形而上思维，并以之来指导个体的一切活动，儒家以"德"为价值归宿来凝聚社会力量，承载个人的心灵寄托，佛教以"空"为最高境界来抚慰芸芸众生，心学以"心性"为本呼唤人类的良心，天底下最穷苦无奈的百姓以认"命"而使自己获得一份内心的宁静。王晓毅指出，终极关怀是通过两种"超越"体现出来的，一是对世俗世界的超越，二是对生命的超越，通过这两种超越，人进入了一个虚构的完美的意义世界，而要实现这两种超越，就需要一个合适的感性中介和载体，否则任何意义都将无所依托。在中国，江南山水以其山之高、水之下既开拓出一个生动的人类活动的物理空间，又创造出一种精神气势："天下之最能愤者莫如山水。山则巉峭嵯龉，蜿蟺磅礴，其高之最者，则拔地插天，日月为之亏蔽，虽猿鸟莫得而逾焉。水则汪洋巨浸，波涛怒飞，顷刻数十百里，甚至溃决奔放，蛟龙出没其间，夷城郭宫室，而不可阻遏。故吾以为山水者，天地之愤气所结撰而成者也。"（廖燕《二十七松堂集》卷4，《刘五原诗集序》）愤者，激发也，就是唤醒人类沉睡的想象力，让它去编织美丽的梦幻。经过长期的历史文化积淀后，江南山水已经不仅是自然现象了，它还成为一种凝聚民族精神，升华现实价值，体现生命意义的审

---

① ［英］宾克莱：《理想的冲突——西方社会中变化着的价值观念》，马元德译，商务印书馆1983年版，第297页。

② 王晓毅：《国学举要·道卷》，湖北教育出版社2002年版，第470页。

美形式，它不但极大地提升了世俗生活的品质，而且具有那种能把人的消极情绪转化为积极主动的精神力量的潜质。于是，各种学派，不同的人群，都可以通过江南山水在与自然、历史和文化的对话中体味和弘扬自己的核心价值理念，净化自己的情感，摆脱情欲物累，构建安身立命之所。从魏晋时代的隐逸诗人群、历代失意文人政客、寄情山水的画家到延续了一千多年命脉的佛教以及流行于民间的"风水说"等，都把江南山水看作感悟人生意义和实现逍遥自由的处所。如果没有江南山水，不知多少人的精神生命将成为无家可归的幽灵与游魂。

第一节　前江南时期的山水审美意识

张法先生提出，东晋以后江南美学才真正成型，因此从美学发展史的角度看，东晋以前的时期应该称为"前江南时期"①。这种说法有相当的合理性，故在此借用之，把东晋以前的中国山水审美意识称为前江南时期的山水审美意识。

中国的山水审美实践早在魏晋以前就已经开始了，如《周易》中指涉美的贲卦即与山相联系。贲卦的象由山和火组成，意指火光映照着山上的草木，变幻出各种颜色，造成一种鲜艳美丽的景象。《周易》认为，自然美先于人而存在，人类经过大自然的启蒙对自身有所感悟才逐渐认识到了人本身的美。但是，在魏晋以前，由于人类的生存能力十分有限，所以不得不把主要精力消耗在生存斗争中，尚无充分的剩余精力去发现和欣赏大自然的美，因此人的山水审美意识十分微弱，而且多是不自觉地掺杂在

---

①　张法：《对江南美学研究三个方面的一些想法》，《河南师范大学学报》（哲学社会科学版）2010年第4期。

错综复杂的巫觋、伦理、功利关系当中。

一　山水审美意识在图腾崇拜中悄然萌芽

在许多民族的原始文化中都有山水造人的传说，中华民族自谓是龙的传人，按《左传·昭公二十九年》的说法，"龙，水物也"。古人认为中华民族的根在于水。这种观念在我国民间文化中有非常突出的表现，比如无论是在北方还是在南方，舞龙灯都有悠久的历史，其参与者之众，规模之盛都是无与伦比的。《中华全国风俗志》中谈及衡城的舞龙灯风俗时写道："龙之首尾，以彩色纸糊成。龙身则以布或绸为之，长约数十丈；每距数尺，则用着彩衣之童以棍顶持之。凡闺阁幼女，轻年郎君之美艳者，例必装戏，随龙行，有乘马者，或坐车者，花团锦簇，画态极妍，争胜斗巧。金鼓音乐之声，震耳欲聋。观者途为之塞，每次须费钱数十万缗云。"[①] 虽然人们对龙王这个性情乖戾的老祖宗充满了敬畏，但是，由于在长期与水的斗争实践中人类积累了丰富的战胜和控制水的经验，因此，人对水的感情并非纯粹的敬畏，而是融敬畏、喜爱和戏弄于一体的复杂感情。舞龙灯、赛龙舟在南国水乡很兴盛，这正是人们对龙王既喜爱又畏惧心理的外化，具有祭奠、娱乐、戏弄与发泄等多种功能。《水经注》讲到，在濡水的入海处有揭石"如甬道者数十里"，传为海神所造："始皇于海中作石桥，海神为之竖柱。始皇求与相见，神曰：我形丑，莫图我形，当与帝相见。乃入海四十里，见海神，左右莫动手，工人潜以脚画其状。神怒曰：帝负约，速去。始皇转马还，前脚犹立，后脚随崩，仅得登岸，画者溺死于海，众山之石皆倾注，今犹岌岌东趣，疑即是也。"（《水经注》卷14，《濡水》）这

---

① 高有鹏：《中国庙会文化》，上海文艺出版社 1999 年版，第 267 页。

则传说反映了大海在古代社会既可助人也可以伤人，且不受人控制的现实，也让我们初步认识了大海在古人心中所形成的丑陋而法力巨大的神秘形象。相比之下，江南地区的内陆河流要比大海温柔得多，也美丽得多，如《水经注》中对湘江之神潇湘二妃的记述："言大舜之陟方也，二妃从征，溺于湘江，神游洞庭之渊，出入潇湘之浦。"（《水经注》卷38，《湘水》）古文献中说湘川之水清冽，水下五六丈深处的彩色石头都可以看得很清楚，这是因为此江用了潇湘二妃的名字，对此说法，郦道元并未否定。又如关于钱江潮神的记载："水流于两山之间，江川急浚，兼涛水昼夜再来，来应时刻，常以月晦及望尤大，至二月、八月最高，峨峨二丈有余。《吴越春秋》以为子胥、文种之神也。"（《水经注》卷40，《渐江水》）这种关于钱江潮形成原因的神话解释，郦道元也收录于书中，未加反驳。从上述诸例中可以看出，古人普遍对水持有一种神性视角。

在中国古人的眼中绝大多数山也是有神性的。由于农业生产中土地的主导作用，古人对山的崇拜心理极为强烈，于是在把山神化的同时也在自己的心中构建起了山神图腾。东方朔在《五岳真形图·序》中对五岳之神的形态都有生动描绘，如"南岳衡山君，领仙七万七百人，诸入南岳所部山，山神皆出迎。南岳君服朱光之袍，九丹日精之冠，佩夜光天真之印，乘赤龙，从群官来迎子"。除了五岳之外，青城山、庐山、霍山、潜山等山之神仙，东方朔认为它们都曾经与人类的祖先神农氏有亲密的交往。在其他一些早期文献资料中，也可以找到许多对山神的描绘，如《山海经·海外北经》对钟山之神的描绘："钟山之神，名曰烛阴，视为昼，瞑为夜，吹为冬，呼为夏，不饮，不食，不息，息为风。身长千里，在无臂之东，其为物，人面，蛇身，赤色，居钟山下。"以及《水经注》对巫山之神的描绘："丹山西即巫山者也。又帝女居焉，宋玉所谓天帝之季女，名曰瑶姬，未行而亡，封于巫山之阳，精魂为草，实为灵芝。"（《水经注》卷34，《江水》）面对自己虚构出来的这些光芒四射、法力无边的诸山之神，古人五体投地以表达真诚的崇敬之情，并希望诸神能在未来施惠于自己和子孙后代。《中华全国风俗志》中讲到，在衡山上的众多寺庙里，敬奉南岳圣帝者人数众多且极为真诚，"每值秋季，各处进香者相望于道，衡城尤多"，进香者"名曰烧拜香，虽头肿膝烂，风天雨地，亦莫之顾"（下篇，卷6，《衡州风俗记》）。古人的山水审美意识就是在这种根性思考与命运忧患中开始萌芽，他们想象出了龙的形象，刻画了洛神、湘君等众多的人格化自然神，发明了复杂的祭神仪式，这些东西在后来经常会作为一种文化原型对后人的山水审美意识发生不同程度的影响。

二 比德——山水审美道德化的原初形式

中国社会进入文明时期以后，建立了一个完整的伦理体系，对于这个伦理体系的合法性，周易将其推定为"以神道设教"，就是说所有的社会伦理原则都是以自然规则为依据的，大自然是人类伦理实践的启蒙者和导师。基于这样一种认识，古人常常用自然山水的存在方式来反省人类自身的生存方式，或对子孙后代进行道德启蒙，或是对自我的外在行为与内在精神活动进行批判。《周易·谦卦》云："《象》曰：地中有山，谦；君子以裒多益寡，称物平施。"意思是说山体虽高却甘居低位，作为人而言，居于高位时不能倨傲，应有克己精神，平易待人，这样才能以厚德自治，成就一番事业。孔子也曾经以山比德，提出"仁者乐山"之说，《韩诗外传》对其作了这样的阐释："夫山者，万民之所瞻仰也，草木生焉，万物植焉，飞鸟集焉，走兽休焉，四方益取与焉。出云道风，嵷乎天地之间，天地以成，国家以宁。此仁者所以乐于山也。"孔子还曾经以大川比德:"夫水者,君子比德焉。偏与之而无私,似德;所及者生,所不及者死,似仁;其流行痹下倨句,皆循其理,似义;其赴百仞之溪不疑,似勇;浅者流行,深渊不测,似智;弱约危通,似察,受恶不让,似贞;苞裹不清以入,鲜洁以出,似善;化必出,量必平,似正,盈不求概,似历;折必以东西,似意。是以见大川必观焉。"①古人通过山水比德把气象万千的大自然与人类的精神生活、伦理道德紧密地联系起来,使抽象的道德观念在大自然的生动形象中被真切地感知和领悟,反过来,通过山水比德,人又能够移情于山水,使自然山水灵性化、道德化。《水经注》云:"山松言:常闻峡中水疾,书记及口传,悉以临惧相戒,曾无称有山水之美也。及余来践跻此境,既至欣然,始信耳闻之不如亲见矣。其叠嶂秀峰,奇构异形,固难以辞叙,林木萧森,离离蔚蔚,乃在霞气之表,仰瞩俯映,弥习弥佳,流连信宿,不觉忘返,目所履历,未尝有也。既自欣得此奇观,山水有灵,亦当惊知已于千古矣。"(《水经注》卷34,《江水》)这段文字记载了古人对西陵峡的不同感受,作为吴郡太守的袁山松的感受和"书记及口传"截然不同,这里涉及一个崇高型美感产生的条件问题。康德曾经指出,崇高感产生的根源不在于自然对象,而在于人的心灵,人们要想通过一个自然景象而达到崇高感,"必须把心意预先装满着一些观念,心意离开了感性,让自己被鼓动着和那含有更高合目的性的观念相交涉着"。②也就是说,一种形式粗犷、肃杀的自然景象,对于那些具有较高文化道德修养与思想准备的人来说或许是崇高的,而对于那些缺少思想准备的人来说就可能是可怕的。西陵峡

---

① 孔星衍:《孔子集语》,上海古籍出版社1989年版,第14页。

② [德] 康德:《判断力批判》(上卷),商务印书馆1964年版,第85页。

就是这样一个自然景象，它"峡中水疾"、"奇构异形"、"林木萧森"，故被一般百姓认为是险恶之地，而袁山松作为东晋名臣博学能文，性情高洁，擅长音乐，且酷爱山水，所以能将他人所谓险恶之境视为"有灵"奇观，"仰瞩俯映，弥习弥佳"。自南北朝始，山水比德的领域逐步被拓展，频频出现于人物品评、画论之中，其内涵意蕴也不断得到丰富与深化，对此，《世说新语》中记载颇多，如：

> 客有问陈季方："足下家君太丘有何功德而荷天下重名？"季方曰："吾家君譬如桂树生泰山之阿，上有万仞之高，下有不测之深；上为甘露所沾，下为渊泉所润。当斯之时，桂树焉知泰山之高，渊泉之深？不知有功德与无也。"（《世说新语·德行》）

> 王武子、孙子荆各言其土地人物之美。王云："其地坦而平，其水淡而清，其人廉且贞。"孙云："其山崔巍以嵯峨，其水㳽漭而扬波，其人磊砢而英多。"（《世说新语·言语》）

> 见山巨源，如登山临下，幽然深远。（《世说新语·赏誉》）

> 王公目太尉："岩岩清峙，壁立千仞。"（《世说新语·赏誉》）

> 有人讥周仆射："与亲友言戏，秽杂无检节。"周曰："吾若万里长江，何能不千里一曲。"（《世说新语·任诞》）

古人的山水比德并不是仅仅把自然山水看作道德的象征，而且还认为自然本身就有德性，且这种德性是人类据以省察自身的范式和确立道德法则的根据。这是自然的人化达到了一定水准而尚不充分时古人所形成的一种独特的道德体悟与自我认识方式，是人与自然的关系趋向于更为和谐状态的标志，后来，山水比德发展成为一种重要的教化方式，并且促成了中华民族稳定的道德化自然审美思维习惯。

三　风水学——功利主义山水审美意识的摇篮

如何免除自然灾难，让自然环境更好地为人类造福是古人一直在努力探索的问题，中国古代风水学是人们进行这种探索的重要成果之一。《易经》、《山海经》、《河图》、《洛书》、《汉名臣奏》、《水经注》等体现了中国古代风水理论的初步成就，从这些文献资料中可以看出中国早期社会中浓厚的风水意识，也可以见出功利主义山水审美意识的端倪。如易经"大畜"卦形由上艮下乾组成，经文解释为畜聚的意思，其象辞曰："天在山中，大畜；君子以多识前言往行，以畜其德。"就是说，天包含在山中的环境特点非常有利于人的成长，这不仅是一种良好的自然景观，而且也是一种"刚健笃实，辉光日新其德；刚上而尚贤，能止健，大正也"的社会人文景观。《水经注》云："江水又东迳赭山南，虞翻尝登此山四望，诫子孙可居江北，世有禄位，居江南则不昌也。然住江北者，相继代兴，时在江南者，辄多沦替。仲翔之言为有征矣。"（《水经注》卷 29，《沔水》）人是自然之子，其繁衍生长肯定会受到自然环境的影响，但早期风水实践所依据的原则和经验并不完善，而且对自然环境作出优劣判断时缺乏细致的分析，朦胧、模糊，如上述材料那样给人一种神秘的感觉，并且很容易被指责为迷信、荒诞的东西。

中国早期社会的贤君盘庚、公刘、古公、周公等都很重视风水研究。如盘庚迁都亳殷可能就是考虑到亳殷之地具有"左孟门而右漳、滏，前带河，后被山"（《战国策·魏策一》）的特点，十分有利于部族的繁衍生息，由于迁都事关重大，盘庚事先进行了占卜，占卜的结果与自己的考察完全符合才进入实际操作程序。周公营建洛邑也是进行了隆重的风水占卜仪式后根据卜兆来确定城郭、宗庙、朝、市具体位置的。随着《黄帝宅经》、《葬经》、《管氏指蒙》等风水学专著的形成，青乌子、管辂、郭璞等风水学大师也出现了，风水学渐趋成熟。早期风水学虽然带有不少迷信色彩，但主要是在人文理想的导引下通过观物、取象、释义来研究自然现象为人造福的规律。郭璞《葬书》云："地贵平夷，土贵有支。支之所起，气随而始，支之所终，气随以钟。观支之法，隐隐隆隆，微妙玄通，吉在其中。"古人把生与死看作是具有整体性质的阴阳两世，也就是说，虽然阴阳两世不同，却密切相关，阴间人的生存状况会直接影响到阳世人的盛衰兴亡，所以寻找一个自然环境质地优良的墓地就是在为死者及其子孙造福。《管氏指蒙》云："指山为龙兮，象形势之腾伏"。意思是说，把山称为龙只是一种象征性的说法，旨在表明应该把山脉看作一个与人类活动具有互动关系的有机活体。总的来说，风水学以人与山水环境的和谐为宗旨，以人文与自然的互补为操作原则，它的基本内容是世俗的、功利的，但是它却在无形中深刻地影响了人对自然的评价方式和审美态度。

四　渗透在艺术中的朦胧的山水审美意识

早期人类在心理上和大自然之间还存在着很大的隔阂，在实践中还有很多不和谐处，但越是这样，人们在特定条件下与自然和谐相处的境况就更为人们称道和珍重。《吕氏春秋·本味》和《列子·汤问》中都讲到了伯牙与子期于"高山流水"中成为知音的故事，对这个故事的解读，过去往往侧重于说明伯牙与子期心心相通的知音关系，而忽视高山流水自身的意义。其实，这个故事同样告诉我们，从远古开始，人类就一面在大自然中尽情地表现自己，一面又通过各种方式和途径来验证自己表演的效果，倾听人类实践的回声，"高山流水"的故事正是人类在自然中发现自己、检验自己的一种极致和范型。在《庄子》中山水审美意识已经隐约可见，井蛙自得其乐的一洼浅水，让河伯陶醉的滔滔黄河，北海若与东海之鳖向人们展示的苍茫大海等，尽管庄子对它们并非全是赞美，但都让人从不同的角度感受到了自然的魅力。庄子对自然的描写和想象，仍然激荡着一种神话式的广大、幽邃、浩渺，《逍遥游》中的北溟、邈姑射之山，《秋水》中的江河与尾闾，都不是专门的审美对象，而只是表现庄子自由精神的素材与媒介，所以在庄子那里只具有一种"潜在的山水精神"①。《诗经》中人与山水的审美关系相对清楚了一些，虽然其关注的重点仍然是人的行动，但是山水自然在人的生活世界与审美经验中已经占据了重要地位，而不再是一种可以任意置换的因素。"扬之水，白石凿凿。素衣朱襮，从子于沃。既见君子，云何不乐。"（《唐风·扬之水》）"彼泽之陂，有蒲与荷。有美一人，伤如之何！"（《陈风·泽陂》）"蒹葭苍苍，白露为霜。所谓伊人，在水一方。"（《秦风·蒹葭》）《诗经》中的爱情故事多发生在水边，不管这种写作是有意还是无意，我们都可以感受到水与亲情、爱情、生命之间的那种难以割舍的天然联系和涌动在简洁而生动的语言中的清亮完美的意境。在《楚辞》中，自然山水成为更为直接的审美对象与情感载体，虽然它们仍然是在为塑造人物形象服务，但在许多情况下自然山水被拟人化，成为一种人格或精神的象征，具有走向独立的倾向。"沅有茝兮澧有兰，思公子兮未敢言；荒忽兮远望，观流水兮潺湲"（《楚辞·湘夫人》）；

---

① 李文初：《中国山水文化》，广东人民出版社1996年版，第133页。

"若有人兮山之阿,被薜荔兮带女罗;既含睇兮又宜笑,子慕予兮善窈窕。"(《楚辞·山鬼》)《楚辞》中的自然抒情对象是以潇湘山水为中心的,潇湘山水后来成为文人墨客反复歌咏描绘的对象,成为构建中国审美文化的重要平台,潇湘山水在中国审美文化史上所拥有的地位固然是由其自身的自然特性决定的,但是也不能忽视《楚辞》的首倡之功。

总的来看,在魏晋以前,自然山水已经与人形成了多方位、多层次的复杂关系,从图腾崇拜到伦理信仰,从对自由的追求到爱情的表达,人们都会或隐或显地联系于自然山水。不过,那时人们对自然山水关注的重点还不在审美方面,除了像《诗经》、《楚辞》等少数艺术作品表现出一定程度的非自觉的山水审美倾向,具有一定的山水审美启蒙意识外,在人类的绝大多数活动中,人对自然的神性崇拜、对自然的功利关系等都在很大程度上制约了人对自然美的发现,遮蔽了自然美的光芒。

第二节 魏晋时期江南的苏醒与文人的形而上之思

学术界一般认为,自然山水作为独立的审美对象在构建中国审美文化中发挥作用是从魏晋开始的,然而,这一伟大的历史性开端何以发生在魏晋这样一个历史时期,大家的看法并不一致,生产力的发展、社会动乱、个体意识的觉醒等都是学术界曾经指出过的十分重要的原因。笔者认为,自然山水成为独立的审美对象在我国是以江南的苏醒为标志的,而江南的苏醒又是在上述众多因素的综合作用下所形成的一个动态过程,也就是说,江南是在政治、经济、文化、战争和移民等因素的综合影响下逐渐苏醒的。苏醒了的江南就像一个婴孩那样迅速地成长,并拥有了自己的文化灵魂,从此以后,它不再是一种纯粹的自然现象,而成为一个具有巨大包容性的思想与情感的载体，成为一个具有独立审美价值的审美形象。江南的苏醒，江南形象的诞生极大地丰富了中国古代的自然意识，从根本上改变了人与自然的对立关系以及自然现象在人类生活中的地位。

一　诗人的咏唱与江南的苏醒

东晋王朝南渡使江南山水以异质的风韵呈现在北来的文士面前，以陌生化的效果对北来文士形成强烈的审美冲击。这些文士中最著名的莫过于王羲之了，王羲之原籍琅琊临沂（今山东临沂），后徙居浙江会稽（今绍兴）。江南绮丽的山水深深地震撼了这位艺术天才，他和许询、支遁诸名士，遍游剡水沃山，并在山阴兰亭写下了那篇惊世骇俗的以歌咏会稽山水为题的《兰亭集序》。东晋画家顾恺之到浙江绍兴一带云游，回来后向人们描述会稽山川形貌说："千岩竞秀，万壑争流，草木蒙笼其上，若云兴霞蔚。"（《世说新语·言语》）顾恺之为江苏无锡人，虽生在江南，仍难免为越中山水所打动，这种对越中山水诗文化的描述并非夸张和美化，而是其真实感受的一种生动表达。越中山水引人入胜的神韵对北方南迁文士的深刻影响又反过来感染着土生土长的江南文士，启发他们以审美的眼光来审视自己的家园。《会稽郡记》曰："会稽境特多名山水，峰崿隆峻，吐纳云雾。松栝枫栢，擢干竦条，潭壑镜彻，清流泻注。王之敬见之曰：'山水之美，使人应接不暇。'"（《世说新语·言语》）王之敬（王献之）乃王羲之之子，虽然他是土生土长的越中人，但他对越中山水的态度显然受到了父亲的影响，因而能够对越中山水持审美的视角。较早从纯审美的角度大写特写江南山水的既有江南本土文士"三谢"，也有从山东南下的文士鲍照，他们以大量歌咏江南山水的诗篇唤醒了沉睡的"江南"。其中作为中国山水诗鼻祖的谢灵运贡献最大，他那精美的诗句把江南写得宏阔而又细润，似乎能让人听到江南山水妙流不息的节拍，如"密林含余清，远峰隐半规"、"泽兰渐被径，芙蓉始发池"（《游南亭》）等，王夫之在谈到这些诗句时称赞其"条理清密，如微风振箫，自非夔、旷，莫知其宫徵迭生之妙。翕如、纯如、皦如、绎如，于斯备"。（《古诗评选》）谢灵运等人对永嘉山水栩栩如生、精美绝伦的描绘让许多后来试图在山水诗创作上有所建树的诗人们甚至有目倦心灰之感。

与先秦艺术中将山水作为人类活动的背景不同，在谢灵运的山水诗中，人反过来成了山水整体中的一个元素或衬托，"想见山阿人，薜萝若在眼"，"幽人常坦步，高尚邈难匹"（《登永嘉绿嶂山诗》）。在《诗经》和《楚辞》中，人始终是主角，但在谢诗中，看待人与自然关系的立场已经完全不同了，秀美奇妙的江南山水变成了主角，人成了配角，纯洁高尚的人只是那奇妙山水的一种韵致。《登池上楼》以一个久卧病榻、生活无据、离群索居的孤寂老人的眼光来审视山峦叠翠、杨柳婆娑、莺歌燕舞的江南春色，从而使那些平日里被人们熟视无睹的风日云物无不清新可爱，个个处于敞亮之中，那种从阴暗的房间中走出来突然面对明媚、清爽自然的心态，使诗人能够把春天的江南写得广远而微至。不过，在谢灵运的山水诗中，也时常表露出一种留恋山水与向往世俗幸福的心理矛盾，"索居易永久，离群难处心"（《登池上楼》），这与前人明朗的价值取舍相比是一种新现象，它表明谢灵运发现永嘉山水之美以后，过去所持守的功名富贵观念发生了动摇，山水之美的价值开始冲击人们传统的价值观了，而发生在谢灵运等人身上的这种动摇正是我们民族审美意识更加丰富、健康和成熟的重要标志之一。

谢灵运之后，被后人称为"小谢"的谢朓又为唤醒"江南"

发挥了重要作用。小谢笔下的江南突破了大谢的地域范围，扩展到了建康、皖南宣城一带，其笔下的江南山水形象与谢灵运所描绘的江南山水形象仍保持着近似的美学特征，他的不少诗句如"余霞散成绮，澄江静如练"（《晚登三山还望京邑》）；"天际识归舟，云中辨江树"（《之宣城出新林浦向版桥》）；"鱼戏新荷动，鸟散余花落"（《游东田》）等，和谢灵运的诗句一样成为展现江南山水之美的原初性文本，对后人吟咏江南山水产生了具有历史意义的深远影响。如李白的"解道澄江静如练，令人长忆谢玄晖"（《金陵城西楼月下吟》）；王安石的"千里澄江似练，翠峰如簇"（《桂枝香》）；清代王士禛的"余霞散绮澄江练，满眼青山小谢诗"（《江上看晚霞》）等诗句都是小谢诗的余韵。应该说，江南山水能获得那么高的盛誉，首先应归功于"三谢"、鲍照等江南山水的审美启蒙者。

二　道家美学在江南的崛起

就魏晋时期那些才华横溢的文人学士会心林水的整体行为而言，他们并不是在刻意追求另类的生活，而是在以一种新的方式探索人生价值、人的归宿和宇宙之道等重大问题，因而其山水审美行为中往往蕴涵着深刻的终极关怀意义。如玄学家孙绰所表白的那样："然图像之兴，岂虚也哉？非夫遗世玩道、绝粒茹芝者，乌能轻举而宅之？"（《游天台山赋》）这里的"图像"指的是山水画，依孙绰之见，逍遥于自然山水和山水艺术都是为了"玩道"。正是基于这样一种认识，文士们以践行山水、与山水同体为荣，并在理论上极力把山水审美与圣人、神明和大道向一处说："嗟台岳之所奇挺，实神明之所扶持。"（《游天台山赋》）"至于山水，质有而趣灵，是以轩辕、尧、孔、广成、大隗、许由、孤竹之流，必有崆峒、具茨、藐姑、箕、首、大蒙之游焉，又称仁者之乐焉。夫圣人以神法道，而贤者通，山水以形媚道，而仁者乐。不亦几乎？"（宗炳《画山水序》）既然圣人必有大山之游，那么以圣贤为榜样的文人当然也要尽力效仿，于山水中妙悟宇宙大道。魏晋时期，不少文人看清了世俗功名的虚伪性，权势的腐败性，修身、齐家的庸俗性，治国、平天下的残酷性，发现了个体自由的真实性，心灵安逸的纯洁性，恬淡快乐的高尚性，于是"人生贵得适意尔"（《世说新语·识鉴》）成为当时众多文人学士的共同心理。人生观的转变使他们将注意力由世俗生活转向了山水自然。晋人张翰说："吾本山林间人，无望于时久矣。"（《世说新语·识鉴》）在这简单的言语中透露出晋人把山水价值与人生价值对等，而最终又使人生价值归属于山水审美价值的倾向，这比谢灵运对待自然山水的态度更为鲜明，转变更为彻底，因此我们说魏晋时期的山水审美启蒙建立在当时文士终极关怀移位的基础上。

早在春秋末期，道家的先驱人物范蠡在辅佐越王勾践灭吴后，就遵循老子的处世哲学弃官退隐，"乘扁舟浮于江湖"（《史记·货殖列传》）。永嘉之乱后，玄风南渡，神仙道教应运而生，虽然神仙道教对道家早期人物思想多有批判，认为其学说过于粗糙，不得要道，"其去神仙已千亿里矣"（《抱朴子·释滞》），但实际上只是更加突出和强化了早期道家亲近自然、返璞归真的思想，并且将这种思想付诸实践，如作为神仙道教重要代表人物的葛洪就十分崇拜仙人李阿"穴居不食"（《抱朴子·道意》）的生活方式。《淮南子》在论及人与道的关系时指出："古之人有居岩穴而神不遗者，末世有势为万乘而日忧悲者。"（《淮南子·原道训》）在神仙道教的思想体系中，有四个元素是最为重要的，就是人、穴、仙、道，其中道是万物之本，也是人类终生都在努力认识和把握的东西，仙乃得道之人，而人要得道就不得不通过穴居山林而求助于自然，自然山水虽然不是人生追求的目标，却是人类体悟玄道的关键因素。如此一来，作为中介性质的自然山水就走向了人类精神生活的前台。对此，陶弘景在其《寻山志》中讲得颇为生动。陶弘景说，就自己离世入山的因由而言，主要是为了摆脱世情物累，即所谓"倦世情之易挠，乃杖策而寻山"。对于寻山的过程与感受，陶弘景作了详尽的描述："寻远壑，坐盘石，望平原，日负嶂以共隐，月披云而出山，风下松而含曲，泉漱石而生文"；"缘磴道其过半，魂渺渺而无忧。悟伯昏之条宕，蹑千仞而神休"。寻山的过程虽然辛苦，"散发解带，盘旋岩上"，但也得到了足够的回报，"心容旷朗，气宇条畅"，享受到了俗世生活中难得的自由。在翠竹垂露、柳传蝉鸣、鸥鹭戏水的景致中逍遥一番后，再到云栖鸟迷的深涧去采摘灵芝，然后带着灵芝去拜会神仙，永远超忽于尘世之上。陶弘景所谓"寻山"，实际上就是寻仙，就是寻找人得道后的快乐与自由。

江南山水在被神化之前，无论它能给人带来多少好处，都被局限于物性范畴中而不具有形而上意义，因此，要承载起人的终极关怀，成为人们实现对个体生命超越的中介，江南山水就必须被赋予一定程度的神秘性和神圣性，正是在这样一种社会需求和历史条件下，各种有关江南山水的神话传说应运而生。如《山海经·南山经》中关于凤凰的传说："丹穴之山，……有鸟焉，其状如鸡，五采而文，名曰凤凰。首文曰德，翼文曰义，背文曰礼，膺文曰仁，腹文曰信。是鸟也，饮食自然，自歌自舞，见则天下安宁。"在这则传说中，以能歌善舞的凤凰肯定了儒家德、义、礼、仁、信的价值观念和追求天下太平的理想，又对道家于江南山水中炼丹修道的行为予以褒奖。凤凰乃传说中的百鸟之王，许多传说都借之来提升所述对象的神秘性和神圣性，尤其是自然山川，颇多以凤凰附会。在我国，以凤凰命名的山峰不计其数，仅浙江一省就有至少两座凤凰山，而南京的凤凰山最为著名，相关传说也有文献可考。元代《至正金陵新志》载，南朝刘宋永嘉十六年，有两只色彩斑斓，状如孔雀的大鸟飞到秣陵永昌里一户居民的李子树上。人们都以为那是吉祥的凤凰，于是把这件奇事通过官府报告了皇上，皇上便下诏把永昌里改名为凤凰里，并在那里的山上建立了一座高台，取名为凤凰台，又把那一带的山丘也改称凤凰山。

在春秋时期的江南，曾经发生过大规模的入山炼丹事件，《吕氏春秋·贵生》载："越人三世杀其君。王子搜患之，逃乎丹穴。越国无君，求王子搜而不得，从之丹穴。"春秋时期的江南即有人打着追随国王的旗号入山炼丹，由此可见道家炼丹在江南的历史、规模和影响。道家的炼丹行为主观上是要把自己打造成神仙，客观上却把江南山水整体神化了，以致后来的文人多把江南之游视为仙游，这便有了李白的"凤凰台上凤凰游"（《登金陵凤凰台》），雍陶的"疑是水仙梳洗处，一螺青黛镜中心"（《题君山》），陈刚中的"台岳名高海上山，寻幽不惮远跻攀。上方钟鼓烟霞里，仙境楼台霄汉间"（《天台怀古》）等名句。《仙鉴》中讲道："先生（杜光庭）知国难未靖，上表丐游成都，喜青城山白云溪气象盘礴，遂结茅居之。溪盖薛昌真人飞升之地也。"（《仙鉴》卷40）在中国古代早期文化中，道与神向来纠缠在一起，难解难分，自周易明确提出了"以神道设教"的观念后，这种神道不分的思维方式更得到了进一步的巩固和强化，于是，在人们的观念中，寻仙的过程便毋庸置疑地带上了求道的色彩，文士们在大自然中的享乐活动和追求长生的个体行为也自然而然地被视为一种严肃的探寻真理的实践方式。

第三节　唐宋时期山水审美的人文关怀

邵宁宁在一篇文章中指出，中国的山水审美在唐代发生了一次重要转折，这就是："人长高了，山变矮了，天地的辽阔中也渗入了更多的人间趣味。"[①] 这次转折的发生，从根本上讲是中国经济和生产力快速发展的结果，生产力的进步，增强了人类控制自然的能力，同时也必然会改变人类对待自然的情感态度与观念。在对待江南山水的态度上，这种改变尤其明显，因为自唐以后，江南的经济蒸蒸日上，生产力水平和规模都开始超越中原。不过，在江南山水审美方面发生的变化，可能要更为复杂一些，除了邵宁宁所指出的以外，还有其他一些应该引起我们特别关注的因素。

一　从追慕江南美色到以江南山水为友

经过魏晋山水审美启蒙的洗礼，唐宋文人开始更加自觉地关注和探索自然山水之美。唐代山水画的奠基人王维在论及山水画的创作时指出："夫画道之中，水墨最为上，肇自然之性，成造化之功。"（《山水诀》）在王维看来，大自然中蕴藏着无限的美等着人们去发现，大自然既是美的创造者，又是人类审美实践的引导者，它向人类显现艺术创造的规则和方法，并指明艺术创造的方向。对于江南山水，在第一代审美启蒙者的感召下，唐宋文人带着一种朝圣般的心情，不怕千里万里的车马劳顿，以求一睹其风采。"时时引领望天末，何处青山是越中？"（《济江问同舟人》）"借问同舟客，何时到永嘉？"（《宿永嘉江

[①]　邵宁宁：《山水审美的历史转折》，《文学评论》2003 年第 6 期。

寄山阴崔国辅少府》）孟浩然在进入越中之前对越中山水已是向往之至，来到越中以后，这里的大好景色也没有让他失望，因此才有了"移舟泊烟渚，日暮客愁新。野旷天低树，江清月近人"（《宿建德江》）这样的经典之作。对于唐宋文人来说，感受江南山水的盎然生机和楚楚神韵，绘写其清新灵秀之姿乃是一种神圣而崇高的行为。

众所周知，唐宋时期的科学技术和生产力都得到了迅猛的发展，这种发展对自然环境的反作用是巨大的，最明显的表现是山水自然的人化程度空前提高，山川河流由人类敬畏的对象转变为一定程度上可以为人类控制的对象，大自然中到处贴上了人的标签，打上了人类行为的印迹，其神秘性渐渐淡去，与人的亲密性日益增强，这时的江南山水甚至可以称得上一个"准主体"和人类的知音。虽然这种现象在魏晋时已经初露端倪，但直到唐代方成为一种普遍的士人观念。如李白笔下的敬亭山已经不是一座没有思想感情的山峰，而俨然就像诗人的一位亲密朋友，在蓝天、白云、飞鸟的陪伴下与诗人娓娓交谈。柳宗元《永州八记》中的小丘也个个有形有灵，善与人谋，"清泠之状与目谋，瀯瀯之声与耳谋，悠然而虚者与神谋，渊然而静者与心谋"（《钴鉧潭西小丘记》），诗人可以与这些小丘相互交流对这个世界的感受与认知，交流关于宇宙的生命信息。江南山水被赋予灵智和情感，这种灵智和情感是人类的善良天性与对江南山水的珍爱之情在江南山水中的折射与反映。宋代诗人陆游从小生活在作为中国山水艺术摇篮的越中地区，他一生写了大量的山水诗，其中写得最多的便是自己家乡的越中山水。陆游笔下的越中山水无论是跃然目前还是浑然梦中，无论是风清月明还是细雨霏霏，都给人亲切而温暖的感觉，"菱歌嫋嫋遥相答，烟树昏昏淡欲无"（《小雨泛镜湖》）；"最是扁舟暮归处，一川风月远相迎"（《舟中口占》）。诗人对越中山水的细腻体味通过这些诗句从心坎中涓涓流出，句句婉丽多情。在晚年回到故乡以后，陆游更是以大量的山水诗来歌咏那些养育了自己又与自己风雨患难的一座座山，一条条河，一片片云，"射的山前云几片，一秋不散伴渔翁"（《暮秋》），诗人感到那生活的恬淡与宁静仿佛全是越中山水的赠与，因此与家乡山水长相伴守才是最可靠的幸福。在一生的记忆中，诗人感到最亮丽的瞬间便是在那世外桃源般的生活境遇中，自己的身心与山水瞑合之际，"一首清诗记今昔，细云新月耿黄昏"（《西村》）。在陆游的山水诗中，越中山水不是一个个的物象，而是自己的众多伙伴，是从孩童时代起就结下深厚友谊的亲密伴侣和知音。唐宋文士的这种对待自然的审美心态在后来南宋理学家朱熹那里被以"理一分殊"的主张予以论证和支持，朱熹认为，人与造化均源于一气，秉于一理，所以尽管二者形体不同，但并不妨碍人与造化同游，知造化之机。"鸢飞鱼跃，道体随处发见"（《朱子语类》卷63），"地亦显山川草木以示人"（《朱子语类》卷3），人与自然的这种理气相通，雅意相应的关系，使得人在造化之中能够产生"江山若有逢迎意"（朱熹《次韵择之将近丰城有作》）、"幽听一以会，悠然与神谋"（朱熹《题吴公济风泉亭》）的感觉。

在表现时代精神方面，山水画常常不如山水诗那样敏锐和快捷，但从总体上也能明显地感受到其审美意趣的时代变化，而且这种变化也与江南的成长关系密切。草创时期的中国山水画即开始把自己的目光投向江南山水，唐玄宗时期的两位著名画家李思训和吴道子同时于宫中作画，皆以三百里嘉陵江景为题材，吴道子以"墨踪为之"，行笔如飞，一日而就；李思训精工细笔，涂颜设色，数月乃成。尽管唐玄宗称其"皆极其妙"（朱景玄《唐朝名画录·神品上》），但由于当时人们还没有从对真山真水的稚拙模仿，或为宫廷、台阁建筑勾画背景的山水画创作理念中走出来，所以李思训的"青绿法"仍占主流，这就导致当时大多数山水画要么是寂寥荒远，了无人气，要么是精工纤丽、金碧辉煌。自王维承吴道子精神用"破墨"技法表现山水以后，既具山水神韵，又富人文意趣的山水画方才出现在世人面前。荆浩在论及唐代画家张璪的水墨山水画时指出："夫随类赋彩，自古有能。如水晕墨章，兴吾唐代。故张璪员外树石，气韵俱盛，笔墨积微，真思卓然，不贵五彩，旷古绝今，未之有也。"（《笔法记》）这段话简短地说明了中国山水画从魏晋草创到五代成熟的基本变化是一个从模仿到注重表现的过程。如果我们把宋代山水画与五代山水画稍作比较就会明显地感受到这一点，比如五代董源的《潇湘图》、关仝的《秋山晚翠图》与南宋马远的《踏歌图》、夏圭的《西湖柳艇图》相比，虽然都是以江南山水为题，但后者显然比前者所表现的人与自然的关系更为融洽，也就是说宋代山水画中更多了一些人间情味，而且这种人间情味又不完全是在题材上表现出来的，而是不管其所画为秋意荒寒、峻峭疏野、空阔淡远，还是葱茏华兹、雍和灿烂，宋代山水画均表现出一种我们常常在山水诗中才能够品味到的意趣，而山水画创作上的这种变化正与江南山水在宋代社会中地位的提升相吻合。

二 人间最生动的美景与人生难解的幸福之痛

山水的宜人程度决定着人们的审美感受和态度，这可以从文人描绘江南与塞北时情绪的变化得到充分的证明。当写到江南山水时，诗人多表现出一种幸福与满足："云间连下榻，天上接行杯。醉后凉风起，吹人舞袖回"（李白《与夏十二登岳阳楼》）；"南湖秋水夜无烟，耐可乘流直上天？且就洞庭赊月色，将船买酒白云边。"（李白《陪族叔刑部侍郎晔及中书贾舍人至游洞庭五首》其二）李白笔下的江南比实际的江南更让人感到温暖、自在和自由，而当他写到塞北风光时，则多有"燕山雪花大如席，片片吹落轩辕台"（《北风行》）式的苦寒气。当然，江南山水给人的也并不全是幸福与满足，它也引人伤感和忧愁，但那多是温柔和甜蜜中的忧愁，是那种在南朝民歌中无处不在的因美而生的忧思和苦痛。

为什么在江南山水中人们更容易产生这种幸福之痛？对这个问题，有人认为是江南山水生成的彻底的空寂之境，造化出了现实人生的精神绝境。江南如水的月光、寂静的山涧、无声的落花、沉睡的宿鸟等显现了纯粹自然的生机和美丽，这是真正的彼岸世界。在这个澄明的彼岸世界中，人的存在是多余的，是澄明之境的包袱。这个澄明之境冲击着我们骄傲的心灵，使我们产生了失落的痛苦。然而，这种解释并不能让人满意，因为在广阔的华北大平原上，在无边的内蒙古大草原上，这种空寂也是常常会显现的，但为什么这种幸福之痛在艺术作品中并不常见呢？对于这个问题或许下面的推论更为合理：一般情况下，人的生存压力很大时多用心于眼前生计，很难再有精力去关注普遍价值、终极归宿等问题，而在生活安定幸福时则往往自然而然地产生那种对超越于个体生命、利益之上的问题的兴趣。正如马斯洛讲的那样，人们往往是在满足了自己基本的物质生活需要之后，才会产生并致力于满足高层次的精神生活需要，而中国的江南是富庶的鱼米之乡，在满足人的物质生活需要方面具有无与伦比的优势，因此，很多文人在江南生活一段时间之后便会表现出对普遍价值、生命意义的强烈关注。进一步说，江南山水提供了一种闲适的外在环境，这种环境必然会影响到人的精神和心理，从而使人的心也闲适起来，而闲适的心最为广大、浩渺，能以强烈的主体意识去追究宇宙的本质及人类的命运这样艰深的问题，如苏东坡所言，"江山风月，本无常主，闲者便是主人"（《林泉高致·画意》)。然而，对宇宙的本质及人类命运这类问题的思考与追问经常带有以管窥天，以蠡测海的色彩，因此它注定是一种没有结果的凄凉而痛苦的精神之旅。在李白的《采莲曲》、《子夜吴歌》中我们已经可以感受到那种由江南风光所引发的温柔的忧郁与隐痛，在张若虚的《春江花月夜》中更是把人类的幸福之痛推向了极致。春、江、花、月、夜，人世间最生动的美景，在这样的景致中诗人不是无忧无虑，而是提出了"江畔何人初见月？江月何年初照人？"这样恐怕永远也找不到答案的问题。在这种"江流宛转绕芳甸，月照花林皆似霰"；"玉户帘中卷不去，捣衣砧上拂还来"的意境中，诗人一步步深入到对诸如自然的目的、宇宙的本源和人生的价值等问题的思考中去。

应该说人的幸福之痛根本上是由人的形而上本质决定的，但是，对于不同国家和地区的人来说，引发这种情思的现实根源是不一样的，在中国，江南山水便是引发这种痛苦情思的最重要的现实原因，它以自己澄明的此在，使人留恋于往昔而又面向未来的筹划，幸福之痛便是这种筹划中的焦虑。江南山水就像一个月光溶溶的梨花院落，是我们民族生命旅途中的一个温馨的栖息地，我们的前辈一面在这里休憩，养精蓄锐，一面又在筹划未来的旅程，一种不知道要经历怎样的艰难困苦而且不知道终点的旅程。

总之，从唐代开始，山水审美与人的生活世界有了更深刻的联系，艺术家们往往在展现山水与人的生活世界的审美关系的基础上展开形而上的存在之思，终极关怀与审美启蒙在唐宋诗人那里实现了水乳交融般的结合，也将中国古代山水审美演绎到了前无古人的境界。

第四节　明清时期山水审美的
大众化、民族化趋势

　　明清时期，山水审美呈现出两个新的特点：其一是大众化，就是在知识分子的带动下，人民大众广泛参与，形成一种社会风尚。这是社会政治、经济和文化高度发达所带来的必然结果，也是社会文明进步的一个重要标志；其二是民族化，经过千年的历史锤炼，到明清时期，江南山水作为一个成熟的审美文化形象，成为我们民族生命的象征，民族的希望所在，江南山水从此承担起了巨大的社会责任。每当一个人、一个群体或整个民族遭遇厄运和危难的时候，人们便会面对江南山水寄寓哀思，或者向其寻求赫拉克勒斯一样的力量。

一　青山之约：大众山水情怀的集体表达

　　明定以后，知识分子对来之不易的社会稳定和太平景象非常珍惜，渴望能在有生之年充分享受自由宁静的生活，充分感受生命的欢乐，于是模仿谢灵运放浪山水、探逐幽胜，一场新的山水审美启蒙运动就此揭开了序幕。"风起，风起，棹入白蘋花里。"（刘基《如梦令·题画》）"去从千叶隐，归爱一花迎。吴歈并子夜，谁似櫂歌声？"（高启《櫂歌行》）"荷叶高低笼水碧，叶下花红露沾湿。"（谢胡俨《采莲曲》）这些都是在明代和平时期文人士子们以宁静的心灵、欣赏的眼光、享乐的态度与江南山水神交的成果，诗中所透露的意趣和所传达的神韵是魏晋以来山水诗中连绵不断的最稳定、最基本的美学要素，不管是借山水吊古还是政治评说，均表现出这样的美学特征。如刘基的《晚泊海宁州舟中作》、《过苏州九首》等诗虽然以吊古和政治评说为主题，但却同时以本色素朴的语言把对历史兴亡的感慨和对人心不定、人事变幻的讽喻与江南山水的自然特征相结合，使人既能感受到江南山水在新时代所焕发出的勃勃生机，又能感受到江南山水久历沧桑而不改的绰约风貌。

山水审美启蒙往往和人的解放互为表里，明万历以后的情况更证实了这一点。由于朝廷失去号召力，万历以后的文人开始更热烈地追求个体生命的自由，到江湖山水中去寻求生活的乐趣。袁宏道说："宁作西湖奴，不作吴宫主。死亦当埋兹，粉香渍丘土。"（《湖上别，同方公子赋》其一）虽然在战国时代庄子就喊出了到山林中去的口号，但是像袁宏道这样如此尖锐地把朝廷与江湖对立，认为江湖远胜于朝廷，并在众多文人中产生强烈的共鸣，这在历史上还是少见的。更值得注意的是，提出要到江南山水中安身立命并不是文人们一时兴起而说出的豪迈之言，而是经过长期反思人生和社会政治以后文人们的一次集体性彻悟。袁宏道说："十载青山约，今番始赴期。如云投旧岭，似鸟念高枝。"（《当阳僧来邀游青溪紫盖诸胜》）可以认为，明中后期的这次"青山之约"既是明代知识分子的伟大践约行动，也是人民大众山水情怀的一次集体表达。

晚明文人在广泛而深入的山水审美实践基础上，概括出了一些山水审美的经验性标准，如袁宏道提出："凡山深僻者多荒凉，峭削者鲜迂曲，貌古则鲜妍不足，骨大则玲珑绝少，以至山高水乏，石峻毛枯，凡此皆山之病。"（《天目》一）袁宏道所提出的关于山的这些审美标准有其科学合理的一面，但是从自然审美多样化的角度看，袁宏道的这种批评标准并不可取。关于西湖的美，袁宏道说："湖光染翠之工，山岚设色之妙，皆在朝日始出，夕舂未下，始极其浓媚。月景尤不可言，花态柳情，山容水意，别是一种趣味。"（《西湖》二）袁宏道认为，西湖总的来说都是很美的，但是，西湖春天的朝烟、夕岚更具风情。袁宏道的这些说法具有对江南山水审美实践进行总结的性质，在整个中国山水审美文化发展史上也有不可忽视的意义，但是，这种总结也存在着把江南山水之美类型化和单一化的倾向，这种倾向发展到一定程度会妨碍人们进一步发现江南山水的自然魅力，削弱中国美学的理论活力。不过，审美观念上的僵化并没有妨碍山水审美实践的活跃，在文人的鼓吹和号召下，人民大众开始广泛地参与到山水审美实践中来，明人谢肇淛云："北人重墓祭，余在山东每遇寒食，郊外哭声相望，至不忍闻。当时使有善歌者，歌白乐天《寒食行》，作变徵之声，坐客未有不坠泪者。南人借祭墓为踏青游戏之具，纸钱未灰，乌履相错，日暮，墦间主客无不颓然醉矣。"(《五杂俎》卷2)清明前后，杭州城里的男女老幼借祭祖之机到郊外感受春天的气息，许多家庭是倾巢而出，山林湖岸，到处是踏春者的笙歌晏乐。当然，这种景象在南宋时的杭州也曾出现过。南宋文人吴自牧的《梦粱录》中即有一段关于杭州官员在春天出郊省坟的场面描写："车马往来繁盛，填塞都门。宴于郊者，则就名园芳圃，奇花异木之处；宴于湖者，则彩舟画舫，款款撑驾，随处行乐。此日又有龙舟可观，都人不论贫富，倾城而出，笙歌鼎沸，鼓吹喧天，虽东京金明池未必如此之佳。"如果说在宋代这种大规模的郊游仅仅是一种都城现象，还主要是官员之间侈靡相尚的话，那么到明代则进一步演化为一种民间风尚，它标志着一个山水审美大众化的时代正以不可阻挡之势悄然到来。

二　叠波旷宇:民族自信的根据、民族希望的载体

在中华民族的历史上，曾经出现过多次重大生存危机，但都被化险为夷了，究其原因，我们有充分的理由相信这当中最不可

或缺的便是在我们民族身上表现出来的越来越强烈的充满生机的山水精神。这种精神在南宋和明清三代都有过突出的表现，因为在这三个历史时期，都经历了一次由国力衰微而引发的严峻的民族生存危机，在这样的危难时刻，山河大地对于民族生存的意义凸显出来，人们对民族前途与命运的忧虑和思考很自然地表现为一种山水关怀。相比之下，宋代文人要消极许多，除了像岳飞、辛弃疾、文天祥等少数文人以外，更多的文人是和南宋王朝一起偏安江南，或带着绝望的情绪浪迹江湖，纵情山水，他们不像魏晋人那样把隐居山林当作实现人生价值的方式，而是把一片松荫、一棹春水看得和人生一样虚幻，和民族命运一样飘摇不定，在江南的风花雪月与歌舞美色间销魂，成为一群身和心都无家可归的游子。而晚明文人在民族危亡之际则表现出更为积极的态度，在以实际行动干预时政、鞭挞奸佞的同时，也于山水审美中积聚民族血气，汲取反抗的力量。这当与人们日益增强的民族文化自信心和国土意识有着密切关系。明清之际的大哲学家王夫之称荆楚山水："叠波旷宇，以荡遥情，而迫之以釜嵚戍削之幽菀，故推宕无涯，而天采蕴发，江山光怪之气，莫能掩抑。"（《楚辞通释·序例》）山是骨，水是血，江湖山水乃自己的命脉所系，朝廷虽然腐败，但他们相信灵秀的江南山水一定能给予他们胜利的信心并孕育出挽救民族危亡的圣贤豪杰。明末抗清英雄陈子龙云："禹陵风雨思王会，越国山川出霸才。依旧谢公携伎处，红泉碧树待人来。"（《钱塘东望有感》）清初诗人吕留良亦云："缥缈金鳌春信远，凄凉白马午潮迴。半生心火疑消歇，到此方知死不灰。"（《自老岩山步至黄沙坞观潮》）朝代更迭的血雨腥风使人们在江南的空濛山色、激滟水光、温软花香、轻盈鸟语中看到了钱塘大潮的力量以及它所承载的民族希望。

晚清是整个封建时代最黑暗的时期，清朝的灭亡已经不是一般意义上的王朝更迭，而是整个封建时代的终结，这黎明前的黑暗最容易让人心灵迷惘，信心消歇，但也最能激发起人们振兴中华，改革时弊的激情，这是社会和历史发展的辩证法。在中国社会发展的重大转折关头，人们何去何从会受到多方面因素的影响，其中自然环境是一个不能忽视的因素。在江南度过自己童年时代的龚自珍，改革的困难与失败使他产生了归隐太湖的念头，但当面对太湖时，他却热血沸腾，"湖山旷劫三吴地，何日重生此霸才"（《己亥杂诗》其一）；"江天如墨我飞还，折梅不畏蛟龙夺。"（《己亥杂诗》其一）美丽而壮阔的江南山水使龚自珍改革的信心更足，冲破黑暗的意志更加坚强。与此同时，面对"大浪如山拥月至"（《太湖夜月吟》）的浩瀚太湖，魏源也生出了"我辈未必非仙才"（《西洞庭石公山吟》）的自信。这些最具未来眼光和改革精神的时代精英们，在祖国壮丽山河的感召下，摆脱了沉沦，选择了奋起。在晚清的山水诗中，我们似乎又看到了明末民族主义精神的复苏，诗人们在失望与希望、还山与救世这种矛盾、犹豫、痛苦和彷徨中铸就了山水审美中的爱国主义新诗篇。

第五节　江南山水与中国古代士人的乡愁

乡愁从字面意义来理解是指人们对家乡的深沉思念之情，然而，复杂的人生经验使这个概念获得了十分丰富而深刻的能指意义，很多情况下它指的是在特定环境的感染下，或者在特殊事物的引发下，由于人对家乡的关注而进入的一种对个体、家庭、民族乃至整个人类归宿的忧思状态。江南山水以其无限的温柔抚慰了一个又一个漂泊的灵魂，使他们安居乐业，享受生命的欢乐与自由，然而，在个人磨难、社会动乱、历史变迁等因素的影响下，温柔的江南又最容易让人浮想联翩，产生无限的感伤和绵绵不尽的个人与家国之痛，从这个意义上说，江南山水也铸就了无数人永远的乡愁。

一 "莼鲈秋思"：源于江南的乡愁

惹起人们乡愁的原因是多方面的，从人生状态上看，一个人在脱离母体的那一刻，便获得了一种近乎本能的飘零感，一旦离开故土，这种飘零感便很容易演变为挥之不去的乡愁，如日本电影《望乡》中所展现的，日本人在客死他乡后墓碑一律面向故乡，以表达死者回归故里的愿望。同样，中国古人与家乡稳固的情感联系使他们的乡愁成为一种时时会触动他们神经的本能。王安石长期在外做官，当他在京城汴梁的西太一宫看到一池春水，蝉鸣柳荫，荷花映日时，便禁不住题诗壁上："柳叶鸣蜩绿暗，荷花落日红酣。三十六陂春水，白头想见江南。"（《题西太一宫壁》）江南的故乡在诗人的心中最柔软、最美丽，也最厚实、最可靠、最有吸引力，所以即使双鬓斑白，犹思心不改。明僧德祥一生云游天下，但在他与江南故乡之间永远有一条扯不断的红线，"鸲鹆多情语晓风，恼他枝上白头翁。分明一段江南思，烟雨楼台似梦中。"（《题画》）有些文人，其故乡并不在江南，但却把江南当作故乡一样牵挂，如唐代诗人韦庄诗云："灯前一觉江南梦，惆怅起来山月斜。"（《含山店梦觉作》）经过长期的文化塑造，江南已经成为人们潜意识中的归宿和家园，不管自己的祖籍是否在江南，他们都把江南当作家园来看待，所以，像韦庄这样的北方人也常常魂萦江南，表现出一种源于江南的乡愁。

从个人的遭遇来看，生活与仕途上的挫折往往是促发乡愁的最重要、最直接的原因。在战乱频繁和封建统治残酷的时代，人生如寄，生命个体前程黯淡，如同飘忽不定的白云，这种情况下，一个人的乡愁往往更为强烈而持久。晋人张翰在洛阳做官，当时的晋惠帝因有"智障",他的叔伯兄弟们都想取而代之,一场战乱随时都会爆发,张翰很有可能成为最高统治集团争权夺利的牺牲品,在秋风萧瑟的异乡,张翰最向往的便是自己家乡吴中宁静安逸的生活,特别想念杭州的莼菜羹、鲈鱼脍,"秋风起兮佳景时,吴江水兮鲈鱼肥"(张翰《思吴江歌》),然而,人在官府,身不由己,不禁发出"三千里兮家未归,恨难得兮仰天悲"(张翰《思吴江歌》)的呼号。不过,经过一番努力,他最后还是得以辞官南归。南宋词人史达祖受史弥远迫害,被黥面后流放到江汉一带,孤身羁旅,十分留恋在临安的家居生活,想念青翠的南山、美味的脍鲈,望着苍苍江水、"倦柳愁荷",他最希望得到的就是一点"故园信息"(史达祖《秋霁》)。"莼鲈秋思"从张翰起经过历代失意文人的渲染和运用,今天已经成为一个带有江南标志的乡愁符号,成为国人乡愁具象化的典范用语。

古代社会落后的交通工具增加了回乡的难度,扩大了与故乡的空间距离,从而强化了人们回家的心理需要,增加了乡愁的浓度。孟浩然诗云:"家本洞湖上,岁时归思催。客心徒欲速,江路苦遭回。"(《溯江至武昌》)这首诗生动的描写了舟行缓慢、江路遥远给一位归心似箭的江南人带来的心理郁闷。顾况诗云:"山峥嵘,水泓澄,漫漫汗汗一笔耕,一草一木栖神明。忽如空中有物,物中有声。复如远道望乡客,梦绕山川身不行。"(《范山人画山水歌》)这里所谓"身不行"有两种情况:一种是脱不开身,走不了;另一种是由于路途遥远,人困马乏走不动。不管是哪一种情况,都说明"远道"在古代社会里都是惹人"望乡"的重要原因。王安石在游完杭州西湖后,十分留恋杭州,杭州虽不是他的故乡,但他的老家江西临川也是湖光山色的江南风光,所以想想这辈子恐怕再难有机会欣赏到这种类似家乡的美景了,便生出无限伤悲:"水光山气碧浮浮,落日将归又少留。从此只应长入梦，梦中还与故人游。"(《杭州望湖楼回马上作呈玉汝乐道》）在高速公路四通八达，以汽车、火车和飞机作为主要交通工具的今天，人们对任何一个地方都失去了那种因终生难以再来而产生的别离感，但在古代社会，最快的行路方式是骑马，而且只有富人和官员才可以有这些条件，所以对一个地方的远离往往就意味着终生的别离，因此在古人的作品中一再表现出对故乡的离愁别绪。

从文化心理与社会经济的关系来看，中国几千年的农业文明铸造了人们稳定的乡土情结，因为故乡的土地是中国农民祖祖辈辈的安身立命之地，是他们繁衍生息的基本保障。长期生活在家乡的人往往不能清晰地意识到家乡的意义，但那些由于各种缘由而不得不离开家乡四处漂泊的人却更清楚地知道故乡意味着什么。当代学者王志清在其《盛唐生态诗学》一书中指出，"中国传统农业经济'安居乐业'的文化心理，本来就很容易引发思归怀人的心绪，产生最普遍的期待，形成一种约定俗成的还家回归的忧思模态"[①]。而江南山水作为农业经济时代安居乐业的理想范式，无疑最大程度上强化了还家回归的心态，对漂泊的游子有着强大的吸引力，并且是离之弥久，思之弥深。

城市文明的快速发展形成了对传统农业文明的强大冲击和挑战，它在强化人的失落感的同时，还在人的乡愁中注入了强烈的生存危机感。相对于乡村的质朴野旷而言，城市显得繁华喧嚣，使置身其间的人们有一种深深的迷惘。除此之外，城市文明对乡土文化的蛮横的侵略与快速破坏使人们对土地、山川、湖泊的可靠性产生了极大的忧虑与怀疑，恩格斯曾以美国纽约的发展为例说明"纯粹资本主义方式"的城市快速发展对自然环境和生活环

---

① 王志清：《盛唐生态诗学》，北京大学出版社 2007 年版，第 197 页。

境美感的巨大破坏性，他说"电线杆子、空中铁道、横跨马路的招牌、公司的广告牌"等都"不像样子"，"使人厌烦"，"一切美学都在出现一点获利希望时遭到破坏"[①]。中国古代的城市化还没有像现代工业文明那样把生活环境深度物化，恩格斯所描绘的那种情况直到 20 世纪才出现在中国，但是古代城市的拥挤、喧哗已足以让人厌倦，让人忧虑，所以中国古代城市文明的快速发展，也一定程度上在士人的心中注入了危机意识，从反面强化了士人对江南山水的依恋。"明朝我亦休官去，同向西湖理钓舟"（于谦《送知县莫文渊致仕归钱塘》），在士人的心中曾经有一种信念，就是相信永远有一个山清水秀的江南在那里亲切地等待着他们，然而，这种信念在城市的快速发展中被动摇了，这种动摇让人充满痛苦和忧伤，它们隐藏在士人的意识中，一旦遇到合适的情境就会以生动的形式跳出来，成为代代延续又不断变换着面貌的乡愁。

二　"富者适志，贫者惬心"：安顿于江南的游魂

对于那些长期经受漂泊之苦的人们来说，回到安逸、美满的家园无疑是最大的幸福和对心灵最大的安慰。"回家"在这里有两层意思：一层意思是指祖居江南的文人真正回到自己曾经在那里度过童年、少年的故园，从而形成一种叶落归根的安闲，如清代诗人赵翼晚年回到家乡常州，漫步阳澄湖畔，心中产生的那种最纯粹的满足感："诗情澄水空无滓，心事闲云淡不飞。最喜渔歌声欸乃，扣舷一路送人归。"（《阳湖晚归》）清空无滓的世界中，心之闲，情之乐，妙不可言，若不是世间最满足的人是难以达到此等境界的。另一层意思是指很多故乡并非江南的文人，来

---

① 《马克思恩格斯全集》（第 50 卷），人民出版社 1985 年版，第 389 页。

到江南之后产生一种精神回乡的感觉，这是中国审美文化中很有趣的现象，如我们前文指出的那样，到唐宋时期，江南已经不再是一个纯粹的地理概念，许多文人已经在精神上深深地扎根于江南，江南成为他们心灵的家园，因而回归江南也就成为一种文人的集体性的理想和愿望。如宋代词人辛弃疾原籍山东济南，然而，来到江南后，听着亲切的吴音，看到低矮的农家茅屋前后一家老小幸福的生活，便觉得自己也到家了，"茅檐低小，溪上青青草。醉里吴音相媚好，白发谁家翁媪？大儿锄豆溪东，中儿正织鸡笼。最喜小儿亡赖，溪头卧剥莲蓬。"（《清平乐·村居》）一般情况下，对于一个漂泊在外的人来说，乡音是最让人感到亲切和安慰的，但是由于精神上对江南的认同，所以异乡的吴音也让诗人觉得"媚好"。唐人郭震祖籍河北大名，前半生在北方为官，晚年到江西饶州赴任，看到江南温馨的渔家生活，他自己也颇感安慰："几代生涯傍海涯，两三间屋盖芦花。灯前笑说归来夜，明月随船送到家。"（《宿渔家》）游子晚归，家人团圆，朴实的日常人生欢乐溢于言表。唐代诗人皇甫冉出生于甘肃泾州，早年经历安史之乱，晚年有幸安居于江苏宜兴，面对长江和太湖，皇甫冉感到做官实在没意思，这里才有快乐的人生，"我来结绶未经秋，已厌微官忆旧游"。（《杂言无锡惠山寺流泉歌》）诗人钟情于宜兴的青山绿水，对之倾心咏赞，"江南烟景复如何，闻道新亭便可过。处处艺兰春浦绿，萋萋蒨草远山多"。（《三月三日义兴李明府泛舟》）清代文人赵执信出生于山东青州，曾做过江南布政司参议和福建按察使，江南的生活经历使他为自己的晚年找到了理想的安顿方式："屋角参差漏晚晖，黄头闲缉绿蓑衣。倦来枕石无人唤，鹅鸭如云解自归。"（《昭阳湖行书所见》）编织蓑衣的老人在晚晖的衬托之下，沉浸于人生中最宝贵的幸福与宁静之中，这是一种景致，也是诗人返璞归真的愿望和对自己晚年生活的设计与安排。

有不少人虽然未能如愿把自己的晚年生活安顿于江南山水中，但是因为有早年的江南经历，所以常常把自己的这段江南生活经验写进艺术作品之中，以使自己的心灵得到某种慰藉。如唐代诗人白居易曾经先后做过江州司马、杭州刺史和苏州刺史，从此心中便再也放不下江南了，晚年定居于洛阳香山后，仍念念不忘江南，写了不少忆江南的诗，除了其著名的三首《忆江南》外，其他如："旧游之人半白首，旧游之地多苍苔。江南旧游凡几处，就中最忆吴江隈。"（《忆旧游》）江南时时萦绕在他的梦中，成为他晚年幸福的回忆。祖籍河北大名的宋代文人潘阆，也有过一段江南生活经历，不过他的江南生活不像白居易那样风光，而是流落杭州街头，卖药为生，即使这样，杭州仍然给他留下了美好的印象，晚年写下多首回忆杭州生活的词作，如："长忆钱塘，不是人寰是天上。万家掩映翠微间，处处水潺潺。异花四季当窗放，出入分明在屏障。别来隋柳几经秋，何日得重游。"（《酒泉子·长忆钱塘》）正所谓"富者适志，贫者惬心，不闻其有荣枯之异也"。（湖海士《西湖二集序》）钱塘山水几乎是所有中国人心灵的栖息地，是他们永远的梦。风烛残年的潘阆或许就是带着微笑，想象着"万家掩映翠微间，处处水潺潺"的钱塘景象走完了自己人生的最后一段旅程。

说到灵魂的安顿，不能不再次提到风水问题，在盛行巫觋之风的江南楚文化中，风水观念不仅会影响到家园基址的选择和宅第建筑格式的使用，而且直接关系到人们对故乡的感情。优越的风水环境，增强了宗族的凝聚力与自豪感，增添了人们对乡土的眷恋与对生活前途的信心，使无论在外漂泊的才俊还是留守故土的贤士都感觉到一种永久的依靠。反之，如果家乡或家族的风水不好，则会成为人们难解的心病，成为一个人心灵不安的根源。

江南许多地方的族谱中，都将宗族风水放在卷首的"叙"中或撰专文赞美，指明其族居风水的关键要害，传训后世子孙，谨慎维护，等等。如浙江楠溪江中游花坦村的《珍川朱氏合族副谱·珍川十咏序》中就讲："陵阜夹川，阪陀下驰，衍为原限，林滚藏荫，水田环绕，居民耕植其中……是盖乾坤清淑之气所钟聚融结，必有玮瑰俊秀杰出乎其间。"① 在江南山水中，类似的风水宝地数不胜数，虽然未必都如人们想象的那样"有玮瑰俊秀杰出乎其间"，但是世世代代对好风水的坚定信念却使生活在这里的人们心灵泰然，充满自信和希望。

第六节　三位一体：中国古典山水审美的终结

纵观中国审美文化史，我们会发现，当江南山水之美在人们的心目中定型并代表了一种美的极致的时候，中国古典审美也走到了它的尽头，开始为自己画上一个圆满的句号。江南山水作为中国古典美的极致，是由三大要素结合而成的，这三个要素分别是江南山水阴柔的自然特征、历代文人为其刻画的女性质感和宗教赋予它的神性。特别是到了明清之际，经过长期文化塑造与积淀的江南山水，已经集山水、美人与神仙于一体，成为一个三位一体的光辉灿烂的文化形象，不过，这个形象也终结了中国古代山水审美继续前进和探索的努力。

一　江南山水女性化及其美学意义

江南山水的媚美特质常常引发人们将其与女性之美进行类比，并通过这种类比来表达由衷的喜爱与赞美，在这种赞美中山

---

① 陈志华：《楠溪江中游古村落》，生活·读书·新知三联书店1999年版，第70页。

水与女性的品质混为一体，咏景即咏人，人与景相互交糅，相互映照，相得益彰。最典型的就是西湖及其周围诸山，自苏东坡将其比为西子以来，很多诗人都自觉不自觉地将其女性化了，就连明代洪武年间的僧人释文信也作此想："南北两峰船上看，恰似阿侬双髻鬟。"（《西湖竹枝词》）这个比喻比起苏东坡的西子之喻来得更具体，但赶不上袁宏道的描写细腻真切："于时宿雾既收，初日照林，松柏膏沐之余，杨柳浣濯之后，深翠殷绿，媚红娟美。至于原隰隐畛，草色麦秀，莫不淹润柔滑，细腻莹洁。"（《西山十记》）这是一幅绮丽明艳的山水小品，江南山水在作者的笔下给人以十分强烈的女性质感，从视觉上看，山的肌体在"膏沐"，"浣濯"之后是翠绿，是"媚"、是"美"；从嗅觉上说，山的气息带有女性特有的浴后"粉香"；以肤觉而言，则是"掩润柔滑，细腻莹洁"。不过，这些描写和比喻似乎显得太静了，没有把西湖的动态美写出来。明代文学家徐霖的描绘则更为生动："西湖如明镜，诸山如美人。美人照明镜，形影两能真。"（《游西湖》）西湖周围的诸山不仅形象如美人，而且具有美人喜欢顾影自怜的妩媚动作与鲜活性格。清人对明人的这种写作技艺有所继承和发展，如厉鹗诗云："花梢湖影展晓镜，诸峰浮渲梳新鬟"（《清明后一日鲁秋塍招同顾丈月田许初观看花山中分韵》）。厉鹗的"展"字比徐霖的"如"字生动了许多，一个"梳"字更是让西湖诸山如清晨醒来的一群美女般忙碌起来。

　　在江南山水被女性化的同时，女性之美也被山水化了，这使女性之美能进一步超越个人形体，进入更为广阔的表现时空。方干诗云："采莲女儿避残热，隔夜相期侵早发。指剥春葱腕似雪，画桡轻拔蒲根月。兰舟迟速有输赢，先到河湾赌何物。才到河湾分首去，散在花间不知处。"（《采莲》）夏日里清凉的黎明时分，采莲姑娘们头顶残月，轻摇画桡，催动兰舟，"散在花间不知处"。人化入一片山水之中，为姑娘们增添了一份神秘，一份俏丽，同时眼前的自然山水也少了一些物的单调而成为一种闪动着姑娘灵心的妙境。当一个绝色佳人猛然间出现在一片青山绿水中时，我们心中可能会冒出一个问题：这究竟是人间奇迹，还是大自然的杰作？明代著名小品文作家王思任在一次游天姥山时就有过类似的感受："过桃墅，溪鸣树舞，白云绿坳，略有人间。饭斑竹岭，酒家胡当垆艳甚，桃花流水，胡麻正香，不意老山之中有此嫩妇。"（《天姥》）不知当时王思任被这大山深处的少妇之美深深震撼之时，他是否意识到那"溪鸣树舞，白云绿坳"、"桃花流水，胡麻正香"或许正是"嫩妇"惊现眼前的原因，但我们可以推想，假如这位少妇不是出现在"略有人间"的天姥山中，而是混杂在熙熙攘攘的集市，她还能带给人那样强烈的美感吗？总的来看，这种将美人山水化的手法实现了对个体生命有限性和现实性的超越，为作者的异性之爱找到了一种理想的升华途径。从美学上看，山水的美人化与美人的山水化手法造成了山水与美人相互映衬，相互彰显的美学效果，同时这种现象在艺术作品中的频繁出现也强化了人们把江南山水与美人视为一体的审美心理和审美意向。

二 山水、美人与神仙三位一体：走向终结的中国古典山水审美

美是脆弱的，美丽的容颜是易逝的，如何让脆弱的、易逝的美成为永恒，这恐怕是千百年来人们一直在探索的问题。对于这个难题，古人有一种倾向性的解决办法，就是把人的美融入自然美之中，把有限的个体生命融入无限的宇宙之中。李白诗云："耶溪采莲女，见客棹歌回。笑入荷花去，佯羞不出来。"（《越女词》其三）"镜湖水如月，耶溪女如雪。新妆荡新波，光景两奇

绝。"（《越女词》其五）女子与荷花掩映，美人和新波交辉，人
与自然在江南山水中合而为一，成为人们心目中一种永不退色的
美。崔国辅的《小长干曲》在将山水美人相互映照方面也有同工
之妙："月暗送潮风，相寻路不通。菱歌唱不辍，知在此塘中。"
不见其人，只闻其声，人声在花丛中飘荡，引发人对美人与山水
的无限遐思。

在《红楼梦》中，将山水与美人融为一体的审美取向表现得
更为明确和自觉。首先，作者一而再，再而三地显现出强烈的归
化于江南山水的愿望。如贾宝玉在秦可卿处初入梦中，见到一个
"朱栏白石，绿树清溪，真是人迹希逢，飞尘不到"的地方，便
十分欢喜，觉得："这个去处有趣，我就在这里过一生，纵然失
了家也愿意。"（第五回）其实，宝玉的梦想正是作者心意的表
露。对江南山水的依恋与热爱，致使作者在《红楼梦》中写了大
量有关江南山水的诗，如："疏是枝条艳是花，春妆儿女竞奢华。
闲庭曲槛无余雪，流水空山有落霞。幽梦冷随红袖笛，游仙香泛
绛河槎。前身定是瑶台种，无复相疑色相差。"（第五十回）这是
冬日里群钗赏梅花时，薛宝琴写的《咏红梅花》诗，在这里，
"闲庭曲槛"的温馨与"流水空山"的清幽一同进入了诗人的梦
魂，以至于诗人相信自己必定是天界的神仙，而眼前易逝的美景
和美色也必定有其不变的根据。道家的虚幻意识、佛教的空无感
和因缘观都渗入了诗人的审美心境中，在浓郁的悲凉中透露出一
种对永恒的奢望。在作者众多的山水诗中，有一首很特别，书中
说是一位外国姑娘写的，这自然只是一个由头，诗云："昨夜朱
楼梦，今宵水国吟。岛云蒸大海，岚气接丛林。月本无今古，情
缘自浅深。汉南春历历，焉得不关心。"（第五十二回）在诗人的
眼中，只有天地日月才是一种永恒的存在，而人的悲欢离合、喜
怒哀乐都如过眼云烟一般短暂，然而人的形而上的本性使他不能

不在四季变换中歌吟"水国",向往山林,以便使那云烟般的人生有一个长久的寄托。其次,作者在书中又努力把美人塑造成一个贴近于江南山水的形象,如史湘云的名字有"湘江水逝楚云飞"之意,林黛玉名字虽似与山水无关,但她的住所却是潇湘馆,而且贾宝玉常常称黛玉为潇湘子,难免不使人想到那奇诡的三湘湖山上去。不过,最具典型意义的要数超凡脱俗的警幻仙姑了:"方离柳坞,乍出花房。但行处,鸟惊庭树;将到时,影度回廊。仙袂乍飘兮,闻麝兰之馥郁;荷衣欲动兮,听环佩之铿锵。靥笑春桃兮,云堆翠髻;唇绽樱颗兮,榴齿含香。纤腰之楚楚兮,回风舞雪;珠翠之辉辉兮,满额鹅黄。出没花间兮,宜嗔宜喜;徘徊池上兮,若飞若扬。"(第五回)这是在写神,也是在写人,也可以说是在描绘江南山水,警幻仙姑事实上就是一个神、人和江南山水三位一体的中国古典美学的理想形象,也是中国古人孜孜以求的那种神性、人性与自然性高度统一的终极范型。这一范型的成熟标志着至清代中国山水艺术已经发展到了它的顶峰,并开始走上了下坡路,古人在对江南山水的自然审美品质、人文意蕴、形而上思考及三者的结合等方面的探索都取得了巨大成就,基本上完成了它的使命,后来的自然审美实践只不过是其余韵而已。

第 二 章

江南山水与诗画意境的生成

在世界艺术发展史上，一个突出的现象是，中国艺术美的主要创造者——文人士大夫，较之其他民族、其他文化群体对山水的依恋和热爱最为强烈，其中的缘由，如钱钟书先生所说："初不尽出于逸兴野趣、远致闲情，而为不得已之慰藉。达官失意，穷士失职，乃倡幽寻胜赏，聊用乱思遗老，遂开风气耳。"① 在这个由"不得已之慰藉"到积极主动地探幽寻胜的过程中，中国文人的艺术创造发生了方向性的变化，即由人物画向山水画，由玄言诗向山水诗的转化。山水诗和山水画的最大美学价值在于它们创造了无限丰富的意境，一部中国美学史从某种意义上说就是一部意境史，因此，意境被宗白华先生看作是代表了"中国心灵的幽情壮采"（《中国艺术意境之诞生》）。② 在意境的生成方面，江南山水起着举足轻重的作用，可以说，没有江南山水这一特殊的中国地理空间，就不可能有意境这一中国审美文化的伟大贡献。在这一章，我们将对江南山水与意境的关系进行多向度的分析和研究。

---

① 钱钟书：《管锥编》（第3册），中华书局1979年版，第1036页。
② 宗白华：《美学散步》，上海人民出版社1981年版，第68页。

第一节　江南山水与诗画意境的建构

意境作为一个概念虽然是在唐代才被提出来，但在此之前，热爱自然、亲和自然的中华民族就已经在自己的审美实践中积累了创造意境、体验意境的丰富经验。清人潘德舆说："《三百篇》之体制音节，不必学，不能学；《三百篇》之神理意境，不可不学也。"（《养一斋诗话》）按照潘德舆的说法，意境的创构实践早在先秦时就已经开始了，诗经中很多涉及景物描写的优秀诗篇都有很美的意境。如："二子乘舟，泛泛其景。顾言思子，中心养养。"（《诗经·邶风·二子乘舟》）其意境为：一对父子为了谋生，乘一叶小舟，在平静的水面上漂向远方，家中的亲人想起他们远去的情景，忧心忡忡。又如："上天同云，雨雪雰雰。益之以霡霂，既优既渥。既霑既足，生我百谷。"（《诗经·小雅·信南山》）其意境为：潇潇洒洒的雪片和霏霏细雨，使土地变得潮湿滋润，肥沃的田野上庄稼苗壮成长，想到即将到来的丰收景象，农人心中充满了欢乐。不过，诗经中的诗篇多以叙事为主，景物描写的分量不足，描写手法也颇稚嫩，故所构之境无法与后来的山水诗、山水画相比。

山水诗和山水画诞生以后，随着创作与鉴赏经验的积累，意境的内涵不断丰富，使用范围逐步扩大，并最终成为一个适用范围极广的美学范畴。在意境范畴的生成过程中，江南山水提供了最为可靠的环境基础，同时在江南山水之上形成的丰富多彩的山水文化又为其准备了充足的精神养料。

一　江南山水与诗画意境的空间构成

中国古代理论家无论是在哲学层面上还是在审美层面上都特

别强调了意境生成过程中"物"或"空间"的基础性价值。老子云："万物并作，吾以观其复。"（《老子》第十六章）老子认为，道虽非物，但它的存在却离不开物，人对道的体会也必须通过物来实现，"道之为物，惟恍惟惚。惚恍中有象，恍惚中有物。"（《老子》第二十一章）一般论及老子所谓"道"，人们首先讲到的就是其"玄之又玄"的特点，而常常忽视或轻视"道之为物"的境域性特征。在庄子所谓"天地与我并生，而万物与我为一"（《齐物论》）的道境中，天地、万物都是第一位的。对于"玄妙之道"即所谓"玄珠"的获得，庄子云："象罔得之。"（《天地》）对"象罔"一词，过去不少学者认为就是指"若有若无"①，这种解释虽不为错，但难免肤浅。王夫之在其《庄子通·天地》中指出："无形者，非无形也，特己不见也。"而"己不见"的原因在于人总免不了以"大小、长短、修远"等人类自己的时空尺度来衡量万物，从而导致对万物的误解，庄子主张"象罔"正是要从根本上质疑或抛弃这种尺度，承认"无形之皆形，无状之皆状"，不再对万物妄加测度，但这绝不是如有的学者所理解的那样是轻视物或否定物的价值。唐代诗人王昌龄是我国明确提出意境范畴的第一人，他根据审美主体的心意与物象交融的程度、状态与特征，把境分为"物境"、"情境"和"意境"三大类。后人推重意境，凡有论及，多强调意境与前两者的区别，殊不知王昌龄对"物境"着墨最多，言辞最为确凿："欲为山水诗，则张泉石云峰之境，极丽绝秀者，神之于心，处身于境，视境于心，莹然掌中，然后用思，了然境象，故得形似。"（《诗格》）"物境"是"意境"的基础，若无"物境"之"形似"则无"意境"之

---

① 如郭嵩焘注为："象罔者若有形若无形，故睟而得之。即形求之不得，去形求之亦不得也。"参见郭庆藩《庄子集释》第 2 册，中华书局 1961 年版，第 415 页。

"得其真"。王昌龄在分析诗人创造意境的心理活动过程时指出："搜求于象，心入于境，神会于物，因心而得"，"放安神思，心偶照境，率然而生"。（《诗格》）在诗人创造意境的过程中，"心"、"神"之"思"固然重要，然"境"、"象"、"物"并不可缺。事实上，不管意境生成过程中创造主体的作用怎样巨大，都是建立在客观物象基础上的，而且意境的品质在很大程度上取决于所置换之物象、物态的品质，所以，是否具有优质的自然环境是人们能否进行意境创造，或创造出何种类型意境的先决条件。江南山水能够为意境的创造和创新提供最理想的置换之"物"，所以江南山水进入中国文人的审美视野对于中国古代意境创造而言意味着一个巨大的飞跃和质变。唐代诗人王湾的诗句"从来观气象，唯向此中偏"（《江南意》）即从这一方面道出了江南山水对于文人画士们进行意境创造的意义：山水诗画向意境掘进的过程正是江南山水的审美价值逐步上升的过程，中国艺术意境最重要的空间基础就是江南山水。

江南山水作为山水诗画意境的空间基础是在两个基本层次上出现的：一是意境的空间主题，二是意境的空间背景。当江南山水作为意境突出的对象时，它是意境的空间主题，当江南山水主要是被用作表现主体审美意趣的载体时，它是意境的空间背景。如白居易的《钱塘湖春行》："几处早莺争暖树，谁家新燕啄春泥。乱花渐欲迷人眼，浅草才能没马蹄。"这里虽未直接写江南山水，但透过人、马、莺、燕的欢乐生活情景，人们可以真切地感觉到江南山水的大背景。在山水画中也常常出现类似的画面，几枝竹影，几叶兰草，没有明确的地理标示，但整个温馨的江南却宛然在目。如明代画家仇英的《柳下眠琴图》，画中一古柳下，老者正倚琴休憩，身旁放一卷书，表情淡然，见书童赶来，意欲起身。这幅画的焦点在人物关系和生活意趣方面，山水并无地域性标志，但其文雅秀逸之状却可以使人意识到这是江南风情。明代画家王谔的《江阁远眺图》也属于此类，画中突出的是人在江边建筑的楼阁以及楼上观景的人，远处朦胧的江水和山峰，近处岩壁上的树丛，主要起一种环境提示作用。另一种情况下，花鸟树木房屋都处于朦胧的状态，山水的布局结构成为吸引观众注意力的主要因素，这时的江南山水便上升为意境的空间主题。唐代诗人沈佺期诗云："巫山高不极，合沓状奇新。暗谷疑风雨，幽崖若鬼神。月明三峡曙，潮满九江春。为问阳台客：应知入梦人？"（《巫山高》）这首诗以绘景为主，合沓的巫山、皓月当空的三峡、鬼神出没的悬崖峭壁、潮流涌动不息的大江共同构成了一个梦境般的世界，结尾二联虽是写人，却只为突出此等景致给人的梦幻感。所以，这是一首典型的以江南山水为空间主题的山水诗。绘画方面，元代画家黄公望的《富春山居图》很有代表性，这幅画描绘的是浙江桐庐一带富春江的初秋景致，画中有江上渔舟、江边垂钓和散落于山中的茅屋，但主体乃是层峦叠嶂、树木丛生、云雾缭绕的群山和滔滔奔流的江水，其主旨就是向人们展示富春江景的雄浑壮阔。明代画家沈周的代表作《卧游图》之《江山坐话》也是这方面的优秀作品，画中两位高士在树荫下面溪而坐，笑谈古今，纵论天下，回味着西子湖畔的美好经历，远处是起伏的群山，溪流的对岸是错落的房屋，秋天的江南，天朗气清。款题中言的"如此澄怀地，西湖忆旧游"两句通过引发人的联想而进一步拓展了画面的空间。清初画家吴历的作品《湖天春色图》更为典型，这幅画取湖岸一角景致为题，近处为柳树、水鸟、犬牙之状的湖边草地，远处为隐约的几处山峰，整幅画纯粹是为了展示江南山水的旖旎春色，江南山水作为表现主题的特点非常突出。不过，也需要指出，由于艺术家情感与景致融会的复杂性，很多情况下，江南山水在意境构建中是作为空间主题还是作为空间背景的界限并不十分明确。如明代诗人薛蕙的诗《江云》曰："谢客弄春水，江皋生彩云。纷纷初散绮，叶叶渐成文。蔽日皆相映，流风乍不分。何因可持赠，欲以慰离群。"此诗既有"叶叶渐成文"的细部关注，荷叶、荷花、轻风写得满载江南气息，又有"江皋生彩云"的宏大描绘，此时江南山水的主题性与背景性很难分清楚。

在中国古人天人相合思维方式的影响下，江南山水作为山水诗意境的空间基础常常表现为一种私人空间与自然空间中的物象交流、置换与融合的动态形式。交流、置换与融合的媒介多是门窗、庭阶、楼台、帘屏、栏杆、梳妆镜等人造物，如"窗含西岭千秋雪，门泊东吴万里船"（杜甫《绝句四首》其三），诗中通过门和窗将无限的自然空间融入个人的有限空间中，使小小庭院与大江南、大世界紧紧相连。又如"山际见来烟，竹中窥落日。鸟向檐上飞，云从窗里出"（吴均《山中杂诗》）。诗人以"见"和"窥"两个动作把大自然中若有若无的烟雾和遥远的落日纳入个人空间，同时又将个人小天地中的小鸟和云气通过"檐"与"窗"送入幽深的山林。有了这种空间物象的动态交流与置换，自然皆着我之色彩，主体心灵也因能融入自然而更加充实丰盈。对于气韵生动的意境，有学者认为其本质是"生命的对象化"①，这显然是以西方主客二元对立的思维方式来看待意境的，并不符合意境生成的实际，更不适宜于阐明意境范畴的本质和特征。在中国古代文人的眼中，以江南山水为典范的自然环境中到处是生命的信息，随处都可以感受到生命的活力，人的生命对象化并无必要。石涛云："山川与予神遇而迹化也。"（《石涛画语录·山川

---

① 吴中杰：《中国古代审美文化论》（第 2 卷），上海古籍出版社 2003 年版，第374 页。

章第八》)"神遇而迹化"若以当代存在论美学术语言之乃是一种"主体间性"，意味着作为人的主体与自然主体之间和谐的交流、吸收和转化，当无对象化之意。

塞北的自然环境也经常出现在意境当中，不过它与江南山水在意境中的作用是不同的，如果说江南山水是意境的核心，那么塞北风光则是意境的边界。由塞北的山水风云所营造的意境氛围多萧瑟、冷落，结合的人事往往是痛苦、磨难、战斗、流血等。如："黯黯长城外，日没更烟尘。胡骑虽凭陵，汉兵不顾身。古树满空塞，黄云愁杀人。"（高适《蓟门》其五）又如："渴饮月窟水，饥餐天上雪。东还沙塞远，北怆河梁别。泣把李陵衣，相看泪成血。"（李白《苏武》）在这两首诗所生成的意境中，空间是相对封闭的，与外界的交流与沟通是困难的，给人的感觉是压抑的。在前一首诗中，"长城外"完全是一个杀气腾腾，让人不寒而栗、避之不及的地方。在后一首诗中，生活在大漠里的人不仅物质生活没有基本保障，而且有着"泪成血"的精神状态。这种状况的出现与当时的社会经济、政治有关，不能完全归因于自然环境，但从历代山水诗画意境创造的总体状况来看，地理环境无疑是十分关键的因素。胡适在论及中国古代神话产生的原因时指出，中原地区的人民，"生在温带与寒带之间，天然的供给远没有南方民族的丰厚，他们须要时时对天然奋斗，不能像热带民族那样懒洋洋地睡在棕榈树下白日见鬼，白昼做梦。"[①] 不仅神话如此，对于意境的形成而言也是一样，荒山秃岭使人望而生畏，在以此为空间基础构建起来的意境类型中，被关注的焦点往往不是空间环境本身，而是敢于与之抗争的主体精神与道德力量。因此，恶劣的自然环境与其说是意境的空间因素不如说是意

---

① 胡适：《白话文学史》，百花文艺出版社 2002 年版，第 45 页。

境的一个边界。

江南培育了士人一种相对纯粹的审美尺度，一种尽可能"去欲"的澄明之心，一种最大限度地摆脱了功利意识的审美想象力。同时，儒、道、佛三家博大精深的山水文化精神又保养了士人的青春与热情，使他们能够在山水诗画中创造高广清远、意蕴丰富的意境。如五代南唐画家董源，所作山水画"多写江南真山，不为奇峭之笔"（沈括《梦溪笔谈》卷17，《书画》），兼具儒家的务实精神和道家的求真态度。潘天寿称其山水画："峰峦出没，云雾显晦，不装巧趣，皆得天真，岚色郁苍，枝干劲挺，咸有生意，溪桥渔浦，洲渚掩映，一片江南也。"[①] 相比较而言，禅宗文化在使意境获得显著的超越品格与虚寂意态方面贡献最为突出。宋之问诗云："楼观沧海日，门对浙江潮。桂子月中落，天香云外飘。"（《灵隐寺》）眼前是日出沧海，门前是年年岁岁咆哮不息的大潮，深夜皓月徘徊，把无数的桂子撒向人间，空气中到处弥漫着桂子的清香，动的与静的，视觉的与嗅觉的，共同构成一个充满禅意的空间，但是，没有人的空间毕竟过于清冷寂寞，所以诗人又写道："夙龄尚遐异，搜对涤烦嚣。待入天台路，看余度石桥。"由于人的活动，这个空间便成了人的空间。王夫之将这首诗的特点概括为"取景宏多而神情一致，以纯净成其迂迴"。（王夫之《唐诗评选》）诗人能够取景宏多是因为江南山水四时有差异，朝暮能变态，以至于"一山而兼数十百山之意态"。（郭熙《林泉高致·山水训》）而诗中的纯净思理很显然是受到了禅宗空净观念的启悟，禅宗文化改变了人对自然山水的心理接受状态，并通过这种改变使江南山水获得了新的审美品质。总之，在禅宗文化的影响下，本来就烟霞明灭的江南山水更加虚灵无

---

① 潘天寿：《中国绘画史》，团结出版社2006年版，第139页。

际，而这种虚灵的空间在意境中往往比实际的空间具有更强大的审美活力。

二 江南山水与诗画意境的时间性

在古人的审美意识中，江南山水作为一种审美存在具有无时间性特征，它所经历的物理时间要么通过景物古今对比的相同性而被化解，要么被置换为一种空间符号。前一种情况如李白对"谢公亭"的吟咏："谢公离别处，风景每生愁。客散青天月，山空碧水流。池花春映日，窗竹夜鸣秋。今古一相接，长歌怀旧游。"（《谢公亭》）从谢朓到李白，三百年的时间过去了，江南春花碧水依旧，这相似的江南风光使人产生"今古一相接"的感慨，谢灵运眼中的永嘉山水在李白的心中延续着自己的存在，诗人以景物空间上的相似性化解了时间上的差异性，从而使人产生一种前人与后人同游共赏的无时间性（指物理时间）感觉。再如杜甫的诗："百丈牵江色，孤舟泛日斜。兴来犹杖屦，目断更云沙。山鬼迷春竹，湘娥倚暮花。湖南清绝地，万古一长嗟。"（《祠南夕望》）杜甫的"万古一长嗟"与李白的"今古一相接"有异曲同工之妙。在古人的心中，江南山水作为一种近乎完美的审美形式以其无时间性维护、坚守着自身。

后一种情况，如在"烛暗行人静，帘开云影入"（萧绎《夜宿柏斋》）两句诗中，烛、帘、云影和行人这些具体的空间事物及其运动标示了夜晚的降临和延伸。又如"吴宫花草埋幽径，晋代衣冠成古丘"（李白《登金陵凤凰台》），从春秋到晋代，再到唐代，千百年的历史沧桑被简化为"幽径"与"古丘"这样两个象征性符号。当然，时间被符号化并不意味着我们不能够在其中感受到时间的厚重，相反，正是这种虚化的象征性的空间符号能够将沉睡在心灵深处的遥远的记忆、无名的冲动、深邃的思索在一瞬间唤醒和组织起来，转化为一种巨大的支持审美主体反思历史和展望未来的动力。赵奎英曾经把中国古人的这种思维与审美感受方式概括为"宇宙时间意识的空间化"，认为"中国古代的时间观，虽然在一定的时段内，是一个逐渐推移的时间序列和发展过程，但从总体上来看，它是一个不断地向原点返回的可逆的过程"，[①] 通过这样一个过程，古人把有限的个体生命融入无限的宇宙自然之中，时间忧患通过空间超越而被化解，从而在一定程度上冲淡了人类源自于时间的苦痛。

不过需要指出，在诗画意境中，江南山水事实上是与人的感受体验结合在一起，处于一种在内时间中流动的状态，内时间又称"人的历史时间"[②]，这是西方现象学美学家杜夫海纳提出的一个概念。杜夫海纳认为，审美对象处在历史上是通过自己的形式和意义，通过人在它身上感知和读解的东西，通过它讲述的有关人的情况和人讲述的有关它的情况而存在的，因此，它与人的时间关系像历史一样是变化不定的。杜夫海纳这种关于审美存在的时间观为我们理解中国意境中的时间关系提供了一个很有启示性的视角。在意境中，江南山水中的一草一木、一花一鸟都随着人们的感受在时间中发生变化。如王安石的诗："爱此江边好，留连至日斜。眠分黄犊草，坐占白鸥沙。"（《题舫子》）诗人兴之所至，尽情赏玩，江边的草地、沙滩，光看一看不过瘾，还要在草地上躺一躺，在沙滩上坐一坐，与黄犊和白鸥分享悠闲之趣，时间就在这一点一滴的感觉中流逝。在意境中，客观的物理时间早已被诗人忘却，流动的只是诗人的内在感觉，即内时间，也就

---

① 赵奎英：《混沌的秩序》，花城出版社 2003 年版，第 251 页。

② ［法］米·杜夫海纳：《审美经验现象学》，韩树站译，文化艺术出版社 1992 年版，第 189 页。

是深深地刻上自己个性印记的时间。可以看出，在意境中江南山水经常是内在时间展开的主要媒介。

在古人心中，江南山水近乎完美的形式为人们提供了体验生命、感悟宇宙自然的最大的可靠性。"惟江上之清风，与山间之明月，耳得之而为声，目遇之而成色；取之无禁，用之不竭。"（苏轼《前赤壁赋》）正是浸润于江上清风与山间明月之中，诗人方才超脱于患得患失的日常心态而有了"物与我皆无尽也"的感受和自信。"芦花深泽静垂纶，月夕烟朝几十春"（杜牧《赠渔父》），当人们陶醉于纯净的江南山水之中，彻底摆脱了浑浑噩噩的生活时，才真正进入了存在的光亮之中，诗的和生命中的最美的意境得以在人的审美感觉与审美意识中绵延。山水画作为一个静态的画面并不长于表现时间的流动，然而优秀的山水画家还是通过各种手法努力弥补山水画的这种不足，使观赏者在画面中获得了时间流动的感觉。如南宋画家刘松年的代表作《四景山水》，这幅画分四段从不同方位描绘了一个江南山中庭院春夏秋冬的景致，春景中绿树掩映，桃花盛开，远山近水衬托下的小道上，行人自然洒脱；夏景中，主人在树荫下面对着宽阔的河面纳凉；秋景中，主人独坐廊下，深思秋天的意蕴；冬景中，残雪消融，有人骑着毛驴从小桥上踏雪过河。感觉在四时中变化，时间在感觉中流动，关于江南生活的联想和想象则在感觉的时间中自由地展开。总之，在意境中，"江南"不仅是一个地理空间概念，更是一个时间概念，是一种在人的生命体验中永恒地流动着的时间，或者说，江南山水不仅是一种空间构成，而且是一部历史，一部以其审美形式在审美经验中变幻的历史。

三　江南山水与诗画意境的节奏

节奏是万物存在的形式，在自然界中随处可见。山脉之绵延

起伏，山峰之高下错落，溪水之流淌跌宕，繁花之错落有致，无
不蕴涵着节奏之美。花卉的形状，彩蝶的图案，贝壳的色彩，就
像是专以其节奏韵律悦人耳目而创造出来似的；蝉鸣的清脆，猿
啼的婉转，溪水的柔和，落花的无语，又像是以其节奏使人闻之
入心，不由得感动和兴奋。节奏也是构成美学意境的要素，在意
境中，自然节奏与我们生命节奏的和谐共振，显现出宇宙的活力
和艺术的魅力。宗白华指出："在中国文化里，从最底层的物质
器皿，穿过礼乐生活，直达天地境界，是一片混然无间，灵肉不
二的大和谐，大节奏。"（《艺术与中国社会》）[①] 宗白华所谓
"大"，笔者理解就是全，意味着节奏无处不在，无时不有，没有
了节奏就没有了生命，美也就不复存在。

　　不同事物的节奏在一定的条件下可以互相感应，甚至形成共
振，这是万物交流生命信息的前提，但是，不同的事物又有各自
的节奏特点，这是万物显示其个性的方式。就山水画而言，其节
奏特点主要呈现在两个方面，一是自然山水的节奏，二是笔墨的
节奏。郭熙在《林泉高致》中对自然山水节奏作了非常生动、具
体而全面的描述与总结。郭熙认为，山有山的远近、错落、起伏
节奏，如山之"三远"，即高远、深远、平远，"高远之势突兀，
深远之意重叠，平远之意冲融而缥缈"（《林泉高致·山水训》）。
水有水的动静流止节奏，"其形欲深静，欲柔滑，欲汪洋，欲回
环，欲肥腻，欲喷薄，欲激射，欲多泉，欲远流，欲瀑布插天，
欲溅扑入地，欲渔钓怡怡，欲草木欣欣，欲挟烟云而秀媚，欲照
溪谷而光辉"（《林泉高致·山水训》）。水为活物，故应有活体，
而体之活全赖其运动的姿态与节奏，郭熙在论述这一观点的过程
中，虽然天下名山多有论及，但尤以江南名山如天台、武夷、庐

山、雁荡、峨眉、巫峡、武当等为根据，因为在其视阈之内，江南之水最是鲜活富赡。在郭熙看来，山之高下远近与水之婉转曲折必互为依托，方才成为活山活水，"山以水为血脉，以草木为毛发，以烟云为神彩，故山得水而活，得草木而华，得烟云而秀媚。水以山为面，以亭榭为眉目，以渔钓为精神，故水得山而媚，得亭榭而明快，得渔钓而旷落"（《林泉高致·山水训》）。作为一个山水画家，要画出山水之精粹，首要的是以自己生命的节奏去感受自然山水的节奏并准确地把握它，"一种画春夏秋冬，各有始终晓暮之类，品意物色，便当分解，况其间各有趣哉！"（《林泉高致·画诀》）画家观景乃触目会心之观照，不仅要发现自然万物各自的生命特点，而且能够从各种事物和生命的相互关系着眼去进行体悟，不是让自己的视点固定在一点上去摄取景物的形貌，而是随着自己心理活动的需要而游动，忽略、舍弃细枝末节的东西，而将那些深深触动自己情思的景象经营为一种综合印象。山水画之意境之所以能导引人们获得深层的审美体验，其重要原因之一在于它既能够让人感受到自然节奏与人的生命律动相契合，又能让人从中感受到每一种自然事物独特的生命旋律与生动气韵。作为优秀的山水画家要在自己创造的意境中实现生命信息交流的最大化，就必须取山水之最精粹处运笔，因为在这样的地方节奏感最强，生命最为活跃，在我国，"东南之山多奇秀"（《林泉高致·画诀》），于是，江南山水便成为山水画家运笔挥毫，展现才华的理想场所。

笔墨节奏是画家在进行艺术创作的过程中，在各种艺术手法（如钩、麻、皴、点等）的表达中，通过有序的、有变化的强弱处理而产生的。笔墨节奏讲求韵味、象征，它一方面是独立的，另一方面又与自然山水节奏结合，同时也与画家的情趣契合相通，体现出画家传情达意的个性，从而形成画作的意境风格。郭熙说："凡经营下笔，必合天地。"（《林泉高致·画诀》）山水、笔墨和画家的自然心性共同调和成画面的节奏，富有生命意义。中国古代的山水诗人、画家以"俯仰自得"的精神观赏宇宙，跃入大自然的节奏里"游心太玄"，并创造了独具民族艺术特色的时空节奏形式。

如果说山水画善于表现自然山水的起伏节奏的话，那么山水诗在传达动植物的生命运动节奏方面则略胜一筹。莱辛在《拉奥孔》一书中曾经指出，诗是在时间中展开的艺术，其长处在于描述动作，即所谓"诗的理想在运动"，而绘画是空间艺术，其长处在于表现空间中并列事物的美，即所谓"美是造型艺术的最高法律"。中国古代艺术家们对这两种艺术类型的差异性已经有所认识，在山水诗中总是十分注意通过描写动态的事物，或事物的动作声音来构建动态意境，如："暮天微雨散，凉吹片帆轻。云物高秋节，山川孤客情。霜蘋留楚水，寒雁别吴城。宿浦有归梦，愁猿莫夜鸣。"（钱起《早下江宁》）诗人通过傍晚、深秋、孤客、寒雁、愁猿等意象让时令与生命处于相谐的运动节拍中，以这些意象的和谐创造了一种有形、可感的动态意境。苏珊·朗格指出，在艺术中最重要的是艺术家赋予人物和情境的可感知的生命节奏。[①] 这一美学思想也适用于说明中国山水诗的创造，因为中国山水诗以创造意境为宗旨，而这种意境本质上就是古人对自然山水妙流不息的节奏的表达。

朗格还指出，艺术中的生命形式尽管各不相同，但总体上可分为喜剧和悲剧两种类型，"个体生命在走向死亡的途程中具有一系列不可逆转的阶段，即生长、成熟、衰落。这就是悲

---

① ［美］苏珊·朗格：《情感与形式》，中国社会科学出版社 1986 年版，第 405 页。

剧的节奏"。① 如果据此来推定的话，那么钱起的《早下江宁》
传达的应该是一种悲剧节奏，因为这首诗以暮天、高秋、孤客、
雁寒、愁猿夜鸣为情感载体，而暮天、高秋等正如加拿大美学家
弗莱在《文学的原型》一文中所指出的那样，在人类的集体无意
识中，它们总是和衰落、垂死之神有着某种内在的联系，是悲剧
的原型。按朗格的说法，不断的新生和生命的永恒是喜剧的节
奏② 。据此判断，谢灵运的那首著名的《登池上楼》就是一幕于
江南山水中上演的喜剧，这首诗以永嘉山水为素材构建了一种画
面节奏、视听节奏与万物生命节奏的绝响。"倾耳聆波澜，举目
眺岖嵚"，举目望远山，倾耳闻涛声，声音与画面，近景与远景
错综变化，有声有色。接着诗人使画面稍作顿挫，"初景革绪风，
新阳改故阴"，交代了冬去春来的时令更替，随后便宕开笔墨，
展现春天里伟大的生命景观："池塘生春草，园柳变鸣禽"。在时
间的自然运行中，曾经寒索的楼外池中忽然春草丛生，曾经沉寂
的小园垂柳间居然嘤嘤鸟鸣，一派生机盎然的春天已经来临。按
照中国人的传统观念，春天是幸福和欢乐的季节，是真正的人间
喜剧的开始。除了上述两种节奏类型外，在古人创造的山水意境
中还有一种节奏类型，就是很难归入悲喜剧类型的淡泊型。明代
僧人僧宗泐诗云："泛舟出晴溪，溪迥抱山转。欲采芙蓉花，亭
亭秋水远。心非樯上帆，随风起舒卷。但得红芳迟，何辞岁年
晚。"（《江南曲》）此诗意境淡泊优雅，节奏舒缓，接近于富足、
悠闲生活的常态，是一种闲境。这种节奏感与大自然非功利的本
质更为吻合，它经常出现在山水诗画意境之中，与中国道家和禅

---

① ［美］苏珊·朗格：《情感与形式》，中国社会科学出版社 1986 年版，第
406 页。

② 同上书，第 384 页。

宗文化相呼应，也成为中国审美文化的特色所在。

诗画意境的节奏是宗白华所说的"大节奏"，在表现这种"大节奏"时，山水诗人与山水画家经常相互借助和支持，如宋代画家王诜所画《烟江叠嶂图》，开卷处是渔舟荡漾其上的一江春水，"画卷中段是江中青山，层峦叠嶂，云烟氤氲，绝谷飞瀑，丛木积翠"①，整个画面是一幅烟雾迷蒙的江南水乡景色，主次分明，节奏清晰。苏东坡曾专为其作一首读画诗《书王定国所藏烟江叠嶂图》，诗中写道："江上愁心千叠山，浮空积翠如云烟。山耶云耶远莫知，烟空云散山依然。但见两崖苍苍暗绝谷，中有百道飞来泉。萦林络石隐复见，下赴谷口为奔川。川平山开林麓断，小桥野店依山前。行人稍度乔木外，渔舟一叶江吞天。"读其诗使人心入画境，观其画则使人诗意灵动。在这里，意境是由诗与画共同构建的，诗与画之所以能形成这种共建关系，是因为它们都以表现江南山水的"大节奏"为目的，并且以自己的表现特长弥补对方表现方式的不足。中国古人不仅认识到了诗与画两种艺术类型的差异，而且发现了这两种艺术类型极强的互补性，所以在中国山水艺术中就出现了题画诗这种颇具民族特色的艺术形式，艺术家们通常把书声、猿声、钟声、思维、历史事变等在时间中存在的东西体现在题画诗中，从而极大地增强了山水画的艺术表现力。清代画家方薰说："高情逸思，画之不足，题以发之。"（《山静居论画》）方薰在这里明确地指出诗画可以互补，虽然论述上有语焉不详之嫌，但可以见出古人已经对题画诗展开了理论探索。唐人刘商诗云："水墨乍成岩下树，摧残半隐洞中云。猷公曾住天台寺，阴雨猿声何处闻？"（《与湛上人院画松》）意谓

---

① 吴企明：《历代名画诗画对读集·山水卷》，苏州大学出版社 2005 年版，第51页。

猿声画不出，题诗申补之。元人王逢诗云："烟雨楼台庵霭间，画图浑是浙江山。中原板荡谁回首，只有春随北雁还。"（《题李唐江山烟雨图》）意谓对中原的悠悠思念无法画出，只有以诗明示。反过来，山水诗不擅长表现甚至根本无法表现的云烟、树石、沙滩、渔舟、流水等事物之间非常具体的空间关系与状态，却可以通过画笔很容易地勾勒出来。

对于诗画结合的创作也有不少人提出了批评，如清初文学家张岱就指出："若以有诗句之画作画，画不能佳；以有画意之诗为诗，诗必不妙"，"有诗之画，未免板实，而胸中丘壑，反不若匠心训手之为不可及矣"（《琅嬛文集·与包严介》）。张岱认为诗和画属于两种不同类型的艺术，各有所长，二者的结合阻碍了彼此的独立拓展。当初苏东坡提出"诗中有画"、"画中有诗"（《书摩诘蓝田烟雨图》）、"诗画本一律，天工与清新"（《书鄢陵王主簿所画折枝二首》）是想说明诗和画具有共同的神韵和生命节奏，而不是将两者生硬地捆绑在一起，比如王维的画《江干雪霁图》，画上并无诗，但完全可以通过灵活的皴法和水墨的浓淡变化创造出一种恬淡静穆的诗意：大雪滋润了长江，长江两岸的树木在寂静中显现出无限生机。我们认为，诗画结合有益有弊，不能滥用，如果画家不重视自我感觉的表现，努力探索色彩、线条的表现力，追求绘画的"自律性"，而过分依赖画上题诗来营造画面的诗意，那就完全错了。从今天接受美学的眼光来看，画家不合时宜的题画诗也有剥夺受众欣赏自由和怀疑受众欣赏能力之嫌。

四　江南山水与诗画意境的生存论意义

在西方基督教文化中，上帝才是完美的，至善、至美、至爱的上帝是人崇拜的对象，人永远也达不到上帝的高度。在中国古代文化中，西方式的宗教意识非常淡薄，人们没有原罪感，总体上保持着一种自由、欢乐和自信的精神状态，他们相信人可以克服自己的不足，同天地，齐万物。在"天地与我并生，万物与我为一"的融通中，人们会深深地体悟到个体自我融入宇宙大生命中的至乐，更有在这种至乐中感悟个体生命，超越有限与短暂，回归无限与永恒的自由和超脱，具体的做法就是"与天地合其德，与日月合其明，与四时合其序，与鬼神合其吉凶"。（《周易·乾·文言》）可以说，效法自然，人神共感既是中国古人审美活动的原则，也是他们生活活动的准则。

效法自然并与自然融合的精神在江南士大夫们的审美实践与生活实践中得到了充分体现。生活于江南的士大夫们面对佳山胜水，"出则渔弋山水，入则谈说属文"（《世说新语·雅量》）；"优游山水，以敷文析理自娱"（《世说新语·识鉴》），于山水之乐中体悟自然之道。在游山玩水的过程中，最美妙的感悟可能转瞬即逝，为了把这些感悟保存下来，使它们能够为亲朋好友分享，能够让自己终生回味，文人士大夫们便努力将其寓于诗歌图画的美妙意境之中："仰眺碧天际，俯磐绿水滨。寥朗无厓观，寓目理自陈"（王羲之《兰亭诗二首》其一）；"松竹挺岩崖，幽涧激清流。萧散肆情志，酣畅豁滞忧"（王玄之《兰亭诗》）。玄学家们认为，江南的一丘一壑不仅是赏心悦目之景，更是造化之理的呈现，因此与自然山水亲近，把自我融入自然山水之中，便可悟得这个世界的玄妙之理，而山水诗画所创造的意境正是表达自己对世界、生命与生活的理解与感受，显现世界之玄妙的最理想的方式。中国"心学"的创始人，宋代大理学家陆九渊于贵溪龙虎山建茅舍聚徒讲学，在讲学的过程中，他一边欣赏着龙虎山迷人的景色，一边对人生意义进行着深入的思考："石濑激雪，澄潭渍蓝，鹭翘凫飞，恍若图画。疏松翠筱、苍苔茂草之间，石谖呈黄，金灯舒红，被岩缘坡，烂若锦绣。"在大自然中，不管是白鹭、野凫，还是青松、翠竹、苍苔、茂草，都按照自己的生命特征旖旎相依，同样，生存于其间的人也按照自己的生活规律与大自然和谐共生："轻舟帆樯，啸歌相闻，聚如鱼鳞，列如雁行。至其寻幽探奇，更泊互进，迭为后先，有若偶然而相后。老者苍颜皓髯，语高领深；少者整襟肃容，视微听冲，莫不各适其适，余亦不知夫小大、粗精、刚柔、缓急之不齐也。"（陆九渊《游龙虎山题壁》）人在山水中，动静歌语无不合于自然，皓髯老者与青春少年，无不循其本性。心学所追求的生存理想与"曾点气象"中所体现出来的老安少怀的社会理想一脉相承，只是心学表现出了显著的江南文化个性，更加突出了优质的江南山水环境对于生成文质彬彬的人格与井然有序的社会生活的作用，对人类生存状态的要求及对人类生存状态的描述也更具审美色彩。短暂的人生如何才能实现自我超越，成为永恒？自古以来诗人和哲人们就在认真地思考这个问题，不管其思考的结果如何，这思考本身就是一种极高的人生境界。"哀吾生之须臾，羡长江之无穷"（苏轼《前赤壁赋》），当苏东坡面对长江浩渺的烟水时，深有所悟，不过今天的读者真正感兴趣的也许并不是苏东坡感悟的哲理本身，而是他感受世界的方式，一种可以称之为意境的观察世界、体验世界和理解世界的方式。"江天一色无纤尘，皎皎空中孤月轮"，皎月当空，江天无尘，一色净美，王若虚告诉我们，在这样的春江花月夜中，人的灵魂能够更为自由地沉思默想宇宙的本源、人生的意义这些永恒的存在论问题。

　　意境是一种美的状态，但以江南山水为基础构建的诗画意境也经常被视为一种生存理想。明代诗人张羽诗云："夙志羡山水，尘萦久未遑。名峰久在望，兹辰一来翔"，面对"皓月悬高天，广川散飞霜"的千古江山，诗人即使为之受再多的肌肤之累也毫无怨言，"爱此尘境远，敢畏露沾裳"（《月夜舟行入金山》）；"逍遥解神虑，庶以适吾生"（《春初游戴山》）。王夫之读了张羽的这些诗句后慨叹："张祜小子，渠宁不逢苏君之世！"（《明诗评选》）言外之意，张羽与苏东坡乃百世知音，他们都甘心情愿把宝贵的生命消磨在江南山水中。

江南山水生成的审美意境多缠绵悱恻又超旷空灵，体现了生活于其间的人们浪漫的生活情调与心态。近代学者刘师培认为："大抵北方之地，土厚水深，民生其间，多尚实际。南方之地水势浩洋，民生其间，多尚虚无。民崇实际，故所著之文不外记事、析理二端；民尚虚无，故所著之文或为言志、抒情之体。"①（《南北学派不同论·南北文学不同论》）日本学者青木正儿也在《中国古代文艺思潮论》一书中指出，中国南方气候温暖，土地低湿，草木繁茂，山水明媚，物产丰富，其人民倾向于逸乐、华美、游荡的生活，有空闲时间远想冥索，因此其文艺思潮是耽于玄想、偏于感情和浪漫的。可以说，意境是江南人民生存状况的审美写照，是江南人民游身与游魂的文化结晶。江南文士一方面通过优美的意境创造来表现他们在江南山水中幸福的生活和对这种生活的满足，另一方面又把他们对未来生活的积极乐观的希望与想象融入意境创造中，使其在大多数情况下都呈现出天真活泼的浪漫情调。"垂钓绿湾春，春深杏花乱。潭清疑水浅，荷动知鱼散。日暮待情人，维舟绿杨岸。"（储光羲《钓鱼湾》）一边垂钓，一边赏景，一边等待心上人的到来，这是何等的浪漫。垂钓本是古人的一种重要的谋生手段，随着人类生产能力的提高，垂钓逐步从谋生与劳作中解放出来，演变为一种娱乐、消遣与修身养性的方式，并历来为文人雅士津津乐道，成为文艺作品表现的重要题材。五代南唐画家卫贤画有一幅《春江钓叟图》，因原作

---

① 劳舒编：《刘师培学术论著》，浙江人民出版社 1957 年版，第 162 页。

失踪，所以我们今天无法睹其真容，但从后人的评说中可以知其大概。李后主曾为其赋诗云："一棹春风一叶舟，一轮茧缕一轻钩。花满渚，酒盈瓯，万顷波中得自由。"（《渔父词》其二）在江南山水中对春风、美酒、鲜花、碧波和精神自由的享受，这或许才是垂钓者乐而忘返的原因。李煜延续着卫贤的浪漫，他们两人一个用画，一个以诗把中国古代文人对生活的浪漫追求推向了极致。

第二节　江南山水与诗画意境的丰富

江南山水与意境的关系取决于江南山水融入生活实践的程度，随着人的生活在江南山水中的全面渗透，人们观察与审视江南山水的角度也日益多元化，这就为构建多种风格和类型，体现不同价值理念和审美趣味的意境创造了条件。本节将从人们审视江南山水的不同视角以及人们与之形成的种种特殊的审美关系出发来探讨江南山水是怎样丰富意境这个美学范畴的。

一　登高以望远：孕育情思，发明哲理

不少山水诗意境的内涵与中国人登高以望远的生活习惯有着密切关系。登高最初是我国古代一种别具特色的民俗现象。九月初九，日月逢九，称为"重九"，又称"重阳"，在汉代时被定为节日，在这一天民间都有登高的习俗，故又称"登高节"。重阳时节，秋收已经完毕，农事较少，这时，山野里的野果、药材和供副业用的植物原料又恰逢成熟的季节，农民纷纷上山采集，登高风俗的形成当与此有关。另据梁朝吴均《续齐谐记》载："汝南桓景随费长房游学累年。长房谓之曰：'九月九日汝家当有灾，宜急去。令家人各做绛囊，盛茱萸，以系臂；登高，饮菊花酒，

此祸可除.'景如言,举家登山。夕还,见鸡、犬、牛、羊一时暴死。长房闻之曰:'此可代也.'今世人九日登高饮酒,妇人带茱萸囊盖始于此。"东汉年间,这个故事传开,从此每逢农历九月初九,插茱萸和登高饮菊花酒便成了传统。日常生活中,登高的时间并不受限制,兴之所至,便可约亲朋好友同登高处,举杯属客,赏景叙情。而且登高也并不仅限于登山,如塔、楼阁、亭台,甚至江中孤屿等也用以登高。江南山水相依,风光秀美,流连于此的人们有意在此间点缀上亭台楼阁等,以尽登高之致。如浙江绍兴之兰亭,江西南昌之滕王阁,湖北武汉之黄鹤楼,湖南洞庭湖之岳阳楼等,均依山傍水,视野开阔,不仅构成了江南一道道亮丽的景致,满足了文人士大夫登高望远的心理欲求,也从另一个角度丰富了意境的意趣。

士人登临高处后一般表现为三种姿态:望天、望地、望远。望天是仰观,对上冥想,带有一定的神秘色彩;望地是俯察,对下沉思,往往代表着士人对个体当下生活与内心感受的反省;望远是使自己的视野向着辽远、阔大和苍茫展开,往往标示着士人对当下生活与利害关系的一种超越性心态和对未来生活理想的一种热情与期待,因而最具审美意味。唐代诗人吴筠诗云:"羽人楼层崖,道合乃一逢。挥手欲轻举,为余扣琼钟。空香清人心,正气信有宗。永用谢物累,吾将乘鸾龙。"(《游庐山五老峰》)望远使人与山水之间形成了恰当的审美距离,暂时从日常生活世界中抽身而出,心情舒畅,意气风发,产生遗世而登仙的感觉,平日里斤斤计较的自我此时此刻却如"羽人"一般洒脱自在。

文人墨客登临高处经常引发复杂的情愫,所以在一首诗中往往既有因望远而产生的"心旷神怡,宠辱皆忘,把酒临风,其喜洋洋者矣"的洒脱与快适,又有因俯视而产生的"无边落木萧萧下,不尽长江滚滚来"的忧思。如白居易在《登香炉峰顶》一诗中称自己登上庐山峰顶，极目远眺，便有了"高低有万寻，阔狭无数丈。不穷视听界，焉识宇宙广"的感慨，好像此时方知宇宙之广大、丰富。诗人随即又俯视沉思，"归去思自嗟，低头入蚁壤"，举目望远又俯身细思，在自然的辽阔无限与自我的有限渺小之间辗转徘徊，孕育情思，发明哲理。杜甫登上岳阳楼时，望远则有"吴楚东南坼，乾坤日夜浮"这样气魄宏大的沉郁之思，俯视则有"亲朋无一字，老病有孤舟"的孤苦凄楚之言，在伟大与渺小的比照中，诗人感慨万千，老泪纵横。唐代诗人李绪的《忆登栖霞寺峰》则是在一首诗中同时使用了仰观、俯察、望远三种视角，"江海森清荡，丘陵何所如"是远观时的广大与苍茫，"疏星珠错落，耀月宇参差"是登高仰望时对彼岸世界的神秘想象，"移步下碧峰，涉涧更踌躇"、"漾漾棹翻月，萧萧风袭裾"则是从峰顶下行时稍含悲凉的自怜心界。

在一些特殊的情况下，不登高也可以望远。宋代文人王十朋《望九华》云："余过池阳，登郡楼，望九华，仅见一峰。舟出清溪，始见之，然犹灭没于云雾之间。晚泊梅根浦，方了了见诸峰也。九华之胜，不在山中，从江上望之，秀逸清远，夕波落日，邈然于怀。又得太白啸歌，每舟泊林岸，便觉九子依依向人。"九华山乃江南名山，山中景象自有其动人处，但作者并未写山中所见，而是借助于舟行进行动态的和多方位的远观，从"仅见一峰"到"了了见诸峰"，从"灭没于云雾之间"到"秀逸清远"，从陌生的感觉到"觉九子依依向人"，作者充分利用远观的优势，把九华山的无穷神韵写得惟妙惟肖，所以，尽管作品是散文形式，但其意境之美并不亚于一首优秀的山水诗。其实不只"九华之胜，不在山中"，整个江南的风韵也不在于一隅之秀，而在于四时相推、早晚交替、阴晴风雨转换和视角漂移中产生的无穷的理趣。

总之，登高和望远由于视阈向无限远方的扩展，"望"的功能也因此克服了双目囿于盲点的局限，摆脱了实用、功利的羁绊，在情感、理性或意志的指引下，向着悠悠江水、连绵青山、悦耳的鸟鸣、醉人的花香和皎洁的月光飞扬和超越，使自身融入哲理思考、道德实践或审美创造之中，从而使所造之境富于哲理、思理。

二　回望与回忆：熔铸审美经验，探寻生命形式

以回望的姿态和回忆的方式来描绘江南在艺术作品中是常见的，因为对于艺术创作来说，回忆不仅仅是一种心理活动方式，更是唤起艺术家对世界美妙感受的基本形式，正如海德格尔所言："戏剧、音乐、舞蹈、诗歌都出自回忆女神的孕育。"① 艺术家们在回望与回忆中把自己带入对江南山水景象的沉醉状态，又通过自己的作品把那种沉醉的审美经验用诗的语言、画的色彩绅绎出来。还是让我们来共同品读一下白居易的《西湖晚归回望孤山寺赠诸客》："柳湖松岛莲花寺，晚动归桡出道场。卢橘子低山雨重，栟榈叶战水风凉。烟波淡荡摇空碧，楼殿参差倚夕阳。到岸请君回首望，蓬莱宫在海中央。"（《西湖晚归回望孤山寺赠诸客》）秋天来了，橘子红了，秋雨中的西湖烟波淡荡，而一旦云开雾散，"楼殿参差倚夕阳"的西湖便会让人百感交集。对于变化无穷的西湖，诗人身临其境地乘船游玩后仍余兴未尽，到岸时还留恋地回眸而望。这一个"回首望"是对刚刚逝去的审美感受的回味，也是诗人多年来西湖整体审美经验的瞬间聚合，所以比其他词语更具美感冲击力。回望未必意味着望见，它只是一种审美方式，一种经验状态，它可以是瞬间的，也可能持续一生。

---

① 孙周兴选编：《海德格尔选集》（下册），第 1213 页。

　　回忆意味着"向内在的、本原的"① 回返，这个内在的、本原的东西被苏珊·朗格称为"生命的形式"。生命的变化是永不停息的，但生命的形式却可以是永恒的，艺术家们对江南山水景象的回忆不只是为了展现其间永不停息的生命变化，更是为了发现把握那些永恒的生命形式。唐代诗人张籍有一首非常著名的《思江南旧游》："江皋三月时，花发石楠枝。归客应无数，春山自不知。独行愁道远，回信畏家移。杨柳东西渡，茫茫欲问谁？"这首诗写的是诗人早年游历江南时的情景。三月是江南最诱人的季节，在这样的季节里，一个充满青春活力的年轻人行走在江南无边的春色里，乐而忘返，甚至连给家捎个口信的分内之事，也以"畏家移"为托词给免了。诗中的主人公那样痴迷地游遍江南，一定看到了无数的胜景，但是却把自己的回忆定格在"花发石楠枝"这种江南三月最普通的景致上，然而与其说这是一种最普通的景致，倒不如说是一种最普遍的生命形式，一种最具有活力而又感人至深的生命审美形式。宋代文人黄庭坚自小在江南长大，后来到北方做官，但宦途不顺，常常思念自己的江西老家，不仅"频作江湖梦"（《题大年小景二绝》其一），而且经常产生关于家乡的幻觉："惠崇烟雨归雁，坐我潇湘洞庭。欲唤扁舟归去，故人言是丹青。"（《题郑防画夹五首》其一）一个人在潇湘洞庭，随着烟雨归雁，乘扁舟归去，这不是江南最常见的生活景象吗，何以读之却能震撼人的心灵？这是因为，我们的生命就是在这些普通的、不断变化的生活形式中存在着的，这些生活形式本质上也是我们生命的形式，对这些生命形式的艺术表现便是对我们生命的最热烈的肯定，因而它也能引起涌动在我们身体中的生命力的强烈的共鸣。总之，一代代艺术家对江南山水"回望"

---

① 　赵奎英：《混沌的秩序》，花城出版社 2003 年版，第 194 页。

与"回忆"的过程正是他们探寻和发现普遍而又新颖的生命形式的过程，在这些生命形式中，渗透着他们对江南山水真切的审美感受，凝聚了他们对江南山水的无限深情，融入了他们对江南山水美好的期待与想象，它们是一条由审美经验汇成的河流，这条意味隽永的审美经验之河可以超越历史回溯到人类对江南山水的源初体验，又具有向着未来不断冲击的强大力量。

三　静心以聆听：心随天乐，神与物游

"静"是我国古代哲学的一个重要概念，它既指一种身心状态，又指万物的本性，如老子所谓："夫物芸芸，各复归其根。归根曰静，静曰复命。"（《老子》第十六章）庄子也说："夫虚静恬淡，寂漠无为者，万物之本也"（《天道》）；"言以虚静推于天地，通于万物，此之谓天乐"（《天道》）。在虚静中，人成为真人，能以开放的自我与敞开的世界相互交流，从而进入那种"神与物游"的"天乐"状态，因此，在最有才华的诗人笔下经常可以领略到描写江南山水沉静之美的精彩之笔。如诗云："落木疏林秋色老，断钟残磬暮楼多。"（吴师道《烟寺晚钟图》）落木疏林、断钟残磬，沉静之至，在这沉静中，我们如同掌控住了时间之矢，可以随心所欲地改变它的向度，进入历史的任何角落和宇宙的最深邃处。

不过，江南山水的动之韵也是让人心痴神醉的。庄子云："其动也天"（《天道》），如果说"静"为万物之根，那么"动"则是万物生命之花绽放和彰显个性的方式，因而江南山水的动之韵同样切合人的心意，让人为之振奋，所以古人在欣赏江南山水时总是一边在细心地玩味其静，一边在醉心地感受其动。"明月窈窕来，照我筝中绘"（陈子龙《江南曲》），诗人似乎刻意要让读者倾听那无声之筝，去想象轻歌曼舞的大江南。"山城逢社雨，

绿树啼莺歇";"无事坐闲厅,弹琴看湖月"(高启《送黄主簿之湖州归安县》),江南的自然景色阴晴相续,自然的妙音与人间的音乐此起彼伏,并不时产生和谐的共振,正是"行处绿云迷,歌声一道齐"(高启《采莲泾》)。静静地看使听更为真切生动,用心地听使看的意蕴更加丰富。"嗷嗷夜猿鸣,溶溶晨雾合。不知声远近,唯见山重沓。既欢东岭唱,复伫西岩答。"(沈约《石塘濑听猿》)诗人在石塘濑听猿声,不仅听得"嗷嗷夜猿鸣",而且透过重重山岭从猿鸣中听到了整个大江南的欢乐,如同听到了庄子所谓"无怠之声",在这林林总总的充满活力的声音中,诗人快乐地享受着无尽的山间野趣。

四　泛舟与游走:洗沐魂魄,抗争沉沦

"此在之在绽露为烦。"① 海德格尔认为,人为了避免沉沦而不断追求超越,叩问生存的意义,他由此陷入一种整体性的"烦"之中。中国古人也不例外,为了克服沉沦,他们不断地进行抗争,而走出闹市于江南山水中游走或泛舟便是他们进行抗争的重要方式之一。

一年四季,任凭风云变幻,古代多情的文士们都不知疲倦地在宽阔的江面上,在幽静的溪流间,在长满绿荷的湖泊中游走或泛舟,试图走出"烦"的牢笼。在这样的江南文士中,我们不能不提的是屈原,屈原为楚国的命运忧心忡忡,日悲夜叹,却得到了一个被流放的待遇,半生与江湖为伴,满怀疑问和苦恼的他在江边徘徊,最终"渔夫"的歌谣解开了其心中的疑团,"沧浪之水清兮,可以濯吾缨;沧浪之水浊兮,可以濯吾足"(《渔父》),

---

① 〔德〕海德格尔:《存在与时间》,陈嘉映、王庆节合译,生活·读书·新知三联书店 1987 年版,第 221 页。

后来屈原终于悟透了人对大自然的依存本性，无怨无悔地将自己抛入浩渺江水，彻底告别了"烦"之尘世。"鲈鱼千头酒百斛，酒中倒卧南山绿"，这是唐代诗人李贺《江南弄》中的诗句，李贺泛舟饮酒，醉意朦胧，这时，江中的绿雾凉波，天上的嵯峨彩云，还有动听的"吴歈越吟"，将自己那颗落满了俗世尘埃的心打扫得澄明剔透，暂时摆脱了"烦"的纠缠。

源于人们对孤独的本能恐惧，亲人、朋友离别的场面大都带着一些感伤，不过，那莺歌燕舞的江南山水有时能冲淡那种令人忧郁的离愁别绪。"长江腊月春正来，绿水片片迎船开。问君无事莲花府，一日看山定几回？"（柳应芳《长安送马参军之金陵》）诗人在长安送朋友到江南去，但却没有显露出半点儿伤感情绪，仅只因为朋友去的是江南，在诗人的心中，那是一个充满幸福、欢乐，可以让人大展宏图的地方，想到朋友"一日看山定几回"的未来时光，除了羡慕和真诚地为朋友祝福外，还能说什么呢？

人生其实就是一次旅行，在这个漫长的旅行中能识尽世间一切风味自然不枉此生，然而，谁不希望在这个旅行中有最多的时间是走在那"烟销垂柳弱，雾捲落花轻。飞棹乘空下，回流向日平。鸟啼移几处，蝶舞乱相迎"（杜审言《春日江津游望》）的地方，从这个意义上说，江南山水是大自然献给人类的一份厚礼。当然，古人也没有辜负大自然的美意，他们生活在这样美丽的地方不仅享受自然，而且还在大自然的启示下，通过创造清纯的人生和美妙的意境不断地回馈大自然的丰赐。

第 三 章

江南山水哺育的民间艺术

中国古人很早就已经认识到了地理环境对民风、民俗和民间艺术的重大影响，如《汉书·地理志》云："凡民函五常之性，而有刚柔缓急，音声不同，系水土之风气。"意思是说，一个地方的民风民俗、民声民情、民众体貌与方言、娱乐与艺术创造特征等都可以在地理环境中找到根据。千百年来，江南地区风调雨顺，稻谷常熟，四季分明，景色宜人，人们不需要把过多的精力用在图求温饱的艰辛耕种与劳作上，与生活在贫瘠土地上的人们相比，江南人可以把更多的时间花在读书、娱乐、观赏和思考方面，有更多的精力和更鲜活多变的思维来怡情悦性。由此，他们创造了内涵丰富、形式多样的民间艺术，吴歌、越剧、昆曲、明清小说和传奇等都是江南人民在江南山水的滋养下创造出来的优雅的民间艺术形式。在温润的江南山水哺育下，江南的民间艺术呈现出浓郁的江南特色，它们以讲叙缠绵、动人的故事为能，以锤炼委婉动听、优美如歌的语言为胜，以打造悠丽缠绵、缱绻柔美、让人浮想联翩的意境为乐。

第一节 侬软吴歌

民歌是特定的地域环境中孕育出来的，地域特征十分明显。形成于吴地的吴歌就是一个很典型的例子，它处处透露着江南山水的轻盈灵秀，与陕北、晋西北、内蒙古西部等塞北民歌表现出迥异的风格。李学勤在《丰富多彩的吴文化》中指出，"吴地山清水秀，风光明丽，影响到艺术上，表现为秀美细腻，与北方的粗犷豪健、中原的淳朴敦厚，殊为不同"①。从吴歌的语言来看，以清新婉丽为主，从其表现的情感特点来看，多温柔细腻，从其表现的题材内容来说，则多为体现着生活之最柔软一面的男女私情。郭茂倩编的《乐府诗集》中共收"吴声歌曲"三百四十二首，全是情歌，其他江南民歌也以情歌为主。

一 水乡风情与吴歌主题

风云变幻的江南山水不仅造就了风情各异的亮丽景致而且孕育了多姿多彩的风俗民情。清明前后采茶、踏青，暮春采桑，盛夏采菱、采莲，中秋采菊，都别有一番滋味，吴歌就是在这种美好的景致与生活中诞生的。吴歌生在水乡，传唱在水乡，是典型的南曲水调。水网交融、湖塘星布的水乡风情，赋予吴歌以清新的水的气息、鲜活的水的灵性和开放的水的品格，水乡人水田里的耕种，水田里的收获，溪水塘边养蚕织丝的忙碌为吴歌提供了丰富的歌唱内容。

---

① 李学勤：《丰富多彩的吴文化》，上海古籍出版社 1998 年版，第 67 页。

（一）采莲

朱自清先生在他的名作《荷塘月色》中写到，采莲是江南的旧俗，很早就有，而以六朝时为盛，并引用梁元帝的《采莲赋》来说明采莲在江南的动人景况："于时妖童媛女，荡舟心许；鹢首徐回，兼传羽杯；棹将移而藻挂，船欲动而萍开。尔其纤腰束素，迁延顾步。夏始春余，叶嫩花初。恐沾裳而浅笑，畏倾船而敛裾。"江南采莲人中不少是天真烂漫的少女，花季来临，她们荡着小舟，唱着艳歌，采摘莲子，那凝碧的荷叶，娇羞的荷花，清远的荷香，与采莲姑娘们的情影构成了江南动人的景观。对于情窦初开的少女们来说，采莲本身似乎并不重要，重要的是借采莲之机去嬉游欢会，表达青春的浪漫与爱情。随着岁月的推移，莲子渐渐成了爱情与幸福的象征："青房戢多子，采得侬心喜"（高启《采莲泾》）。由于采莲活动在江南地区与日常生活的紧密关系及其浪漫情调，许多文人加入到对采莲活动的叙述与歌咏中来，如萧衍的《采莲曲》、萧纲的《采莲曲》等，无数的"采莲曲"及相关的艺术表现奠定了采莲活动在中国文艺中的原型地位。南朝乐府民歌《西洲曲》中唱道："开门郎不至，出门采红莲。"盛产梅子和莲子，飞翔着伯劳和飞鸿的西洲是爱情的诞生地，而那里红色的莲芯便是最火热最纯洁爱心的象征。可以说，采莲在吴歌中是生活的激情与欢乐的表达，是爱情的放飞。"青荷盖渌水，芙蓉葩红鲜。郎见欲采我，我心欲怀莲。"（《子夜四时歌·夏歌》其十四）此歌一开始便在读者面前展开一派清新的生机勃勃的景象：碧绿的荷叶覆盖在清澈的水面上，盛开的荷花又红又嫩，如同一位亭亭玉立的少女。春心萌动的少女被一位帅气的小伙子看上了，于是他们陷入了热恋之中。在吴歌中，莲就是恋、怜和怀春等情感的符号，一看到纯洁的莲花，人们自然会联想到江南女子那种既坦诚、热烈，又含蓄、委婉的爱情。

（二）采桑

暮春江南，桑叶繁茂，桑葚累累，春蚕正肥，那些健壮的蚕宝宝极富生命力，如同新生的娃娃一样可爱喜人。但这蚕宝宝的茁壮成长全靠了采桑女的辛勤劳作，"蚕生春三月，春桑正含绿。女儿采春桑，歌吹当春曲"（《采桑度》其一）。采桑时节，村姑农妇，呼姐唤妹，结伴而行。也许采桑因为没有青年男子的参加而不如采莲那样浪漫，但绝不缺少生活的情趣，"系条采春桑，采叶何纷纷。采桑不装钩，牵坏紫罗裙"（《采桑度》其三）；"采桑盛阳月，绿叶何翩翩。攀条上树表，牵坏紫罗裙。"（《采桑度》其六）少女们天性活泼、爱好嬉戏欢闹，野外采桑使少女们有机会欢聚在一起，所以格外兴奋，她们在树丛中攀援采摘，乐而忘返，把自己漂亮而心爱的紫罗裙都刮坏了。她们纤细洁白的手指在翻转采叶之际，口中不乏情歌俏唱、调笑逗趣，她们动听的歌声欢娱了自己，而她们俊俏的容颜则装点了江南："冶游采桑女，尽有芳春色。姿容应春媚，粉黛不加饰。"（《采桑度》其二）没有春光的江南是没有活力的，而没有采桑女的春光也就不会那样明媚灿烂。古时的江南三月，处处是春桑乐采的绚丽画面。

（三）刺绣

春蚕吐出的条条蚕丝最后都被纺成丝线，织成丝绸，然后又被心灵手巧的江南女子们绣成了各种精美的绣品。据考古发现，早在4700多年前太湖流域的吴地就已经有了家蚕平纹织物，几千年的丝绸生产历史造就了江南女子卓越的刺绣工艺，她们不仅用刺绣来制作日常生活用品，美化生活环境，而且常常用亲手制作的精美绣品，如荷包、绣鞋、手绢等来表达爱情。"朱光照绿苑，丹华粲罗星。那能闺中绣，独无怀春情。"（《子夜四时歌·春歌》其七）娴静的闺中女子禁不住迷人的江南春色的诱惑，便让自己的心花在手中的织物上悄然绽放，并期盼着采花蜂儿的到来。"襦裆与郎著，反绣持贮里。汗汗莫溅浣，持许相存在。"（《上声歌》其七）怀春女子一般会把自己穿过的衣服送与情郎，在这衣服的内里都有姑娘亲手绣出的莲花或鸳鸯戏水等图案，以表达姑娘常偕鱼水，永结连理的心意。刺绣从它诞生之日起就以其独特的审美形式蕴涵了人们对美好生活的憧憬和向往。

（四）踏春

踏春就是在春天里到野外去游玩。春天是江南最美的季节，春天的江南，山中莺歌燕舞，奇采纷呈，它带给人们无限的欣喜和冲动，召唤人们迈出门户走进山林，所以很早的时候江南就有了踏春的民间习俗，如诗所言："春风动春心，流目瞩山林。山林多奇采，阳鸟吐清音。"（《子夜四时歌·春歌》其一）春天里，经常关在闺房中的姑娘也可以摆脱父母的约束去踏春，享受春天的野趣，"鲜云媚朱景，芳风散林花。佳人步春苑，绣带飞纷葩"（《子夜四时歌·春歌》其八）。走出闺房的姑娘们既是在享受美丽的春色，也是在缔造春天的美丽。江南地区的这种踏春习俗广泛反映在吴歌当中，许多吴歌其实就是一幅意境优美的江南仲春民俗画。"万里春应尽，三江雁亦稀。连天汉水广，孤客未言归。"（《思归乐》其二）已是暮春时节，踏春的孤客还意犹未尽，为了这大好的江南春色，不惜继续在孤独中跋涉。"行乐三阳早，芳菲二月春。闺中红粉态，陌上看花人。"（《伊州歌》第四）昔日闺房中弹奏琴瑟、姿容娇美的少女由于醉心于仲春美好的春光，也不甘于闺房中的寂寞，于是红粉浓施，换上春装，赶到郊外田间的小路上尽情地呼吸仲春的新鲜空气，沐浴仲春的和煦阳光，倾听那清脆婉转的黄鹂鸣叫，观赏芬芳争艳的春花，心旷神怡。踏春这种活动为人们的艺术创造提供了丰富的素材，同时也激发了人们进行审美创造的热情，对于江南审美文化的生成有不可低估的积极意义。

二 吴歌中的地理标示

吴歌虽多以表现男女私情为主题，但却并未因其浓郁的抒情性而僭越情景交融的古典诗歌创作原则。在绝大多数吴歌中，审美意境中的情感因素与环境总是能够达到内在的统一，形成一种天然融合的依存关系，正所谓："外有其物，内可有其情；内有其情，外必有其物矣。"（王夫之《诗广传》卷1）晚唐五代词人韦庄云："人人尽说江南好，游人只合江南老。春水碧于天，画船听雨眠。炉边人似月，皓腕凝霜雪。"（《菩萨蛮》其二）不是词人语词妙，实在是江南的风物人情总是令人销魂沉醉。吴歌中的许多篇章首先是以江南独特的景物描写开场，继而在景物的渲染和烘托下表现出主人公的丰富感情："相送劳劳渚，长江不应满，是侬泪成许。"（《华山畿》其十九）女子含泪相送，对情郎依依不舍，恨不得以相思之泪汇入长江之水汩汩东去，与郎君相伴。"滔滔风急浪潮天，情哥郎拔桩要开船。挟绢作裙郎无幅，屋檐头种菜姐无园。"（冯梦龙《山歌》卷3，《别》之二）江潮层层叠叠，有如山涌。江边，一对暗结私情而又难结连理的青年男女，情意缠绵，柔肠寸断，洒泪话别，抒发出有情人难成眷属的哀婉凄惨之情。有些景物，虽非江南独有，然而生在江南总是别有一番滋味："柳绵飞尽绿丝垂，则管送别离。年年折尽依然翠，行客几时回？伊，快活了是便宜。"（无名氏《游四门》）天南海北皆有柳，但江南的柳最柔婉，最妩媚，因此也成为江南的标志性景物之一。雨什么地方都下，但江南的雨最细腻，最多愁善感，最能代表江南的温润，因此在吴歌中自然要唱一唱江南的雨："雨儿雨儿，你偏向愁人滴。一点点滴得我好不孤凄，银灯懒灭和衣睡。雨呀，你便不住在檐头下溜，我的泪珠儿也不住在枕上垂。同滴到天明，还是泪珠儿多是雨？"（冯梦龙《挂枝儿》卷7，《雨》）多情自古江南雨，丝丝的雨、凄凄的雨，即使快乐的人也会平添几分忧愁，而对于心中愁苦者又会增添几多愁苦悲凉呢？"雨滴人愁"，夜里冰凉的雨就好像流不尽的泪，点点滴滴、淅淅沥沥，使愁苦之人难以成眠。

多情的江南人借助于江南山水将自己所见、所闻、所爱、所恨和所遭遇的种种不平与苦难传唱为歌，如歌云："丝竹发歌响，假器扬清音。不知歌谣妙，声势出口心。"（《大子夜歌》其二）吴歌是吴地人民发自内心的歌，它即使是人们脱口而出、自然天成，也能够唱得天翻地覆、荡气回肠。

三　水乡软语与吴歌节律

温柔的江南山水培育了吴地人委婉缠绵的性格，这种性格又反映在他们侬软的语言上。当然这不是说吴地人就没有刚强的一面，只是这刚强如绵里藏针，你明明知道它的存在，却很少看到它的表现，你在日常生活中听到的多是温软、甜美与悦耳的声音，吴歌就是在这样如歌的语言基础上提炼出来的节律更为典范的吴音。刘士林在《江南文化的诗性阐释》一文中指出："语言决定世界"，"有了江南话语就有江南的存在"，而吴歌与吴音便是显现江南存在的江南话语。所以，从广义上说，不知吴歌与吴音，便不知江南。

（一）婉转娇清的吴音

中国古典诗歌的语音美主要是通过平仄变化和押韵而创造出来的，吴歌也不例外。不过，吴歌是以吴地方言咏唱的，因此其押韵规律脱不开吴地方言的框架。如"打着新船塘里行，姐姐楼上绣鸳鸯。姐绣鸳鸯针戳手，郎看姐姐船要横。"[①] 这首吴歌按照普通话发音是不押韵的，但若以吴音来唱，则行、鸯、横却是押上了韵脚。

大凡听过吴地女子以吴语讲话的人，无不为其声音之美所感染，吴音大概是中国各地方言中发声最优美动听的。《世说新语·言语》载："桓公问羊孚：'何以共重吴声？'羊曰'当以其妖而浮。'"从这则材料中可以见出，在春秋时期吴音就已经被公认为一种很有魅力的语言，但吴音终究也没有成为官方语言，这恐怕与它的"妖浮"有关。何谓"妖浮"？"妖"在字典上可找到与"媚"相合一的解释。而吴音之媚又因多水而润泽，讲话的人出口清脆而流利，听话的人入耳清远而润泽，不觉间有飘飘然之感，故谓之"浮"。比起北音之铿锵有力来，吴音少了些力度，多了些软韧；少了厚重，多了清脆；少的是短促平直、言简意赅，多的是纤徐缥缈、缠绵雕琢，也就是说，吴音具有更大的审美价值，但在实用性上并不占优势。吴歌多采用吴语词汇，而吴语之风格是轻柔悠扬、婉转娇清，因而吴歌也秉承了这种特点。如吴音中最常用的人称代词"侬"，男子读来亲切、温婉，而女子读来则十分妖媚动听，歌云："诈我不出门，冥就他侬宿。鹿转方相头，丁倒欺人目。"（《读曲歌》其四十八）这首吴歌是以一位女子的身份唱的，歌词意思是：骗我说不出门，晚上却到别人那里过宿。转动不定就像"方相"的怪头，颠三倒四骗人耳目。这里的"他侬"指别人，是吴语"别侬"的变用，相比较而言，北语中的"他人"表意更为清晰，而"他侬"则听起来更温婉、柔美。

---

① 大溪地的黑珍珠：《半壕春水一城花》，http：//bbs. city. tianya. cn/new/TianyaCity/Content. asp。

（二）徐疾有度，富有弹性和韧性的乡土韵律

吴歌中不论山歌、情歌、长篇叙事歌，都十分重视演唱速度与节奏的处理和表现，正如清代戏曲学家徐大椿在《乐府传声·徐疾》中所言："曲之徐疾，亦有一定之节。始唱少缓，后唱少促，此章法之徐疾也；闲事宜缓，急事宜促，此时势之徐疾也；摹情玩景宜缓，辩驳趋走宜促，此情理之徐疾也。然徐必有节，神气一贯。疾亦有度，字句分明。倘徐而散漫无收，疾而糊涂一片，皆大缪也。"吴歌在演唱速度上有快有慢，快慢的变化主要根据内容和情感特点的要求来安排，基本原则是徐而有节、疾而有度。如长篇叙事吴歌《吴姑娘》情节曲折，叙事性强，通过各种手法、多侧面地刻画了主人公五姑娘的鲜明形象。歌词开头叙唱五姑娘失去阿姐时，连续用了四个以"看一眼湖水喊一声姐"开头的排比句，表现了五姑娘与阿姐的深厚情谊。在描写她与徐阿天之间纯真的爱情时，又用了四个以"徐阿天口吃鸡蛋暗猜详"为开头的排比句，通过这些排比句，使情节发展变得舒缓、内敛，听众可以细细地品味人物的极度哀思与初萌的爱情。最后当五姑娘得知徐阿天被押进衙门，而自己又被哥嫂禁闭时，心中怒火陡起，随着五姑娘的情绪达于巅峰状态，唱腔节奏也相应加快："一歇歇大火拿两个恶人全化灰尘！"愤怒自尽。一时间"飞沙走石碗口粗格大树吹得无影无踪"，"只听见四面八方传来伊个喊冤声"[①]。

与文人诗作尽量避免用词重复的宗旨不同，吴歌多用重章叠句，衬字衬句，以适宜于咏唱和更方便地表达情感。如扬州小调《杨柳青》："一把里格扇子七寸里格长妞（拟声），一人煽风二人凉妞，杨杨柳青啊来"，要把"扇、煽"唱作"献"音，而且与

---

① 以上引文见《江南十大民间叙事诗·五姑娘》，上海文艺出版社1989年版。

"里格"、"妞"、"啊来"这些衬词相搭配，方能唱出其神韵。这些具有鲜明特点的衬词和一系列象声词惟妙惟肖地融为一体，与实词串联在一起用方言来演唱，极富口语化，起到了定韵的作用。

吴歌中不仅大量使用衬字，而且"又多以叠句形式联缀成段，伸缩自如，富有弹性和韧性"。①吴歌衬字衬句较多的长句，一般出现在第三句或第四句，这种句式长到十几个字，几十个字，甚至一百多个字。如"姐儿哭得悠悠咽咽一夜忧，那了你恩爱夫妻弗到头。当初只指望山上造楼，楼上造塔，塔上参梯，升天同到老，如今个山进楼摊塔倒梯横便罢休"（冯梦龙《山歌》卷3，《哭》之二）。这首歌的第三句"山上造楼，楼上造塔，塔上参梯"这几个反复语在句中是可以没有的，看来好像文字游戏，但从演唱效果来看，却不能小看这样的文字游戏，因为正是有了它们才大大增加了吴歌语言的丰富性和生动性，造成吴歌语言特有的感人魅力。又如《杨村丫枝·男点药》中的一段唱词："我到上山头觅来，下山头撩来，泥水里汰来，清水里过来，日头里晒来，阴头里阴来，摆在铡刀上铡来，春筒里春来，磨子里牵来，粗绷筛拍来，细绷筛重来，重是重来，迭是迭来，红纸包来，绿纸封来，袋里园来，肚兜带来，带到小妹妹房中，梳妆台上，茶杯勿搁搁在酒盅里，叫侬小姑娘白开水一口一口呷下去，保侬半夜三更里小孩童打到脚跟来。"一对偷情男女，女孩怀了孕，男的要觅药打胎，其急切的心情通过这一连串的滚句非常生动地表现了出来，而这样的效果是任何精准却单一的词语所难以成就的。

总之，吴歌特别注重通过节奏的快慢、疾徐调节来表达细腻

---

① 张晓玥：《吴歌的魅力》，《文艺争鸣》2007年第3期。

的感情变化，增强歌词的瑰丽色彩，并推动故事情节波澜起伏，奇峰突起，而衬句、叠句和滚句便是进行这种调节的最重要的方式和手段。

四 以江南山水为体的吴格

《吴声歌曲》中的各类吴歌，其艺术上有一个极显著的特点，即长于比典、隐喻双关的艺术手法，这种指物借意，运用双关语的形式被称为"吴格"。明代文学家谢榛《诗家直说》中说："古辞曰：黄檗向春生，苦心随日长。又曰：雾露隐芙蓉见莲不分明。又曰：石阙生口中，衔碑不得语。……又曰：杀荷不断藕，莲心已复生。此皆吴格，指物借意。"古代文人拟作民歌时，常常使用双关语。如苏东坡模仿吴歌作《席上代人赠别》云："莲子劈开须见薏，楸枰着尽更无棋。破衫却有重缝处，一饭何曾忘却匙。"诗中几乎每句都含双关语，"薏"谐"忆"，"棋"谐"期"，"缝"谐"逢"，"却"谐"吃"，"匙"谐"时"。吴格中的谐音双关又往往和比喻或寓意描写结合起来，而其中的喻体则多为江南山水风物。如吴县郭巷乡农民严木根唱的吴歌《青莲裤子藕荷裳》："青莲裤子藕荷裳，不装门面淡淡装，标致阿妹不擦粉，大白藕出勒乌泥塘。"[1] 歌中以白藕出于泥塘来比喻江南女子的天然之美。其它如"郁蒸仲暑月，长啸出湖边。芙蓉始结叶，花艳未成莲"（《子夜四时歌·夏歌》其十）。"遣信欢不来，自往复不出。金铜作芙蓉，莲子何能实。"（《子夜歌》其三十八）"寝食不相忘，同坐复俱起。玉藕金芙蓉，无称我莲子。"（《子夜歌》其四十）这几首歌中都以"莲"作为媒介，或取其谐音"怜"之意，或喻示情人之间心心相连。这种谐音双关和寓意描

---

[1] 参见俞梓炜《吴歌流韵》，http://yuziwei.blshe.com/post/387/176120。

写的结合，在其它民歌中虽然也会用到，但却没有吴歌用得那么多，那么普遍，更重要的是由于以江南山水多样化的景物作喻体，吴格获得了更多的创新余地，从而能给人更丰富的美感。总之，吴歌中的多样的谐音双关用法使它的语言委婉动人、含蓄隐蔽，正吻合了江南人的性格，也合了江南山水曲折迂回的旋律。

第二节　江南曲艺(以越剧、昆曲为例)

诞生于江南的越剧、昆曲等民间曲艺，都与江南山水有着深刻的内在联系，这种联系主要表现在这些民间曲艺中的剧情、演员都是以江南山水为舞台来展开和表演的，也就是说，江南山水是江南曲艺中最基本的剧场环境和剧情背景。古代戏曲舞台并不依靠布景、灯光等来模仿和再现自然环境，"那些江河、山坡、房、楼梯、马匹、船只等在台上是实无其物的，观众看不见，但演员要根据需要想出来，'心里有'这些东西，在动作上把心里的这些东西表现出来让观众看见"①。那么，大江南的江枫渔火、烟柳画桥是以怎样的方式构成江南民间曲艺的剧场环境和剧情背景，那些曲艺演员们又是通过什么样的技巧把"心里有"的江南山水转化为观众"看得见"的江南山水，从而构成舞台上的江南神韵呢？这正是我们这一章所要探讨的主要问题。

一　江南山水在江南曲艺中的地位和功能

诗是一种本源性的艺术形式，古人云："诗亡然后词作。"（俞彦《爰园词话》）"曲者，词之变。"（王士贞《曲藻·序》）"原夫词者，诗之余；曲者，词之余也。"（李玉《南音三籁》）诗

---

① 荀慧生：《荀慧生演剧散论》，上海文艺出版社 1980 年版，第 181 页。

的血脉在中国流传了数千年，并且渗透于其他各种艺术形式中，其中戏曲就是这种被渗透的艺术形式之一。江南民间戏曲的唱词在很多情况下就是一首情景交融的山水诗，具有诗人气质的江南曲艺作家们在创作时，总是从有无"诗意"的角度选取题材，着力锻造作品的诗质，使剧本所表达的内容在人物、景物、舞蹈、画面等方面都散发着浓浓的诗意、跃动着清纯的诗心。无论是文采派还是本色派，其创作风格都是努力向中国古典诗词靠拢，清词丽句，灼灼生辉，读后让人满口留香，并且还由此形成了中国戏曲以"诗品"衡量"剧品"的评价尺度和评价传统。当然，曲词毕竟不是诗，它是为推动剧情服务的，是要配合演员表演的，所以它也有不同于诗词的特殊性。

　　昆曲和越剧均属于南戏系统，起源江浙民间，乡土气息很浓，其所表现的题材内容多为民间所关心的道德、婚姻、农作、事业、功名等，而剧中故事所发生的环境也多是江南百姓所熟悉的山水环境，这就导致剧情的进展往往是与江南山水环境的表现相依相从，先景后情，以景引情。如昆曲剧本中的曲词或华丽，或清雅，或浅近，往往都是委婉清丽、写景抒情的诗词，光是看剧本就是一种纯然的审美享受，所以林黛玉觉得其"词藻警人，余香满口"（《红楼梦》第二十三回）。如《牡丹亭·惊梦》中多处以雨丝风片、烟波画船、菱花彩云等江南美景来衬托佳丽，以佳丽之灵性带活景致，典雅华丽，让人有精美绝伦、亦真亦幻的艺术享受，真可谓"诗歌发展的最高阶段，艺术的皇冠"[①]。又如越剧《白蛇传·西湖山水》唱词为："西湖山水还依旧，憔悴难对满眼秋，山边枫叶红似染，不堪回首忆旧游。想那时三月西

---

① ［俄］别林斯基：《别林斯基选集》（第3卷），上海译文出版社1980年版，第76页。

湖春如绣,与许郎花前月下结鸳俦,实指望夫妻恩爱同到老,又谁知风雨折花春难留。许郎他负心恩情薄,法海与我做对头。我与青儿金山寻访人不见,不由我又是心酸又是愁。难道他已遭法海害,难道他果真出家将我负。看断桥未断我寸肠断啊,一片深情付东流。"眼前殷红的山边枫叶和秋声阵阵的断桥与记忆中如绣的西湖春色相比,今日孤苦伶仃的断肠人与昔日陶醉于爱情,与情郎漫步于烟花柳色之中的佳人相对,通过这种比对,将主人公无限的愁怨表现得淋漓尽致,将人世间失落的爱情写得如泣如诉。在这里,西湖美景不仅增强了爱情的幸福程度,同时也扩大了失恋的痛楚,但是,不论是恋爱还是失恋都因西湖的介入而更加诗意盎然,也使得整个剧作的妙词佳句令人百读不厌,为曲艺文学增添了光彩。

与古典诗词求"深"不同,戏曲的曲词是贵"浅"的,如越剧《金陵十二钗》唱词有:"碧水塘前春燕舞,东风绿了芳林。蜂吟蝶舞草青青,柳丝绾逝水,花韵寄乡情。明丽山川堪入画,莫负美景良辰,万缕朝霞伴我行,春光拂大道,展翼上青云。"这段唱词是据《红楼梦》第七十回中薛宝钗所作的《临江仙·咏柳絮》改过来的,原作为:"白玉堂前春解舞,东风卷得均匀。蜂团蝶阵乱纷纷。几曾随逝水,岂必委芳尘。万缕千丝终不改,任他随聚随分。韶华休笑本无根,好风频借力,送我上青云。"与原诗相比,唱词更加通俗浅显,如"春解舞"改为"春燕舞","几曾随逝水"改为"柳丝绾逝水"等,同时唱词中增加了江南景物的比重,如"白玉堂"改为"碧水塘","卷得均匀"改为"绿了芳林","万缕千丝终不改"改为"明丽山川堪入画","韶华休笑本无根"改为"万缕朝霞伴我行"等。这样改的原因,从戏剧本身的艺术要求来看在于两个方面,首先,正如李渔指出的那样,戏曲之词采应"贵显浅","曲文之词采与诗文之词采非但不同，且要判然相反。何也？诗文之词采贵典雅而贱粗俗，宜蕴藉而忌分明。词曲不然，话则本之街谈巷议，事则取其直说明言。"（《闲情偶寄》卷1，《词采》）越剧是一种表演艺术，观众在观剧的过程中必须能跟上剧情节奏，这就要求唱词通俗易懂，能够在很短的时间内渗透到观众的心灵深处，而不能像小说那样含蓄，让读者慢慢地去琢磨、玩味，故其曲词不能有书本气。其次，是因为演剧的台词必须能够配合表演，增加景物描写便增加了可表演性和直观性，从表演效果上看，"绿了芳林"显然要比"卷得均匀"好得多。

二　从"心里有"到"看得见"的表现方式

民间戏曲的舞台非常简单，甚至可以说简陋，不可能在舞台上直接呈现江南的山水环境，但是，这一环境又必须得到展现，这就迫使人们发掘戏曲表演中各个方面的潜力，以克服不能直观呈现环境的缺陷和不足。从表演实践看，古人也确实在各个相关方面下足了工夫，这使得民间戏曲在表现自然环境方面不仅在很大程度上弥补了自己的不足，而且形成了自己的特色。

（一）音乐：听出来的山水清音

昆曲、越剧中的音乐源起于江南小曲、民间乐曲，其曲调和唱腔以委婉柔美、深沉哀怨著称，本来就具有与江南山水之轻柔相协调的特质，在此基础上，曲艺家们又对其进行了改进。明代沈宠绥在《弦索辨讹》中称："吾吴魏良辅，审音而知清浊，引声而得阴阳，爰是引商刻羽，循变合节，判毫杪于黍张，别玄微于高下，海内翕然宗之。"（《度曲须知·序言》）明代戏剧家魏良辅通过对南音的潜心研究，找到了发挥南音优势的理想的乐器组合，为南曲的完备做出了重要贡献。魏良辅革新后的昆曲伴奏以笛子为主，辅以箫笙、琵琶、二胡及唢呐等乐器，这样的管弦乐队，充分发挥了竹笛悠扬婉转、声若游丝，能发出如林中鸟鸣、谷间溪流般天籁之声的长处，从而使昆曲音乐形成了婉丽妩媚、一唱三叹的声腔特点。越剧音乐以"丝弦正调"为主腔，是江南之水的天籁与传真。越剧史上第一支专业伴奏乐队是在 1920 年由上海升平歌舞台老板周麟趾从浙江嵊县请来的民间音乐组织"戏客班"的三位乐师组成的。这三位乐师把江南丝竹中本来就凝聚着的水的音色与灵魂在越剧音乐中加以强化后，越剧音乐中水的质感就更突出，更具有代表性了。有人说："越胡荡漾出十里蛙声出山来的逶迤，二胡盘桓着黄梅时节家家雨的缠绵，琵琶的起伏里具春江花月夜的纷繁，洞箫的呜咽中听着雨到天明的惆怅。"① 这一评论恰切地说明越剧音乐是属于江南的，是江南特有的一种文化符号。

（二）服饰与舞蹈：看出来的湖光山色

越剧与昆曲为了在服饰上创造更好的艺术效果也通过改革注入了江南地域因素，从款式、色彩到面料、装饰，在充分衬托人物心境与神韵上做足了工夫，和江南的山水环境达成了一致，生动、鲜明、淡雅、婉约。戏曲服饰色彩斑斓、绚丽多彩，是舞台人物造型的一个重要组成部分。改革后的越剧与昆曲服饰，在服装配色上，突破了以往常用的"上五色"和"下五色"的规范，增加了大量的中间色，更为淡雅、柔美、简洁、清新，符合柔和、平衡、细腻的江南人的心理特征和青山、碧水的环境要求。在服装款式上，越剧和昆曲根据演员的身材"量体裁衣"，服装合身，突出体型美，表演时体态曲线清晰可见，举手投足之间显得飘逸潇洒、张弛有度。面料使用方面，越剧、昆曲服饰主要用一些飘逸的素绉缎，真丝乔其纱绸、尼龙纱等面料，水袖则用无

① 陈荣力：《如水的越剧》，《散文百家》2005 年第 6 期。

光纺，通过演员在舞台上展示表演，让人享受到一种轻盈与飘逸感。

　　具有浓郁地域特色的服饰穿在身段优美的演员身上，再配合演员富于表现力的肢体动作，看不见的环境便离观众更近了。如越剧《红楼梦》中"黛玉葬花"这段戏，黛玉把花锄、花篮等道具以及水袖舞动起来，既是形体动作的美化，又是人物在特定环境中感情的抒发，使无形的内心活动通过动作造型、节奏、幅度、变化等带给人以非常直观的现场感受。又如越剧《天仙配》中七位仙女在天庭舞蹈时，虽然她们着不同颜色的长裙和水袖，但给人的总体感觉都很简洁、素雅，配上她们姣好的身材、俊俏的脸蛋和自由洒脱的舞姿，使人自然而然地联想江南的湖山之美，如诗所云："低腰乍似迎风柳，瞥目浑疑水出莲。"（李日华《味水轩日记》）

　　（三）戏曲"蒙太奇"：表演出来的山水意境

　　王国维曾经指出，中国古典戏曲是以创造意境作为自己的最高美学追求的，所谓戏曲的意境，即"写情则沁人心脾，写景则在人耳目，述事则如其口出是也"[1]。也就是说，以情、景、事三大意象为基础所构建的抒情、写景、叙事完美统一的场面就是戏曲所谓的意境。对于古典戏曲而言，要创造出戏曲意境，恐怕最难的还是"景"的表现。对于这一难题，除了上面我们谈到的两种手段以外，戏曲"蒙太奇"的运用也是十分重要的。所谓戏曲"蒙太奇"就是对剧场画面的剪辑与组合。陈多在其《戏曲美学》一书中指出："在传统戏曲舞台上的空间和时间，主要不是靠布景、灯光、道具来体现，而是由演员的表演来规定，并随着

---

　　①　王国维：《人间词话》，北岳文艺出版社 2004 年版，第 122 页。

演员表演而不断转换。"① 中国古典戏曲主要是通过演员的台词和表演动作组合，以戏曲"蒙太奇"来表现时空变化的，昆曲和越剧也不例外。

如越剧《牡丹亭·游园惊梦》一出中，杜丽娘在丫鬟的怂恿下，游玩于牡丹亭，而牡丹亭的景象就是靠台词和演员的动作表现的："湖山畔，湖山畔，云蒸霞焕。雕栏外，雕栏外，红翻翠骈。惹下蜂愁蝶恋，三生锦绣般非因梦幻。一阵香风，送到林园。"演员一边歌唱，一边配合以远观、近看、触摸、嗅闻等各种动作，从而把观众带入园林风光意境中。在《牡丹亭·寻梦》一出中，杜丽娘回想梦中与书生柳梦梅幽会的情境，唱道："那一答可是湖山石边？这一答是牡丹亭畔。"唱词将男女欢情融入江南风光中，使其显得雅致、美好，避免一般男女苟合可能带给人的龌龊感。又如新版昆曲《玉簪记》中的《琴挑》部分有潘必正与陈妙常的一段对话：

　　陈（抚琴）：烟淡兮轻云，香霭霭兮桂荫。叹长宵兮孤冷，抱玉兔兮自温。
　　潘：此乃广寒游也，正是出家人所弹之曲，只是长宵孤冷，多有难消遣处啊！

陈妙常内心的孤寂与潘必正对陈妙常的挑逗之意都隐藏在山水景物的描绘之中，从而以江南山水环境熔裁了彼此的情意。在《秋江》部分，潘、陈二人的情爱达到了高潮，舞台上两位演员水袖舞动、身随步移，以此表现那冰凉而汹涌的江水和主人公幸福与痛苦交织在一起的凡情欲火。

---

①　陈多：《戏曲美学》，四川人民出版社 2001 年版，第 217 页。

中国传统山水画的取景方法郭熙有高远、深远和平远等"三远"之说，宋人韩拙在此基础上又提出了另一种"三远"说，即："近岸广水，旷阔遥山者，谓之'阔远'；有烟雾溪漠，野水隔而仿佛不见者，谓之'迷远'；景物至绝，而微茫缥缈者，谓之'幽远'。"（《山水纯全集·论山》）江南曲艺家们经常将这种山水画的取景方法用于戏曲表演中，使戏曲兼具了构图意境。如昆曲《浣纱记·寄子》一折，在空无一物的舞台上，演员抬头远视，以"高远"和"阔远"视觉动作取景，又依凭唱腔词意，来表现"云接平冈，山围旷野，衰柳啼鸣，金风驱雁，动人一片秋声"的迷远的秋日山水图。在昆曲《单刀会·刀会》中，演员站立船头平视远眺，面对"这壁厢山连着水，那壁厢水连着山"的"好一派江景"，唱出了"大江东去浪千迭"的雄壮与豪迈。

总之，富于江南特色的音乐、服饰、语言和舞蹈等的精妙组合，形成了江南民间戏曲独特的"蒙太奇"，这种"蒙太奇"使无法搬上舞台的江南山水给人以生动的在场感，使江南山水成为营造戏曲意境和显现江南文化特色的重要因素。

第三节　小说与传奇

传奇和小说是江南民间戏曲的先驱，它们为江南民间戏曲提供了大量素材，极大地推动了戏曲的产生和发展，但是，传奇和小说又是具有自己特色的独立的艺术形式。传奇和小说的长处在于讲故事，故事的性质和质量取决于两个方面，一是现实生活提供的素材质量，二是作者感受素材的能力和对素材进一步虚构、加工和完善的能力。就现实生活素材而言，江南地区经济发达，商贸活动频繁，人际交往复杂，因而一波三折可以构成故事的生活事件数不胜数。就作家的感受与表现能力而言，江南地区气候湿润，草长莺飞四时不绝，兼之水土清饶，生活于其中的人们依靠天然的山水之赐，轻而易举地达到了衣食无忧，因此江南人没有生活于恶劣环境中的人们那种粗犷与紧张的心理，而是更多内心的细腻与松弛，"白日见鬼，白昼做梦"式地虚构、夸张和想象本是他们的拿手好戏。于是，小说和传奇成为江南人发挥他们虚构情节、细腻描写和精致刻画才能的天然艺术形式，可以说，无论是从自然环境方面还是从社会生活内容方面，江南山水都为小说和传奇的生成提供了最丰富的营养和最优良的条件。

一 优势文体诗歌与山水审美经验推宕而成的"诗性叙事"

通观中国古典叙事文学四大名著，可谓诗词满眼，《水浒传》、《三国演义》、《西游记》均以诗词开篇，《红楼梦》篇首虽未题诗，然书中诗词总量并未见少，据统计，全书除了数量不等的歌、偈、谣、谚、赞文、诔文、灯谜诗、诗谜、曲谜、酒令、牙牌令、骈文、拟古文、书启、预言、对句、对联、匾额外，仅规范的诗词曲赋即达一百一十八首。其他三部著作中的诗词数量也都在百首之上，而且这还只是表面现象，尤其值得关注的是，古典诗词创造意象和意境的美学追求也在很大程度上成为中国古典叙事文学闪光的质点，在叙事文学中发挥出一种"贯通、伏脉和结穴一类功能"①，使中国古典文学叙事呈现为一种"诗性叙事"。那么，造成中国古典叙事文学这种"诗性"特征的原因是什么呢？我认为这可以从两个大的方面来考察：首先，我们肯定在整个人类文化发展过程中各种文化形式之间是相互影响的，尤其是相近的文化形式之间相互渗透和影响的程度更深，由此推论，中国古典叙事文学"诗性"特征的形成应该是受到了中国古

---

① 杨义：《中国叙事学》，人民出版社1997年版，第276页。

典诗词的影响。杨义在《中国叙事学》一书中就明确指出，文体的发展遵循着"从优势文体向其余文体渗透"①的规律。古典诗词是中国传统的优势文体，中国古典叙事文学是后起之秀，因而中国古典叙事文学受到古典诗词的全面渗透有其必然性。但是，诗和叙事本是两种截然不同的文体，其艺术品格也大不相同，通常情况下，析事明理以有识为高，赋诗抒情以气足为贵，也就是说文学叙事的首要目的是通过对事件的精心组织与安排以阐明事理，所使用的语言多为贴近日常生活的逻辑性语言，而古典诗词重在借景抒情，所使用的语言多为非理性非逻辑性的语言，二者如何能够贯通为一体呢？对此杨义作了这样的解释："内中和而外两极，这是中国众多叙事原则的深处的潜原则。"②诗和叙事系于语言艺术的两极，但这两极却可以通过对立共构使混沌渗透的气和情与知性把握的理和识同寓于一体之中，使"诗性"与"春秋笔法"互为依托，从而把汉语言符号的表意能力与审美神韵推向一种与纯诗和纯叙事不同的极致。有学者从纵向上考察了中国古典诗词与中国古典小说之间的关系，认为诗词的兴盛是中国古典小说的成因之一③。这种说法有其合理性，但需要作一个特殊的说明，就是从世界文学范围来看，诗歌与小说这两种文体之间并不存在必然的因果关系，在我国古代文学中之所以会出现诗词全面影响小说的现象，应该说是中国古代文人根深蒂固的诗词情结和他们在对立共构中追求"中和"境界的哲学与美学思维方式共同作用的结果。

其次，文化的发展要受到地域环境和现实生活条件的制约，

---

① 杨义：《中国叙事学》，第6页。
② 同上书，第21页。
③ 程国赋：《唐代小说嬗变研究》，广东人民出版社1997年版，第6页。

有时候一些文化上的重要特征甚至直接地就是由地域环境决定的。中国古典叙事文学"诗性"特征的形成就在很大程度上利益于我国以江南山水为代表的优越的自然环境及其提供的丰富多彩的自然意象和社会生活意象。春江渔舟、黄山松涛、子胥野渡、七里扬帆、游鱼戏莲，还有姑苏寒山寺的夜半钟声、扬州廿四桥的明月、杭州钱塘江的秋潮、西湖的秋月和莼菜、松江四腮的鲈鱼等江南意象，在中国古典叙事文学中都被作者以个性化的方式反复叙写，从而为整体叙事营造了极具张力的浪漫氛围。如《三国演义》第五十四回中，刘备与孙权并立于甘露寺前，望着"天下第一江山"，只见"江风浩荡，洪波滚雪，白浪掀天"，二人皆生"成王霸之业"的豪情，作者于此处赋诗一首："江山雨霁拥青螺，境界无忧乐最多。昔日英雄凝目处，岩崖依旧抵风波。"由于江南山水意象的介入，使得叙事中无论是记叙温柔的恋情，还是讲述血雨腥风的战争，都透露出一种诗的浪漫。当代美国文艺理论家韦勒克与沃伦在其合著的《文学理论》一书中指出："浪漫主义的背景描写的目的是建立和保持一种情调，其情节和人物的塑造都被控制在某种情调和效果之下。"① 这一论断虽然是针对西方浪漫主义文学而言的，但是用以说明江南山水意象在中国古代文学叙事中的作用也非常恰切。江南山水意象大量出现在中国古代叙事文学作品中，这种描写的作用和目的首先在于营造一种情调和气氛，从而使叙事产生那种感人的诗质。如明末清初小说《竹节心嫩时便实，杨花性老去才干》中写到，浙江嘉兴府秀水县同窗好友蓬生（赵沛）与飞光（陈鉴）相携去南京探望师长徐引先，路过镇江金山时，江上景色是："这一晚月明如昼，

---

① ［美］勒内·韦勒克、奥斯汀·沃伦：《文学理论》，刘象愚等译，江苏教育出版社 2005 年版，第 259—260 页。

大江一泻千里，平铺如掌。那一座金焦山儿，宛在水中央。"对
于金山，小说家写下这样的诗句："翠烟施蔼，仙人桥上好吹箫；
紫雾笼云，帝女矶边看漂练。"蓬生要求去夜游金山，两人便雇
请渔翁以扁舟负往。一路上，"万顷茫然，月漾风旋，水纹露白，
一派月江夜景"，两人欷歔不已，直有天上人间之叹："借问蓬壶
那风景，不知可与此间然。"焦山上月色如昼，风景如画，两人
踏着月色，一边顾山盼水，一边品评他人的题咏，"因诗玩景，
逐首推敲，颇有乘兴不眠游玩到晓之意"。及至两人返回，则风
浪大作，"只见江心里却似饭锅滚的一般，白浪滔天掀翻起来。
风越发乱旋，拨得满船都是水，两人衣衫尽行湿透"。小说作者
苦心经营这一片山水意象似乎与后来蓬生和脱籍妓女小翠的情缘
没有多少关系，但从整体艺术效果来看它却是一个很有价值的
"伏脉"，起到了绳墨与斧斤男女情事的作用。韦勒克与沃伦认
为，"一部小说表现的现实，即它对现实的幻觉，它那使读者产
生一种仿佛在阅读生活本身的效果"①。在中国古典小说中，小
说家经营的各种江南山水意象的直接美学效果就是引发读者对江
南生活的幻觉，并使读者迅速地陶醉于江南风情中，不由自主地
以柔婉之心来感受故事的进程。这样一来，作者的诗化叙事方式
就能很好地为读者所接受。

　　那么，为什么江南山水意象会在小说中造成一种近乎天然的
诗性呢？主要原因在于两个方面。首先，江南山水意象传达了人
类在大地上诗意栖居的丰富信息。随着江南经济的发展，人们在
江南山水中的活动日益频繁，在山水中获得的乐趣也越来越多，
特别是到明清时期，江南市民阶层更是广泛地参与到游山玩水的
活动中，从中寻求生活的快乐。晚明不解道人所著小说《乐小舍

---

　　① ［美］勒内·韦勒克、奥斯汀·沃伦：《文学理论》，第248页。

拼生觅偶》中写道："原来临安有这个风俗，但凡湖船，任从客便，或三朋四友，或带子携妻，不择男女，各自去占个座头，饮酒观山，随意取乐。"明人张翰在《松窗梦语》中谈到杭州市民春游的景况时也说："阖城士女，尽出西郊，逐队寻芳，纵苇荡桨，歌声满道，箫鼓声闻。游人笑傲于春风秋月中，乐而忘返，四顾青山，徘徊烟水，真如移入画图，信极乐世界也。"(《松窗梦语》卷7，《时序纪》)人们在美丽富饶的江南山水中所获得的无穷的生活乐趣和雅致心境会升华为对江南山水的诗意情感，并在心中孕育出承载这种诗意情感的各种形式的山水意象，这种意象最终被艺术家成功地表现在诗歌、小说或其他艺术形式中。总之，美轮美奂的江南山水以及人们在其中获得的快乐的生活经验已经内化为中国古代文人强烈的诗意感受和挥之不去的山水宿命意识，所以长久以来，江南山水意象都能够轻而易举地唤醒人们的诗性记忆，向读者传达丰富的人类诗意栖居的信息，好像那是它的一种天然的能力。

其次，经过无数历史事变和历代文人吟咏的江南山水已经不再是一种纯粹的自然，也就是说，江南文化对江南山水具有相当强的反哺作用，通过这种反哺，一些著名景观，如烂柯山、飞来峰、栖霞岭等已经成为拥有自己文化灵魂和历史记忆的"准主体"，因此明清时期的小说家们在把江南山水意象引入小说时能够充分利用其"准主体"的特性，使景物描写同时也成为一种历史诉说和情意表达，使景物成为一个充满诗意的张力场。如《西湖二集·会稽道中义士》中对瞿佑的二十四句排律诗《故宫叹》的引用："金轮夜半北方起，炎精未坠光先死……兴亡往事与谁论，亭云白塔镇愁魂。唯有栖霞岭头树，至今人说岳王坟。"对《故宫叹》的引用，使岳王坟、栖霞岭和亭云白塔等都成为一种若有生命的历史流传物，并以言说者的身份介入到故事中来，从而使相关故事情节带上一层雄浑的沧桑感，这是任何单纯的景物描写都难以达到的美学效果。在《西湖二集·月下老错配本属前缘》中，开篇便是一首元人张翥的《多丽·晚山青》："晚山青，一川云树冥冥……"《西湖二集·徐君宝节义双圆》中则引用了陈敬叟的《水龙吟》："晚来江阔潮平，越船吴榜催人去，稽山滴翠，胥涛溅恨，一襟离绪。"当古人这些吟咏西湖景物的诗词出现在读者面前时，平阔的钱塘江、滴翠的会稽山立刻就变得情意绵绵，读者还未进入故事便已经进入情境。当然，如前所述，古代小说家也不是全赖祖上的阴德，他们也通过自己创造新的诗词文本来丰富景物意义，使其获得持续的文化生命力。

二　以才子佳人为本体，以江南山水为喻体的"隐喻过程"

众所周知，在浪漫型诗歌中，隐喻是占优势地位的艺术手法，这里想说明的是，在江南小说与传奇中，隐喻同样占据着优势地位，不过，由于小说与传奇的隐喻性往往是一个逐渐生成并逐渐被理解的过程，所以使用罗曼·雅克布逊的说法"隐喻过程"[①]更合适一些。在以江南地域生活为题材的传奇与小说作品中，不仅经常借山水景物来表达爱情，而且那些处于恋爱婚姻中的才子佳人本身也常常被用作山水隐喻。才子多被喻为江南山水之俊秀，佳人则被喻为江南山水之灵异。具体来说，才子形象主要表现出以下几个特点：一是从容止、体态来看，才子大多生得文弱貌美、清秀飘逸，女人味很强，罕有粗豪蹈厉的阳刚之气。如清初小说《锦香亭》中的钟景期："丰

---

① 朱立元、李钧主编：《二十世纪西方文论选》（上），高等教育出版社2002年版，第192页。

神绰约，态度风流，粉面不须傅粉，朱唇何用施朱。"像《好逑传》中的铁中玉兼具侠勇和武概的，在江南小说和传奇中实属罕见。二是从才情风度来看，才子皆才调卓异，风流多情，率性而为，不拘小节。如清初小说狄岸山人的《平山冷燕》中的男主角平如衡"聪明天纵，读书过目不忘，作文不假思索"，另一男主角燕白颔"天资高旷，才调卓异"、"任是诗词歌赋，鸿篇大章，俱可倚马立试"。才子因才高气逸，往往将功名轻搁，而放胆作好逑之想："不娶一个有才有色的绝代佳人终身相对，便做到玉堂金马，终是虚度一生。"（《女开科传》）为了寻觅理想配偶，才子皆主动追求，于烟柳繁华地、温柔富贵乡，纵酒论文，弹琴赋诗，若得遇红粉知音，便舍身向前，寤寐求之，即或采取反常背俗手段，也在所不惜。一旦得与佳人订盟，便矢志不移，必遂其愿。如《豆棚闲话·玉支玑》中浙江青田才子长孙肖为佳人而遭小人构陷入狱，但决无悔意；《两交婚》中的甘颐为辞权奸之聘，上疏圣上，不得圣允，竟至挂冠而去等，皆表现出一种为情而生、至死不渝的执著精神。三是从品格节操来看，才子皆清高孤傲，超逸流俗，耿介忠正，淡泊名利。如明末荑秋散人的小说《玉娇梨》中的主人公苏友白云："俗则不能高，无才安敢傲？高傲正文人之品！"与世俗所重之谦谦君子完全不同，其文弱的外表下是一颗恃才傲物的心。《平山冷燕》中的主人公平如衡云："宁可孤生独死，若贪图富贵，与这些纨袴交结，岂不令文人之品扫地！"面对权贵的恃势逼婚，他们也照样敢于以才相抗，不为势屈，表现出傲岸不屈的精神。总的来说，在择偶方面，才子们鄙弃门当户对的包办婚姻，提倡以才、貌、情作为择配标准，在生活方面，他们把与娇妻美妾一起优游林泉、弹琴赋诗作为一种理想。概言之，才子集才、情、貌、德于一身，既为君子高士，又是天生的情种，是萦绕在江南山水之上的俊秀之气所化，其风流才气所表，乃山水英气所动。

在中国古人的观念中，才子配佳人是理所当然的，它也是古人在婚姻上的愿望和理想，因此，江南小说与传奇中在出现大量才子形象的同时，也出现众多与才子们共筑爱巢的佳丽倩影。她们代表了至善至洁的人性，是江南山水精华所凝，能集自然美与人性美于一身，融理想与现实于一体。在《玉娇梨》中，大才子苏友白对什么是他心目中的佳人，发表了一番议论。他说："有才无色，算不得佳人；有色无才，算不得佳人；即有才有色，而与我苏友白无一段脉脉相关之情，亦算不得我苏友白的佳人。"从这里可以看出明清作家对佳人形象的基本概念，即认为佳人应该具有"色"、"才"、"情"三个条件，三者缺一不可。真正的佳人形象，是好色而不纵淫，深情而不佻达，风流而不轻薄，即所谓"才子佳人得七情之中道"（崔象川《白圭志》卷首语）。色、情、才三要素交相渗透，构成"雅"、"韵"、"艳"和"风流"的理想女性之美，是古代意识所允许和可能的范围内对女性极致的心灵幻设。在烟水散人的小说《合浦珠》中，赵友梅"年方二八，巧慧绝伦，言不尽袅娜娉婷，真乃是天姿国色。既娴琴画，又善诗词"。范珠娘"性敏慧、工琴书，真有班妃、易安之才，生就沉鱼落雁之色"。《定情人》中的江蕊珠"到了六、七岁时，容光如洗，聪慧非凡"；"十三岁长成得异样妖姿，风流堪画"；"十四岁了，真是工容俱备，德性幽闲"。《玉支玑》中的管彤秀："美如春花，皎同秋月，慧如娇鸟，灿比明珠；其诗工咏雪，锦织回文，犹其才之一斑。至于俏心侠胆，奇心明眼，真有古今所不能及者。"表面上看，佳人们千人异面，个性灿然，质地上却与江南山水灵异之气相能，是山水慧气所凝。如《西湖佳话·西泠韵迹》中的苏小小，"若偷得一刻清闲，便乘着油壁车儿，去寻那山水幽奇，人迹不到之处，他独纵情凭吊"。

在我们的视野内，许多江南小说与传奇都构成了一个才子佳人与江南山水的"隐喻过程"，这个过程无论是对于创造者还是接受者，都是一个充满智慧与情趣的快乐体验，而这种"隐喻过程"的神奇魅力恐怕与人们已经形成的把山水、美人进行习惯性联系的无意识有着密切的联系。古人云，"胡马依北风，越鸟巢南枝"（《古诗十九首》其一），佳人与江南山水之间这种"隐喻过程"如此频繁地出现在小说与传奇中，看来绝不是作者瞬间灵感的创造，而是我们民族嗜爱江南山水的集体无意识无法掩抑的显现。

三 水船桥岸：小说与传奇中的"图画"

英国小说理论家亨利·詹姆斯认为，小说和图画是姊妹艺术，二者无论是在灵感的产生，还是在创作过程方面，都是相同或相似的，因此两者可以互相解释、互相支持，如果说二者有所不同，那就是"图画是现实，小说就是历史"①。但是，历史又是被准予反映现实的，所以在小说中完全可以到处是现实的图画。江南的现实是什么？谁都知道，最直观的就是湖泊遍布、河道纵横的"水乡"画面。小说家和传奇作家们基本上也是依据江南这样的地理特点和节日风俗等状况来结构小说与传奇的时空画面的，因此，江南水乡生活中最常见的水、桥、船、岸便成为小说与传奇中的最常见的事物。

诗云："夜市桥边火，春风寺外船。"（杜荀鹤《送友游吴越》）横跨的桥与穿梭的船编织成了一幅幅特有的江南水乡场景，

---

① 伍蠡甫、胡经之主编：《西方文艺理论名著选编》（下册），北京大学出版社1987年版，第141页。

千古以来让人浮想联翩。船桥交织之地，也是浪漫故事的多发地带和情缘的多生场所，这些故事和情缘的积聚，逐渐培养出了人们的一种惯性思维：每一条船、每一座桥都有它的历史，都是由一个个动人的传奇故事连辍而成的历史。江南的桥乃水陆枢纽，因为生活上的方便，一些重要的桥周围遂成为人口集中的地方，于是就出现了柳永《望海潮》中所写的类似于古杭州城的："烟柳画桥，风帘翠幕，参次十万人家"的景象。繁华的桥头上人来人往，因此相关的传奇佳话也就渐渐地多了起来。如《喻世明言·新桥市韩五卖春情》中讲述的开丝绵铺的吴山，因迷上了"私妓"金奴，不顾身体"炙火"，反复"行事"，结果肚疼不适，险些丧了性命。故事展开的舞台就是一座江南"新桥"："宋朝临安府，去城十里，地名湖墅；出城五里，地名新桥。那市上有个富户吴防御，妈妈潘氏，止生一子，名唤吴山，娶妻余氏，生得四岁一个孩儿。防御门首开个丝绵铺，家中放债积谷。果然是金银满箧，米谷成仓！去新桥五里，地名灰桥市上，新造一所房屋，令子吴山再拨主管帮扶，也好开一个铺。家中收下的丝绵，发到铺中，卖与在城机户。"《喻世明言·张舜美灯宵得丽女》写的也是桥上发生的爱情故事，张舜美夜间在杭州"众安桥"上见到"桥上做卖做买，东去西来的，挨挤不过"，于是便凑上去求热闹，从此结下了一场灯宵奇缘。作为一幅幅世俗风情画，小说通过桥这一典型场景的设置，使小说中充满了浪漫气息和市井情调，尤其是为缺席媒人的男女遇合起到了"牵线搭桥"的作用。

　　船是江南水乡至关重要的交通工具，以船为背景发生的浪漫故事也不计其数。典型的场景有：

　　第一，客船情缘。在《喻世明言·杨谦之客舫遇侠僧》中，杨谦之从镇江水路出发到安庄边县赴任，得侠僧结伴同行，船行到偏桥县，侠僧特令其侄女李淑真服侍杨谦之，李淑真百能百俐，一路行程为杨谦之排除了数次险情，"客舫"为一场似奇非奇的情缘提供了温馨的空间。在《醒世恒言·吴衙内邻舟赴约》中，一艘江州船正行驶在江面上，时狂风大作，两船暂停，一只船上的吴衙内慕美色，另一只船上的贺小姐喜俊雅，两相爱悦，吴衙内登上贺小姐之船，暗中偷情，事发后经过一番周折终成眷属。由此可见，"客舟"不失为生活环境封闭的封建时代青年人一见钟情，又能避开社会监督进行幽会的伊甸园。在《警世通言·唐解元一笑姻缘》中，唐解元因为秋香在苏州阊门游船上对他的那傍舟一笑，竟引得他不惜卖身为仆，寻访美人下落，并终得艳遇。在《白娘子永镇雷峰塔》中，风景宜人的西子湖畔，白娘子为求得理想爱情巧设了"风雨同舟"的温馨场景，于是，一叶扁舟成就了一段浪漫的人妖情缘。众多类似的小说情节使"客舟"成为触发多情才子风流幻想的敏感符号。

第二，泛舟游湖。泛舟游湖是江南水乡最具特色的风俗。"岁岁销金湖上过，漫将诗酒围花坐。卷开好是米颠书，画出一舟如许大。棹歌袅袅起西泠，烟雨长堤柳自青。"（厉鹗辑《湖船录》）泛舟不仅是游湖观景的客观需要，而且自身构成了湖面上一道漂动的风景线，成为一种习俗与文化的符号。湖上泛舟游玩为封建时代授受不亲的青年男女近距离交流提供了难得机遇，因而常常会引出美丽动人的爱情故事。在《警世通言·乐小舍拼生觅偶》中，乐和与顺娘即是在湖船上相逢："今日水面相逢，如见珍宝。虽然分桌而坐，四目不时观看，相爱之意，彼此尽知。只恨众人属目，不能叙情。船到湖心亭，安三老和一班男客都到亭子上闲步，乐和推腹痛留在舱中；捱身与喜大娘攀话，稍稍得与顺娘相近。"在春意阑珊的湖船上，爱情的种子在一对青年男女的心中悄然萌芽、生根。

在《情史·西湖水仙》中，邢君瑞与采莲女子的五年之约正是在波光粼粼的湖上完成，"小舟游荡于清风明月之下，或歌或笑，出没无时。远观却有，近视又无。方知真是水仙，人无不羡慕焉"。湖船之上成了爱情的天堂，流传着一个个缠绵悱恻、婉转动人的佳话。不过，事物总有其两面性，同样是湖船上，凄美迷离、催人泪下的殉情故事也不在少数。如冯梦龙辑《情史·王生陶师儿》中，一对情侣"甚相眷恋。为恶姥所间，不尽绸缪"，于是决定以死抗争，在月色甚佳的夜晚，"舟泊净慈寺藕花深处，王生、师儿相抱投入水中"。他们留下的画舫被一少年发现后，"自是人皆喜谈，争求售之，殆无虚日，其价反倍于他舟"。"舟以情贵"是这篇小说的主旨，也是江南小说与传奇表现出来的一种共同的情物关系意识。

四　有限生命与无限山水撞击出的绵绵悲情

对于看惯了青山绿水、享受惯了优越生活的江南人而言，世界是美丽的，人生是美好的，未来是值得期待的，因而他们更乐观、更自信，在审美生活上也更倾向于愉悦、欢快、舒畅的审美情趣，而不大习惯于令人伤感、哀痛和遗憾的事物，所以对于叙事性文艺作品总希望有一个完满的故事结局。为了迎合人们这种愉悦心态、欣赏习惯，作家们在小说创作中尽量创造美好的形象、美满的结局。然而，风景是无限的，人生却是短暂的，短暂而有限的个体生命面对无限美好的江南山水势必会激发出一种悲情意识，而且越是关注人类生命价值的人其悲情意识也越是强烈。尼采曾经指出，万物本来浑然一体，当个体意识到自己是游离于这个"一体"之外时，他就会产生强烈的悲情，而当他意识到个体的毁灭乃是向历万劫而长存的永恒生命回归时，他就会因个体的毁灭而产生快感，所以悲剧的口号是："我们信仰永恒的生命。"① 应该说，在中国古代小说与传奇中所表现出来的绵绵悲情正是古人对个体生命有限性的反思与对江南山水无限之美崇拜的结果。古人的这种悲情意识出现在了山水诗中，同样也出现在了小说与传奇故事中，一些优秀的小说与传奇故事据此突破了大团圆的模式，以悲剧性冲击人们乐观的日常审美心态。在这方面，吴敬梓之《儒林外史》、周清原之《西湖二集》、冯梦龙之"三言"、凌蒙初之"二拍"中都有所体现，然曹雪芹之《红楼梦》最有代表性。

在《红楼梦》中，读者可以深切地体味到，在作者的情感世界里最为看重和始终不能忘怀的一是美人，二是柔媚的江南山水。对于美人，作者可谓是一往情深，以此深情孕育出来的美丽女子个个都具有摄人魂魄的力量，但是对于美人，作者又未能完全突破封建礼教确立的价值观的束缚，在认识与价值判断上都作了较多的妥协和让步，比如他认为性爱太容易陷入"皮肤淫滥"的庸俗之中，又认为即使是男痴女呆，以心相许，也恐怕为世道所弃，乃至"百口嘲谤，万目睚眦"（第五回），所以对于美人，作者是既欲割舍，又无力排遣，在幸福的甜蜜与巨大的痛苦中摇摆和艰难挣扎。而对于江南山水，作者则完全没有了精神负担，视为自己的"香丘"尽情歌咏，并且把自己对女性的爱融入山水之爱中，把男女之爱托喻为一种纯洁的自然之情。书中写道，迎春要出阁了，还要陪去四个丫头，宝玉知道后，很是寥落凄惨，情不自禁吟成一歌："池塘一夜秋风冷，吹散芰荷红玉影。蓼花菱叶不胜愁，重露繁霜压纤梗。不闻永昼敲棋声，燕泥点点污棋枰。古人惜别怜朋友，况我今当手足情！"（第七十九回）平日里逞妍斗色、温馨可爱的蓼花苇叶、翠荇香菱，此刻在宝玉的眼中

---

① ［德］尼采：《悲剧的诞生》，第71页。

都变得摇摇落落，其灵魂与生命似乎都离形而散。迎春是宝玉的姐姐，宝玉也以为自己此时对迎春的感情为"手足情"，但字里行间我们却可以感受到那种不同于普通姐弟情的男女之间的缠绵，只是池塘秋风、芰荷玉影、蓼花苇叶等景物的介入过滤和净化了性意识而已。潇湘馆里，林黛玉抚琴低吟："风萧萧兮秋气深，美人千里兮独沉吟。望故乡兮何处？倚栏杆兮涕沾襟。山迢迢兮水长，照轩窗兮明月光。耿耿不寐兮银河渺茫，罗衫怯怯兮风露凉。"（第八十七回）这首歌婉约、感伤的情调与哀歌般的感人魅力，让人颇能感受到那种古老而温柔多情的南朝民歌的风范。作者对山水的歌咏中，融入了美人的无限哀愁，是一个忠诚于爱情的青春少女把自己爱情的巨大挫折感移植于山水之上，并将其推广为一种对世界的清冷与迷茫的总体感受时发出的哀叹，因此连一向孤傲、冷峻的妙玉也觉得音调清冷，忧思甚深。可以说，江南山水成就了无数美好姻缘，同时也因为各种原因而成为众多多情男女的伤心地。

在《红楼梦》所编织的女儿国里，几乎每一位美丽多情的少女都注定有一种悲剧命运："英豪阔大宽宏量"的史湘云，最终是"云散高唐，水涸湘江"；"才自精明志自高"的探春不得不把"骨肉家园齐来抛闪"；梦里也在作诗的香菱竟被金桂折磨而死；善良、软弱的迎春被"作践的公府千金似下流"；心比天高的晴雯因受人诽谤而夭折；就连信奉封建礼教的"冷美人"薛宝钗，也成为殉道式的牺牲者；守节到头、教子成名的李纨，只留下"枉为他人作笑谈"的虚名；甚至连爬到贾府统治集团上层，发号施令、作威作福、权倾一时的凤姐，一旦那座家族的冰山融化，也只能无可奈何地从高高的宝座上摔下来，落得一个"哭向金陵事更哀"的悲剧结局。至于一生以泪洗面的林黛玉则更不待言。笼罩全书的"'红楼梦'仙曲十二支"既可以说是这一群美丽女性的颂歌，也可以说是群钗的悲歌。它赞美黛玉是"世外仙姝寂寞林"，宝钗是"山中高士晶莹雪"，湘云是"霁月光风耀玉堂"，妙玉是"气质美如兰，才华复比仙"，然而，最终却是"欠泪的，泪已尽；……看破的，遁入空门；痴迷的，枉送了性命"。（以上引文见第五回）初看起来，作者把一个个鲜活而美丽的生命送上不归路有些过于残忍，然而，顺着尼采的思路来想，似乎又有一种崇高的精神在里面，或许古人是在借这样一出又一出感伤的悲剧来表达他们对大江南的无限敬仰和归宿感。

第 四 章

追摹江南山水的中国古典园林

园林是人类模山范水的产物,在我国,早在东汉桓帝时已经出现了规模很大的园林,其中外戚孙寿在洛阳所造的宅第就很有名,《后汉书》中对其有非常具体的描述:"采土筑山,十里九阪,以象二崤;深林绝涧,有若自然;奇禽驯兽,飞走其间⋯⋯又多拓林苑⋯⋯包含山薮,远带丘荒,周旋封域,殆将千里。"(《后汉书》列传卷24,《梁统传》)孙寿的宅第总体上看是以"模山"为主,这是早期北方园林的共同特征。从魏晋开始,江南山水成为人们建造园林时模范的主要对象,如南朝时刘缅在南京钟岭之南筑园,"以为栖息,聚石蓄水。朝士雅素者,多从之游"(《六朝事迹编类》卷上,《形势门·钟阜》)。晋人戴颙隐居吴下,与吴下士人"共为筑室,聚石引水,植林开涧,少时紧密,有若自然"(《宋书》卷93,《列传·隐逸》)。在这两条涉及江南园林建造的文献资料中分别使用了"聚石蓄水"和"聚石引水"的说法,这表明随着模范对象的改变,园林设计的风格也发生了很大变化,其中最关键的一点是园林设计中水的比重逐渐大了起来。刘庭风指出:"江南园林水多,北方园林山多。北方皇家园林在后来更多地运用水体,亦源于对江南水景的模仿,如在圆明园中水面占1/3,北海公园中水面占一半以上。"① 江南园林中水的成分增多最主要的原因是江南地区水多，理水比较容易，但也不仅如此，还有江南人的性格与文化方面的原因，正如有学者指出的那样，"积聚在内心的冲突与不安宁往往自觉或不自觉地通过各种建筑符号曲折地表现出来，园林因素成为园主自我宣泄、平衡、粉饰或向往，甚至祈祷的形式"。② 自江南山水在中国文人心目中取得崇高地位之后，整个文化界形成了一股推崇江南山水柔美姿韵的审美潮流，原始性的江南山水遂成为人们评价园林得失的范本，那些园林设计者和园主在设计和建造园林的过程中也自然而然地向本然的江南山水靠近。

第一节 江南园林的兴起

江南园林的兴起是经济、文化与地理环境相互作用的必然结果。江南温湿的气候、肥沃的土地和丰富的物产为农业生产和商品贸易提供了良好的条件，农业生产和商品贸易的发展则提升了人们适应环境和控制环境的能力，增进了人与环境之间的感情，从而为山水文化的繁荣奠定了扎实的物质基础与社会生活基础。不过，江南山水从纯粹的自然形式转化为纯粹的审美文化形式绝不可能是凌空轩翥，而只能是一种阶梯状的渐进，也就是说，从纯粹的物质形式到纯粹的精神形式之间，必然存在着一些物质性逐渐后移，而精神性逐渐前伸的过渡形式。在这些过渡形式中，园林应该算是一个既可脚踏生活的大地，又可仰望精神天空的可

---

① 刘庭风：《中日古典园林比较》，天津大学出版社 2003 年版，第 2 页。
② 居阅时：《庭院深处——苏州园林的文化涵义》，生活·读书·新知三联书店 2006 年版，第 2 页。

进可退、上下一脉的典范。从逻辑上讲，江南园林的兴起应该早于山水诗和山水画，因为文化形式的发展总是从低级向高级进化的。从我国古代审美实践上看，即使抛开春秋时吴国的姑苏台、馆娃宫等不说，仅就东晋顾辟疆筑私家园林辟疆园而言，也要比我国山水诗鼻祖谢灵运的出生要早几十年，只是园林作为一种具有审美价值的生活实践形式并没有将自身具有的山水审美意识及时地、鲜明地表现在意识形态领域而引起后人的特别关注。毫不夸张地说，江南园林的出现是意义重大的，它不仅比山水诗更早地反映了古人的山水审美经验，而且还促进了山水诗和山水画的发展，是中国其他山水审美文化形式生成的一个重要基础。

一 人性有"邱山之廦"

人类是自然之子，从其诞生的那一天起就开始依赖大自然，虽然在人类长期的进化过程中形成了对大自然复杂多样的感情，但最基本的依赖感情从来也没有消失过，因此陶渊明才说"性本爱丘山"（《归田园居》）。为了更好更幸福地生存，人们一直在努力寻找最适合于自己和族类生存的一片"丘山"，以便有一个适合自己本性的可靠的安身立命之地。江南山水正是古人在特定的历史时期发现和探寻到的这样一片"丘山"。客观地讲，晋代和南北朝时期的江南山水还不是十分理想的生存环境，如淮南王刘安命门客写就的《招隐士》所言："猿狖群啸兮虎豹嗥，攀援桂枝兮聊淹留。王孙游兮不归，春草生兮萋萋。岁暮兮不自聊，蟪蛄鸣兮啾啾。坱兮轧，山曲岪，心淹留兮恫慌忽。罔兮沕，憭兮栗，虎豹穴，丛薄深林兮人上栗……虎豹斗兮熊罴咆，禽兽骇兮亡其曹。王孙兮归来，山中兮不可以久留。"虽然文章出于对隐士们利诱恫吓的目的夸大了大山深处的险恶，但所言之恶劣生存条件也并非纯属虚构，这说明晋时的江南山水作为人的生存环境来说仍然是优劣参半的，因此只有像陶宏景、陶渊明、谢灵运这样一批有着坚定的山水信念的人才可能义无反顾地走向大山深处，并在其中流连忘返。但对于普通喜爱山水的人来说，告别喧嚣的人世生活走向寂寞的山林是一件十分困难的事情。这种情况下，修建一座园林，按照自己的需要和理念把自然山水移植于自己的日常生活中，使之完全处于受控制的纯益无害的状态便是一件两全其美的事。可以说，无论是修筑历代规模宏大的皇家园林，还是建造精致小巧的私家园林，都是以满足人性的丘山之爱和对舒适生活的追求为基本动因的。明代苏州著名园林兰雪堂的主人王心一在其《归田园居记》中写道："予性有邱山之癖，每遇佳山水处，俯仰徘徊，辄不忍去，凝眸久之，觉心间指下，生气勃勃，因于画事，亦稍知理会……地可池，则池之；取土于池，积而成高，可山，则山之；池之上，山之间，可屋，则屋之。"王心一虽然是从个人的角度来说明对佳山胜水的感受以及由此而形成的建园理念，却也在一定程度上道出了文士叠山理水的普遍的心性动机。事实上，中国文士酷爱山水以至成性的状况早在魏晋时期就已经十分显著了。《梁书·昭明太子传》载："性爱山水，于玄圃穿筑，更立亭馆，与朝士名素者游其中。尝泛舟后池，番禺侯轨盛称：'此中宜奏女乐。'太子不答，咏左思《招隐诗》曰：'何必丝与竹，山水有清音。'侯惭而止。"从这段文字中我们可以看出，在魏晋时江南园林已经初具规模，朝廷内外，君臣上下都很热衷，他们不仅从园林悠游中获得生活的快乐，而且还培养了一种优雅与高贵的气质。陶弘景在《答谢中书书》中说："山川之美，古来共谈。"这似乎在告诉我们古人的山水审美实践可以向前追溯到更遥远的过去，到陶弘景时山水审美已经成为一种传统。作为一个道士，陶弘景十分喜爱山川形胜，江南名山几乎无所不至。关于陶弘景游历的情况，《梁书·处士传》是这样写的："遍历名山，寻访仙药。每经涧谷，必坐卧其间，吟咏盘桓，不能已已……永元初，更筑三层楼，弘景处其上，弟子居其中，宾客至其下，与物遂绝，唯一家僮得侍其旁。特爱松风，每闻其响，欣然为乐。有时独游泉石，望见者以为仙人。"寻访仙药或许仅仅是为了免遭非议而找的一个借口而已，优游泉石才是真正的目的，陶弘景于山野间筑楼而居更证明了他避开俗务欣享自然，以求按照自己的天性自由快乐生活的真实意图。郭熙在《林泉高致·山水训》中写道："君子之所以爱夫山水者，其旨安在？丘园养素，所常处也；泉石啸傲，所常乐也；渔樵隐逸，所常适也；猿鹤飞鸣，所常观也；尘嚣缰锁，此人情所常厌也；烟霞仙圣，此人情所常愿而不得见也……然则林泉之志，烟霞之侣，梦寐在焉，耳目断绝。今得妙手，郁然出之，不下堂筵，坐穷泉壑；猿声鸟啼，依约在耳；山光水色，滉漾夺目。此岂不快人意，实获我心哉？此世之所以贵夫画山水之本意也。"郭熙认为，中国山水画的成因从根本上讲是人在本性上有对泉石、烟霞、猿鹤等自然之物常乐、常适的需要，当人们在生活中缺乏这些东西的时候，便以图画来补充和代替。相比较而言，园林是比山水画更贴近人的这种需要的艺术，所以从郭熙的这段论画的文字中我们也可以更深一层地了解人们建造园林的原因。

另外，对于山水艺术的成因，郭熙只说出了最基本的一面，还有一个十分重要的方面他没有说出来，那就是人类作为形而上动物的本质需求，面对山水环境，人类必得赋予其形而上的意义才算实现了本性的圆满。德国诗人荷尔德林在《思念》一诗中说："然而，那长存的，由诗人去神思。"哲学家海德格尔认为，诗是以"词语的含意去神思存在"。① 如果说文学是以词语去思那在瞬间显露的永恒存在的话，那么园林的产生同样与人的这种"思"的需要和本性有着不可分的关系，只不过文学借助于词语去思，而园林则是借助于林木、泉石而思罢了，如曹植所言："清夜游西园，飞盖相追随。明月澄清影，列宿正参差。秋兰被长坂，朱华冒绿池。潜鱼跃清波，好鸟鸣高枝。神飙接丹毂，轻辇随风移。飘飘放志意，千秋长若斯。"（《公宴诗》）双渠、绿池、飞鸟、潜鱼、嘉木、秋兰等地上之景与丹霞、明月、华星、列宿等天上之象，都是为着显现诗意，满足人们心灵超越的需要，曹植在游西园时"放志意"的千秋之虑正如海德格尔所谓存在之思，可以说中国园林满足了文人从形而下到形而上的不同层次的需要。刘勰《文心雕龙·明诗》云："暨建安之初，五言腾踊。文帝陈思，纵辔以骋节；王、徐、应、刘，望路而争驱。并怜风月，狎池苑，述恩荣，叙酣宴，慷慨以任气，磊落以使才。"在刘勰看来，"怜风月，狎池苑"与吟诗作赋一样都是人的才气所使，同时，刘勰在这里还告诉我们，建安文人的这种才气是建安时特定社会风气下形成的，文人的山水情趣与品质体现了那个时代人们山水意识的境界。一般来说，任何艺术形式的产生都与时代风尚有关，但是园林艺术又有它的特殊性，其他艺术形式多以审美价值为主，实用价值很小，而园林则是将其巨大的审美价值全面溶解于其实用价值当中，这就使得不同阶层的人都可以从中享受到生活的与审美的快乐，尽管权极者可以笼一域之山川，中贵者只能购数亩山野以经营，小康者仅以庭院为园，且园林的风格形式在不同的时代各有千秋，但是，自从人类觉悟山水之美的那一天起，园林便再也没有从人类的审美视野中消失过，并由

---

① 伍蠡甫、胡经之主编：《西方文艺理论名著选编》（下册），第575页。

于它巨大的实用价值而获得了超时代的审美价值。

二　江南有天然之园

人类在崇尚大自然神功的同时，又时时隐怀着一种超越自然的理想，所以从古代社会人们就展开了与大自然的比赛与竞争，而建设"巧夺天工"的园林便是其中的一种竞争方式。从春秋战国时期的"囿苑"到隋唐时期的"宫苑"，再到明清达于极盛的"园子"，从皇家园林气派宏大、豪华富有、包罗万象的追求到私家园林玲珑、含蓄的韵味营造，这种竞争一直在持续着。不过，竞争的结果最终还是大自然占了上风，大自然以其超越于一切人类想象的无穷变化使所有的人工雕琢都相形见绌，所以除了皇家受政治因素的影响，迫于无奈只能在北方建造大规模的园林外，著名的民间园林基本上都出现在江南，这是因为江南才是大自然提供的建造园林的理想之地。

江南山多水杂，在园林建造时可以广泛借用，这是江南园林建筑的最大优势。谢灵运《山居赋》在描写始宁别墅的周边环境时指出，总体上看别墅是"左湖右江，往渚还汀。面山背阜，东阻西倾。抱含吸吐，款跨纤萦"。始宁别墅在选址上立足于江湖环抱的地形地势，这使得别墅在东西南北四个方向上都有佳景可借："近东则上田、下湖、西溪、南谷、石瑶、石滂、闵砠、黄竹。决飞泉于百仞，森高薄于千麓。写长源于远江，派深毖于近渎。近南则会以双流，萦以三洲。表里回游，离合山川。嶕崩飞于东峭，槃傍薄于西阡。拂青林而激波，挥白沙而生涟。近西则杨、宾接峰，唐皇连纵。室、壁带溪，曾、孤临江。竹缘浦以被绿，石照涧而映红。月隐山而成阴，木鸣柯以起风。近北则二巫结湖，两暂通沼。横、石判尽，休、周分表。引修堤之逶迤，吐泉流之浩漾。山矼下而回泽，濑石上而开道。"不仅近景可借，而且远景也可借，"远东则天台、桐柏、方石、太平、二韭、四明、五奥、三菁"；"远南则松箴、栖鸡、唐嶷、漫石"；"远西则……远北则长江永归，巨海延纳"。远近的江山湖海都被借入了始宁别墅，既节省了人力、物力和费用，又产生了单凭人工所不可能达到的审美效果。计成在《园冶》中多处论述了园林建造中借景的价值："夫借景，林园之最要者也。如远借、邻借、仰借、俯借、应时而借。然物情所逗，目寄心期，似意在笔先，庶几描写之尽哉！"（《园冶·借景》）"借者，园虽别内外，得景则无拘远近，晴峦耸秀，绀宇凌空，极目所至，俗则屏之，嘉则收之，不分町疃，尽为烟景，斯所谓巧而得体者也。"（《园冶·兴造论》）计成通过对大量江南园林的研究，认为优秀园林都坚持了"意在笔先"的借景原则，而借景的宗旨则应是"巧而得体"，通过巧妙的借景，使园林远近、内外之景如天然相连，而非人工附会，这样才能收到使观者情思奋飞或心旷神怡的效果。如常熟的虞山为曾园、燕园、赵园等多个园林所借，人称之"十里青山半入城"，这种说法很是生动，显现出一种自然向人生成的态势和与人亲近的情味。另一种关于虞山的说法是常熟的"园外园"，这种说法表达的是一种人走向自然之意。将这些不同的视角和表述方式放在一起进行比较，我们会发现江南园林的发展变化过程也正是一个人与自然之间的和谐的双向互动过程。

水和树在江南园林中占有极重要的地位，钟惺在描述梅花园墅时写道："亭之所跨，廊之所往，桥之所踞，石所卧立，垂杨修竹之所冒荫，则皆水也。"（《梅花墅记》）其实，不仅在梅花园墅中水的比重很大，整个江南园林都是因水而灵的。笪重光《画筌》云："山本静，水流则动，石本顽，树活则灵。"山水画靠画水而造成动态美，依画树而产生一种灵性，而园林就是一幅立体的山水画，因此同样需要用水和树来造成灵动的气韵。苏州沧浪亭在理水方面最为传神，亭园面水而建，观者未入园时，即已开始感受到沧浪之水的洗濯。沈光祀《水龙吟·沧浪亭》写道："剪来半幅秋波，悠然便有濠梁意。潭清潦尽，水明天淡，一湾空翠。苹末风来，松阴雨歇，晚凉新霁。望芙蓉镜里，夕阳红衬，攒峰影，堆螺髻。"沧浪亭千古美名可以说多半是靠卓越的理水技巧赢得的。吴江同里镇的退思园有水园之称，其理水技巧同样十分高超："吴江同里镇，江南水乡之著者，镇环四流，户户相望，家家临河，因水成街，因水成市，因水成园。任氏退思园于江南园林中独辟蹊径，具贴水园之特例。山、亭、馆、廊、轩、榭等皆紧贴水面，园如浮水上。"（陈从周《说园（四）》）[①]为了突出水的韵致，甚至有的园林借地理优势而创造了"山顶行舟"的景观，如苏州灵岩山西山顶上的"玩花池"，据说是当年夫差和西施乘舟赏荷采莲的地方。[②] 在江南地区，江河湖汊往往略加疏引即可入园成景，园林设计者也尽可能发挥各种天然水体的优势。如西湖的郭庄巧借西湖外景，使西湖风月招之即来，为我所有，所以虽然是仿效苏州的网师园建造，却能略胜网师园一筹。又如吴县东山的启园是借了辽阔浩瀚的太湖做背景，启园背后是挺秀的莫厘峰，对面是碧波万顷的太湖水，远处渔帆点点，近处松竹环抱，无限的水色与空濛的山色使有限的人造景致融入壮阔的大自然中，从而极大地丰富了园林的审美层次，拓展了园林的审美空间。其实，借山借水都是相对于较小的人工园林而言的，就整个江南来说，它本身就是一个天然的大园林，当然就无借用一说了。钟惺《梅花墅记》写道："出江行三吴，不复知有江，入舟，舍舟，其象大抵皆园也。乌乎园？园于水。水之上下

---

① 陈从周：《园林随笔》，人民文学出版社 2008 年版，第 27 页。
② 金学智：《苏州园林》，苏州大学出版社 1999 年版，第 95 页。

左右，高者为台，深者为室，虚者为亭，曲者为廊，横者为渡，竖者为石，动植者为花鸟，往来者为游人，无非园者。然则人何必各有其园也？身处园中，不知其为园，园之中，各有园，而后知其为园，此人情也。予游三吴，无日不行园中，园中之园，未暇遍问也。"在钟惺看来，园林的根本在于水，整个三吴之地水际缥缈，所以处处都是精美园林，而那些众多的私家园林只不过是"园中园"而已。

在江南地区建造园林，借景不成问题，但在北方造园，借景就比较困难，一是北方水少，水不容易借；二是北方山穷，山不好借。就山而言，北方山多体大，不好入园，而且北方山秃，也不宜借作园林外景。如北京颐和园的镜桥，近处的湖水、廊桥和岸柳与远方的西山相互映衬，以西山的天际线为界构成一种相对封闭而又视界广阔的园林空间，在借景技巧上可谓上乘，可惜的是，西山树木较少，沙土、岩石裸露处颇多，终究脱不了"陋"与"穷"之气。尤其是在秋冬之际，草木凋零，生气索然，山之可借之处就更少。这应该是北方园林在数量和质量上都远不及江南园林的根本原因。

三 走进大众生活的江南园林

园林是经过改造的自然，是人化的自然，更能满足人类艺术化生存的需要。在南北朝时期，江南园林事实上已经成为玄学家们实践艺术化生存理想的基地。《宋书·何尚之传》载："乃以尚之为尹，立宅南郭外，置玄学，聚生徒。东海徐秀、庐江何昙、黄回、颍川荀子华、太原孙宗昌、王延秀、鲁郡孔惠宣，并慕道来游，谓之南学。"玄学馆集园林与学府于一体，以园促学，以学弘园，成为名副其实的"学园"。除了这种官方的学园外，众多的私家园林也都是文士们谈玄悟禅的理想场所，如绍兴兰亭就是这样的好地方。王肃之《兰亭诗》云："嘉会欣时游，豁尔畅心神。吟咏曲水濑，渌波转素鳞。"从此类诗句中不难发现，古代文士们在这种泉石幽林组成的山水世界是怎样将哲学之思与山水之趣融合为一种审美意境的。在园林建筑的早期，园林还主要是皇家的奢侈品和牧猎场，野味十足，后来逐步进入贵族和上层知识分子生活中才定格为一种雅致的生活背景。到了宋元时期，由于社会生产的发达，江南社会趋向于城镇化，加上优越的自然环境，使得更多的人有条件追求园林化的生活环境了，于是，园林走进了富人和中产阶级家庭。太湖的西山岛具有代表性，岛上百年老宅比比皆是，差不多都有院落，小到数十平方米，大的竟有五六亩之旷。园主多是乡绅望族书香门第，有的乃外省达官显贵，因金兵入侵，南逃至西山落户，或是明清两朝富商，或是隐逸湖岛的文人雅士，他们以这种"乡间园林"的形式来美化自己的生活环境，创造生活的韵味和情趣。近代文人吴嘉洤《退园续记》云："园中花木，四时备具，每至春日，则繁英璨然，如入桃源；鼠姑数丛，天香馥郁，若游《穆天子传》所谓'群玉之山'，不知为尘世矣！入夏，则方池荷花，荡漾绿波；翠盖间，红日朝霞，掩映可爱。秋月皎洁时，丛桂着花，芬郁袭人。冬日将尽，腊雪飘漾，缟袂仙人，若招我于罗浮山顶也。佳客不来时，率小儿女，衣青衣红，穿径循桥，绿树折花，笑语彻于户外，间命庖人，治酒肴相与，团坐泥饮，其乐殆非世所恒有。"此乃农业社会世俗生活的极境，真可谓人间欢乐尽在园中，且不说这是在战火纷飞、刀光剑影的动荡年代，得此等安乐着实不易，即使在今天，这样的生活依然是我们渴慕的一种理想。清代文学家俞樾《香雪草堂记》云："春秋佳日，青鞋布袜，无岁不游，无游不畅，信有如东坡所云：'隐居之乐，虽南面之君，不与易者，非癖烟霞，芥轩冕'，如先生者，其何修而得此福于天哉！"这种独立、快乐、自由、宁静的生活似乎与喧嚣的城市生活格格不入，实际上恰恰是经济的发展，城市的扩大，人们的居住环境越来越远离了自然山水，反面强化了人们对那种"神超形越"感觉的追求，从而为人们的造园行为注入了更强大的内在动力。清代诗人沈德潜在《复园记》中写道："不离轩裳而共履闲旷之域，不出城市而共获山林之性。"这句话非常简明地道出了江南城市化过程中园林需求增加的内在原因。吴中才子文征明《拙政园若墅堂》曰："会心何必在郊垌，近圃分明见远情。流水断桥春草色，槿篱茅屋午鸡声。绝怜人境无车马，信有山林在市城。不负昔贤高隐地，手携书卷课童耕。"若墅堂虽在城市，却有山林沉静之趣，不出郛郭，旷若郊墅。文士们用独有的审美情怀创造着生活，通过园林将生活融入无边的江南青山绿水之中，揭去了尘世功名利禄的遮蔽，使心灵进入了自由、疏放、澄明的境界。袁宏道说："古之嗜山水者，烟岚与居，麋豕与游，衣女萝而啖芝术。今山人之迹，什九市廛，其于名胜，寓目而已，非真能嗜者也。余曰：不然。善琴者不弦，善饮者不醉，善知山水者不岩栖而谷饮。孔子曰：'知者乐水。'必溪涧而后知，是鱼鳖皆哲士也。又曰：'仁者乐山。'必峦壑而后仁，是猿猱皆至德也。唯于胸中之浩浩，与其至气之突兀，足与山水敌，故相遇则深相得。纵终身不遇，而精神未尝不往来也，是之谓真嗜也，若山人是已。"(《题陈山人山水卷》)何谓真正的山水之爱？一种观点认为，真爱山水者当纵身于大化之中，"烟岚与居，麋豕与游"，早期文士如谢灵运、陶弘景等也确实是以这种方式表达他们对自然山水的真挚情感的；另一种观点则认为真爱山水者当爱自然山水之"至气"和精神，而不是"岩栖而谷饮"，明清时期的文士多持这种观点，而袁宏道便是这种思想的代表。前者是一种朴野的山水精神，后者是一种文雅的山水精神，前者是早期农业社会文化精英的山水精神，后者则是晚期农业社会人民大众的山水精神。这种晚期农业时代文雅的山水精神，从主观方面说，是人们既要享受山水之美，又要享受丰富多彩的城市生活两种需求互相妥协的结果。从客观方面讲，由于生产力水平的提高，社会财富的增加，越来越多的民众已经有条件来实现这两方面的结合了，而这两方面相结合的现实产物便是私家园林。袁宏道的山水观代表了市民社会的山水精神，这种山水精神和观念在明清时期甚至发展成为一套完整的园林美学思想体系。

第二节　以江南山水为尺度的
中国古典园林美学

中国古典园林美学是中国古代园林审美实践的理论总结，中国古典园林设计以典范的江南山水形式为蓝本，所以中国古典园林美学实际上是以在江南山水方面的审美实践为基础的，江南山水隐秀曲幽的形式特点也决定了中国古典园林美学对"隐秀"风格的推崇。同时，中国古典园林又是作为适宜于人的生存环境而存在的，这就决定了中国古典园林美学十分强调园林建筑要适合人的闲居需要，以栖身宁心为建筑宗旨。由于江南园林历来被视为自然山水的替代品，或者说是江南山水的微缩形式，所以中国古典园林美学以"天然"为评价标准和批评原则。不过，由于中国古典园林始终秉持着实用与审美两个方面的追求，所以其理论原则也表现出在实用性与审美性两者之间的摇摆性和伸缩性。

一　中国古典园林美学的现实基础：典范的江南山水

成熟的中国古典园林是以真实的江南山水为范本的，这首先体现在对江南山水中自然质料与形式的运用和提炼上。比如假山是中国古典园林中的主体景观之一，而假山多由太湖石作为主要材料，明人谢肇淛云："洞庭西山出太湖石，黑质白理，高逾丈寻，峰峦窟穴，膑有天然之致"，"园池中必不可无此物"（《五杂组·地部》卷3）。太湖石的特点在"瘦、透、漏、皱"四个字上，瘦者如少女形体，婀娜多姿，皱者如智者之言，曲折有致，透和漏者如影灯漏月，引人遐思。一般岩石因形体巨大厚重而容易让人产生本能的拒斥感，而太湖石之"瘦、透、漏、皱"则让人颇感亲近，在亲密的幻想中去构思空灵的意境。白居易曾分别作《太湖石记》和两篇《太湖石》诗，表现出对太湖石极大的兴趣和深厚情意，如其诗中除了对太湖石"形质冠今古，气色通晴阴"的自然品质大加赞美外，还称其"天姿信为异，时用非所任"；"岂伊造物者，独能知我心"（《太湖石》），俨然把太湖石视为自己的知音。据说宋徽宗在京城汴梁造大假山，派官员来江南选取太湖石，湖石尚未运完，北宋灭亡，部分未北运的湖石，被搁置在一荒园里，便成为日后师子林假山的雏形。诗云："林有竹万个，竹下多怪石，有状如狻猊者，故名师子林。"（欧阳玄《师子林菩提正宗寺记》）这不仅说明在唐宋时代太湖石已经成为园林假山的主要建筑材料，更说明太湖石在营造园林方面的天然魅力。除了石头外，园林中的花草树木都取自然中宜人耐看者，达到美与真兼具，从而使人造之景呈现出天然之美。金学智在谈到拙政园的假山时写道："黄石块大抵横向叠置，较多的半入土中，石与土泯然无迹，外露的石块皴斫自生，有如倪云林笔下为江南湖山写照的折带皴。联系周围环境来看，自然隆起的山丘，土石相间的坡坨，配以宽阔的池面，参差的杂树，平展的曲桥，轻灵的山亭……呈现出一派江南水乡秀美的风光。"[①] 虽为假山，

---

① 金学智：《苏州园林》，第55页。

却有江南真山的天然委曲之妙，致使观赏者觉得与真山无异，有入真山之感。环秀山庄的湖石大假山在中国园林的假山中是有代表意义的，陈从周认为"造园者不见此山，正如学诗者未见李杜"，并对假山作了如下描述："自亭西南渡三曲桥入崖道，弯入谷中，有洞自西北来，横贯崖谷。经石洞，天窗隐约，钟乳垂垂，踏步石，上蹬道，渡石梁，幽谷森严，阴翳蔽日"；"上层以环道出之，绕以飞梁，越溪渡谷，组成重层游览线，千岩万壑，方位莫测"（《苏州环秀山庄》）①。此假山以芥子纳须弥，把江南山水中的精彩动人处，如飞梁、幽谷、崖道、石洞尽收于己。假山之最大不足在于由孤立而造成的有限性，而环秀山庄的湖石大假山则克服了这一缺陷，以有限形体造出无限空间，虽为假山，却胜似真山，假山的营造至此达于极境。

其次，从建造园林的目的上看，对于许多人来说，就是为了营造一片近于真实江南山水的清净之地，获得那种在真实的江南山水中才可能享受到的宁静与快乐。宋代文学家苏舜钦在《沧浪亭记》中就表达了自己的这种追求："构亭北碕，号'沧浪'焉。前竹后水，水之阳又竹，无穷极，澄川翠干，光影会合于轩户之间，尤与风月为相宜。予时榜小舟，幅巾以往，至则洒然忘其归，觞而浩歌，踞而仰啸，野老不至，鱼鸟共乐，形骸既适，则神不烦，观听无邪，则道以明，返思向之汩汩荣辱之场，日与锱铢利害相磨戛，隔此真趣，不亦鄙之哉！"苏舜钦相貌怪伟，诗才豪俊，中过进士，担任过县令、大理评事、集贤殿校理等，后因与右班殿直刘巽用"鬻故纸公钱"召妓乐会宾客而被除名，丢官后流寓苏州。从苏舜钦个人当时的境遇以及文中所述可以看出，苏舜钦建造沧浪亭实有与世俗功名和官僚世界消极抗争的意

---

① 陈从周：《园林谈丛》，上海人民出版社 2008 年版，第 93 页。

味，他试图通过营造一个与外面喧嚣城市大异其趣的宁静的山水世界，来疗救自己受伤的心灵。苏舜钦原籍四川，成长于开封，但他去官后两个地方都没去，而是选择了苏州，在他看来，苏州的自然与人文环境是一个落魄文人的最好去处，是一个追求自由、快乐的人的理想归宿。

叶燮在《二弃草堂记》和《二取亭记》两篇园林记中也十分明确地表达了弃尘世功利，求身心安宁的园林观。在《二弃草堂记》中他写道："草木皆植四时不花者，花者惟梅桂数本；梅取其空山岁寒，不因人热；桂则小山之丛，招人隐者。世所艳称，牡丹、芍药，绝种也。此外所见者，朝烟暮霭；所闻者，樵子、牧竖之讴吟；是耳目所接，无不为世所弃者之数者，虽不敢谓为天地之所弃，而无不可谓世之所弃也。"叶燮在做宝应县令时勤政爱民、廉洁奉公，然而却落得个被罢官的结局。在叶燮看来，自己丢官表面上是为世所弃，实际上是自己弃"世所艳称"的一种自觉的选择。看透了世间功名利禄的叶燮在园林美学观上保持了一种超越精神，在《二取亭记》中叶燮指出："苏子瞻曰：'江上之清风，山间之明月，取之无禁。'是所取非二乎？风与月盈天地间皆是也，而不能外乎吾二矣！遂请碓庵书之，以名吾亭。"作为一代文化巨匠，叶燮希望自己能够达到与天地同流的境界，而这种精神追求自孔子、庄子以来就浸透于中国知识分子心灵之中，在明清之际的叶燮身上更表现为一种深厚的儒学、道学、佛学和文学素养凝化而成的深广的审美境界。叶燮的园林美学观还基于他极为丰富的山水阅历。叶燮被罢官之后，便开始了他的名山大川之行，东到齐鲁，登临泰山绝顶，西至嵩山、华山，南游闽粤，历雁荡、罗浮，直到南海之滨。祖国的壮丽河山，既给他以美的享受，又使他开阔了视野，拓展了心胸，跳出一己荣辱得失的考虑。但叶燮的山水之悟更多地得益于江南山水。叶燮从小长在苏州，横山是他的家乡，晚年又归隐横山，对于叶燮来说，心灵之中珍藏最深的还是横山情怀。叶燮于《独立苍茫室记》云："余尝晨起当檐而立，面南山，背横溪。凡日月之出没，星辰之失衡，风云雨雪之变态，四时百物之消长，细至春鸠秋蟋、邻春谷，应天地之能事，无不尽于苍茫，而苍茫无不尽于吾室，吾尝隐几而得之，然则杜得独立之一端，吾得苍茫之全体；杜居其外，吾居其内，则有间矣乎！"在这里，横山情怀跃然纸上。走过了千山万水之后，最让叶燮安心和称心的还是自己的家乡横山。

二　中国古典园林美学的精神追求：自然之乐

山水本为无情之物，然而，随着人与自然关系和谐性的增强，山水的"准主体"色彩越来越浓。清代八股文大家韩菼《浣雪山房记》云："若乃采于山钓于水，与夫田夫、牧竖之歌吟往来，彼固日在其间，如木石鹿豕之无情，以代有情者之玩赏，而亦非其有也，然则，乃今独为先生有矣！"这里虽有对浣雪山房主人顾嗣曾的溢美之意，但把"木石鹿豕"之类的无情之物当作有情之生命来交流和对话确实反映了明清时期中国园林审美中更加强烈的以自然为友的倾向。清代学者归庄《谢鸥草堂记》写道："河之中，波涛烟霭帆樯众罶，历历在目，皆足供我丹青图写，而数点闲鸥，日夕相对，尤似与主人有情，兴至吟咏，欣然自得，此谢鸥之所由名也。"在归庄的笔下，谢鸥草堂的闲鸥也可以与主人进行情感交流，像这样与自然生命的情感交流正是古人园林之乐的不涸源泉。

中国知识分子在移情山水的同时，受其强烈的社会责任感所支配，竭力为自己的山水之好寻找理论支持，其中最重要的方式便是通过强化园林的"准主体"性而赋予个人的山水之好以普遍的生存论意义。清代学者尤侗《水哉亭记》写道："家有小园，十亩之间，中有池，占其半焉。予间居多暇，构轩其上，颜曰水哉。每客至，则与立而望，坐而嘻，饮食盘桓，高卧而不能去也。客曰：仲尼亟称于水哉！水哉！子又何取于水也……吾尝学易而感焉，乾坤之后，屯蒙需讼，师比其配，皆水也。六十四卦，系涉川者，十有二三，至于终篇，一曰既济，再曰未济，厥旨何居？贤人出险，圣人入险，见险能止，盖取诸坎。客曰：大乎水哉！旨哉！子之取于水也，其有忧患乎甚矣！吾子之言似夫子也！"尤侗认为，作为古人世界观理论表述的六十四卦中十分之二三与水有关，这说明在中国人的观念中水的地位相当重要，水与人，与这个世界有着极为广泛而深刻的联系。水的存在与运动变化可以说是这个世界上奇特而伟大的现象，对水的留恋与热爱表面上看纯属个人爱好，本质上它却是一种探求生命本质与世间真理的活动，因为人的生命感觉，人生中的进退取舍，事业上的成败得失，国家的盛衰兴亡等很多情况下都与人对水的态度有关。这样一来，尤侗就把那种看似平淡的水之思疏瀹为圣人之思，把常人对水的爱敷演对真理的爱。

明初浙江宁海著名士人方孝孺有一篇《友筠轩赋》，赋中首先以悠悠雅言赞美了园竹的高洁品性，随之又借赞美竹子的品性来显现自己徜徉竹间、以竹为友的高雅乐趣："惟青青之玉立，俯漪漪之轩构。憩乐矣之幽情，处蔚然之深秀……或弹棋而雅歌，或解衣而脱巾，或焚香而啜茗，或连句而鼎真……辞曰：清清兮岁寒之心，温温兮琳琅之音，君子居之兮实获我心。"青青玉立的竹子清纯高雅，在竹林间焚香啜茗、吟诗作对的人自然也不是俗物了。清代学者沈复在《浮生六记》中对"沧浪"之乐的描写最为切实动人。"沧浪风景，时切芸怀"这是文中沈复对芸娘和沧浪亭的双重怀念之语。在一段闲静的日子里，沈复夫妇在沧浪亭获得了人生中难得的欢乐时光："是年七夕，芸设香烛瓜果，同拜天孙于我取轩中。……是夜月色颇佳，俯视河中，波光如练，轻罗小扇，并坐水窗，仰见飞云过天，变态万状。"中秋之夜，沈复与陈芸在沧浪亭赏月，"少焉，一轮明月已上林梢，渐觉风生袖底，月到波心，俗虑尘怀，爽然顿释"（《闺房记乐》）。宗白华说："静照的起点在于空诸一切，心无挂碍，和世务暂时绝缘。这时一点觉心，静观万象，万象如在镜中，光明莹洁。"① 沈复夫妇正是以他们的这一点觉心，欣赏着空明莹洁的世界，而在这空明莹洁的沧浪世界中悠然自得的人不觉间放射出圣洁的光芒。在《闲情记趣》中，沈复用细腻的笔法描绘了自己与朋友们在苏城南园对花饮酒的场景："至南园，择柳阴下团坐。先烹茗，饮毕，然后暖酒烹肴。是时风和日丽，遍地黄金，青衫红袖，越阡度陌，蝶蜂乱飞，令人不饮自醉。既而酒肴俱熟，坐地大嚼……杯盘狼藉，各已陶然，或坐或卧，或歌或啸。"南园是一个自然风景式的园林，在这里，乱飞的蝶蜂，满地的黄花，与一群放浪形骸、诗酒风流的吟啸者，构成了一幅野趣横生的图画。这朴素的山水园林，美好的景色，使人逸兴无穷，身心洒脱。在这里，人们乘纳着"思"的恩典，让纷扰的人生显示出澄明的面容。江南园林不仅使中国文士的身体享受到了舒适和快感，更得到了精神的满足，以至于许多人于此"有终焉之志"（《宋书·谢灵运传》）。

三　中国古典园林美学的风格典范：隐秀

中国园林从总体上推崇"隐秀"的风格，这也和江南山水的天然品格有着密切的关系。关于"隐秀"，刘勰在《文心雕

---

① 宗白华：《美学散步》，上海人民出版社 1981 年版，第 25 页。

龙·隐秀》中是这样解释的："隐也者，文外之重旨者也；秀也者，篇中之独拔者也。隐以复意为工，秀以卓绝为巧"。刘勰认为，隐是一种寓意的朦胧性、模糊性、多重性等，秀指技术含量很高的审美形式，二者相合呈现为一种"若远山之浮烟霭，娈女之靓容华"的美学风格和意境。刘勰关于隐秀的论述本来是针对文章风格而言的，但也非常适宜于说明江南园林的特点。江南山水的隐秀曲幽孕育了隐秀曲幽的江南文化，这当然也包括江南园林在内。金学智指出①，吴地文化是宛曲文化，苏州的小巷，曲曲的，窄窄的，七折八弯，纤曲隐现，苏州的小河就是一条水的曲径，苏州的吴门画作，其境界以曲折幽深著称。苏州的民歌——吴歌，委曲清丽，感情缠绵。苏州的小说，情节婉委，曲折动人。苏州的评书最讲究"落回"，而"落回"正暗含跌宕起落的曲折。苏州的评弹，上抗下坠，九曲八折，悠扬悦耳，起伏有情，给人以无穷的韵味。苏州的昆曲，"悠宛委曲，一唱三叹，转音若丝"（张大复《梅花草堂笔谈》），不绝如缕。总之，吴地的文化特征就是曲，园林也不例外。

　　江南园林追求纤曲深邃的幽静之美，无论对于艺术家还是美学家，这都早已成为一种共识。诗人们说，"竹径通幽处，禅房花木深"（常建《题破山寺后禅院》）；"欲断仍连峰顶路，将穷忽转洞中天"（彭启丰《游狮子林》）。美学家们说"境贵乎深，不曲不深也"。（恽格《瓯香馆画跋》）可以说，江南园林正是由曲而深，由深而幽，曲、深、幽三者相互推动，使景致在变幻中延伸，不断给人以柳暗花明的感觉。《红楼梦》中对大观园的品评与描写便是将中国古典园林美学中的隐秀理论与实践中对隐秀之美的创造与追求进行了精彩的结合，书中写道："黄花满地，白

---

① 金学智：《苏州园林》，第176—177页。

柳横坡。小桥通若耶之溪，曲径接天台之路。石中清流激湍，篱落飘香；树头红叶翩翩，疏林如画。西风乍紧，初罢莺啼；暖日当喧，又添蚓语。遥望东南，建几处依山之榭；纵观西北，结三间临水之轩。笙簧盈耳，别有幽情；罗绮穿林，倍添韵致。"（《红楼梦》第十一回）这是王熙凤从秦可卿处出来从便门进入大观园时的观感，当时的大观园尚未竣工，名为芳园，所以作者并未详细介绍，而是让贾瑞出场，转了话题，不过，即使这浮光掠影的一扫，也给人留下了"犹抱琵琶半遮面"的深刻印象。文中所提到的若耶溪、天台山均在浙江①，故我们认为从文学形象上看，曹氏描绘的大观园是以江南山水形象为原型的。

　　从曹氏对大观园这一概略的描述中可以看出，曹氏准备让他心爱的人物生活于其间的理想环境就是在质地极佳的江南山水添上几处依山之榭、临水之轩等少许人文气息。从当时人物的对话与情景氛围来看，曹氏最看重的是园林的自然曲隐之美。在曹雪芹看来，妖娆多姿的江南山水因其曲折多变，所以才韵味无限，园林是对大自然的模仿，虽有人工，但必须吸纳大自然变化不拘的创造精神。大观园在这方面可谓下足了工夫，几乎所有人工建筑都讲究别具一格，比如大观园一入门便是一道翠嶂，犹如俏媳妇的蒙头红一般让人充满了美好的想象与期待。入门后再往里走，"见白石崚嶒，或如鬼怪，或如猛兽，纵横拱立，上面苔藓成斑，藤萝掩映，其中微露羊肠小径"（《红楼梦》第十七回），这种布局不但不会让人的期待落空，还会激发人饶有兴味地去探幽。在园中，贾政居然迷了路，一会儿是青溪当道，一会儿是大山阻路，一会儿又是豁然开阔的大道。在结构布局上，大观园正如江南的真山真水一般，时而曲径通幽，时而柳暗花明。实际中

---

　　①　金学智：《苏州园林》，第176—177页。

的江南园林虽没有大观园那么理想，但也多是在尽力达到这样一种境界。花草、树木、山石、小溪、假山、水潭、蹊径等是致曲致隐的基本手段，花草竹树，纷然杂呈，可以构成细部之隐，也可以造就"小园香径独徘徊"（晏殊《浣溪沙》其三）的幽趣。若是时代久远，树木古秀，绿阴蔽空，再加上嬉戏于花草竹树间的鸟雀，便又多了一分野趣。隐秀之美向人们显现的是藏与露的辩证法。唐志契《绘事微言·丘壑藏露》写道："画叠嶂层崖，其路径、村落、寺宇……更能藏处多于露处，而趣味愈无尽矣。盖一层之上，更有一层；层层之中，复藏一层。善藏者未始不露，善露者未始不藏。藏得妙时，便使观者不知山前山后，山左山右，有多少地步。"建造各式各样的窗是藏与露的辩证法的精彩运用。

　　江南园林中的窗主要有花窗、漏窗、空窗、洞门等，这些窗本身就是做工精美的艺术品，同时也能为其他景物创造更好的审美效果，所以金学智称其为"审美之窗"。花窗一般建在墙壁上，砖框内装上具有优美图案的木质花边框，既可采光，又可观景。花窗一般正对较为亮丽之景，可以对景观起到裁剪作用，露出最精致的，隐去杂芜之处，从而构成方形、六角形、八角形等不同形式的框景，形成一种自然美与人文美的绝妙配合。漏窗与花窗的不同之处在于漏窗有窗棂，而且多内嵌玻璃，可采光、防风、挡雨、避寒暑，实用功能较大，同时在窗棂的遮挡下窗外景物也可以造成一种虚灵的朦胧美感。空窗和洞门主要发挥的是审美功能，王朝闻在论及其审美效果时说："窗口仿佛是窗外疏竹的画框，但这毕竟不同于看画。第一，这种天然图画自身是在运动着；第二，观赏者的立脚点的转换使'画框'中的'图画'也起着变化……设计者对游人的审美活动提供了对象，起着引导观赏的作用。游人拥有自由选择或重新剪裁的可能性，这既表现了设计者那出众的艺术才能，也是他尊重游人需要发挥主观能动性的具体表现。"（《神遇而迹化》）从审美主体的角度看，空窗和洞门为欣赏者提供了不同的观赏视角，表现出园林设计者对观赏者极大的信任与尊重，这种审美上的平等与自由精神在封建专制时代是难能可贵的。从审美对象来看，空窗和洞门通过隐与露对景物进行了新的组合，化解了一望无际所可能带来的平板与单调，体现了古人处处追求隐与秀的动态审美趣味和格调。

　　置身于江南山水之中，常有"空山不见人，但闻人语响"（王维《鹿柴》）的感觉，这是江南山水曲折迂回，林木茂盛，交互掩映所致。江南园林的建造特别注重突出江南真山水的这种特点，而苏州园林可谓通过花木、山石、建筑交互掩映孕育隐秀之美和显现江南真山真水之美的典范。总之，花草树木、小桥流水、曲廊环山，欲藏还露，欲露还藏，铸就了中国古典园林"合景色于草昧之中，味之无尽；擅风光于掩映之际，览而愈新"（笪重光《画筌》）的美学风范。

四　中国古典园林美学的逻辑结构：园墅—文辞—江南山水

　　自古以来，园与文结下不解之缘，特别是文人园林总是在以其文之意与园之景来构建园之境，以其文之雅与园之清来排斥物之俗。拿苏州沧浪亭来说，其名即源于古老的民歌（《沧浪歌》）。一个美丽的名字已足以把沧浪亭带入深邃的历史之中，让人生出无穷联想。亭名与亭柱之楹联"清风明月本无价，近水远山皆有情"的配合也增加了沧浪亭的深长意味。沧浪亭亭柱对联的形成是多位诗人智慧的结晶，苏舜钦有《过苏州》诗云："绿杨白鹭俱自得，近水远山皆有情。"苏舜钦非常喜欢苏州园林，并有幸以四万钱购得闻名天下的沧浪亭，这让也很喜欢苏州园林的欧阳修极为羡慕，便赋诗云："风高月白最宜夜，一片莹净铺琼田。

清光不辨水与月，但见空碧涵潋滟。清风明月本无价，可惜只卖四万钱。"（《沧浪亭》）至清代，梁章钜将欧、苏之诗各选一句，将其镌刻于沧浪亭的石柱上，与沧浪之名一道向世人诉说沧浪亭的千古风流。其他如拙政园取自潘岳《闲居赋》中的"拙者之为政也"，网师园"集虚斋"取自《庄子·人间世》："唯道集虚，虚者，心斋也。"网师园万卷堂前门楼的字碑"藻耀高翔"四字取自《文心雕龙·风骨》，留园的"不二亭"取自佛经《维摩诘所说经·不二法门品》中的"如我意者，于一切法无言无说，无示无识，离诸问答，是为入'不二法门'。"（《华严大疏钞》卷9）凡此种种，经史子集，诗词歌赋，都是园林文辞的营养源泉。

园林在文辞中得到升华，并以其文辞之美而名扬天下，这样文辞就成了园林不可或缺的部分。然而，文辞对于园林难免有溢美之处，再加上有的园林在设计和建造上图解文字，失了自然条理，从而导致艺术表现上的失败，这就常常使慕名而来的游客产生一种心理落差。明代学者顾天叙《晚香林记》中写道："今之好事家，不远千百里，陆辇水运，致石园圃，砰人巧以夺天工，岂知人不胜天，假不胜真，而石之当于予者，正喜其天真自然，纯以拙胜也。于是先构小亭，曰石浪，拟其容也。"顾天叙认为，过分的人工雕饰往往效果适得其反，所以园林建筑当合于心意又随顺自然。事实上，大部分园林建筑中都存在着人工雕琢无法企及自然天真的缺陷，这就使人们对讴赞园林的文辞产生了一定的反感。王世贞《古今名园墅编·序》中指出："凡辞之在山水者，多不能胜山水，而在园墅者，多不能胜辞，亡他，人巧易工，而天巧难措也。"在王世贞看来，自然美是无与伦比的，像园林这样的人工雕琢之美永远也追赶不上丰富多彩、妙趣横生的大自然，即使是借助于高度自由的语言艺术，人们也说不尽大自然的精妙。从许多古人论及园林之美的文献资料中我们可以发现，中国古典美学视野下的三个重要审美对象园林、园林文学和江南山水三者之间具有这样一种明确的逻辑关系：园墅—文辞—江南山水。在这个逻辑秩序中，自然山水处于美的最高层次上，其次是园林文学，园林文学的审美价值要高于园林本身的审美价值。曹雪芹在《红楼梦》中对大观园①的描写与品评可谓上述园林美学观在园林审美实践中的一次具体运用。比如关于园林中的建筑与周边环境的关系，曹氏认为最重要的是相互协调，形成"天然"之趣。曹氏的这种思想主要体现在贾宝玉对"茆堂"的品评上，对于"茆堂"，贾政以为有"清幽气象"，宝玉则认为有失"天然"。宝玉说："却又来此处置一田庄，分明见得人力穿凿扭捏而成。远无邻村，近不负郭，背山山无脉，临水水无源，高无隐寺之塔，下无通市之桥，峭然孤出，似非大观。争似先处有自然之理，得自然之气，虽种竹引泉，亦不伤于穿凿。古人云'天然图画'四字，正畏非其地而强为地，非其山而强为山，虽百般精而终不相宜……"曹雪芹崇尚天然之美，认为天然之美远远高于人工雕琢，因此园林建筑虽然是人工所为，却应当以天然为审美理想和尺度。曹雪芹所理解的天然并非只是"天之自然而有"，而是"有自然之理，得自然之气"，是自然的精神和规律。另外，关于景致的命名，曹氏也认为应当与实际景致契合，虽然以文辞命名景物少不了艺术家的想象，实际景物很难达到文辞构建的境界，但既然命名是针对具体景物而言的，就必须本于现量直觉，不能浮泛，否则这种命名就失去了美化景物的意义。比如在蘅芜

---

①　大观园原型究竟在哪里，至今仍然是"红学"界悬而未决的问题，俞平伯认为在北京，胡适承袁枚的说法认为大观园就是随园，周汝昌认为是恭王府，台湾学者赵冈则认为是江宁织造署行宫西花园，等等，对于这些差异很大的说法，本书未作文献与实物上的考证，而只是从文学形象塑造的虚构性、理想性和对文本阅读的实际感受上探讨《红楼梦》中通过大观园所显示的园林美学思想与江南山水的关系。

苑，分别有两人作了对联，其一为："麝兰芳霭斜阳院，杜若香飘明月洲"，其二为："三径香风飘玉蕙，一庭明月照金兰"。对于这两副对联，宝玉评论说："此处并没有什么'兰麝'、'明月'、'洲渚'之类，若要这样着迹说起来，就题二百联也不能完。"于是宝玉对了"吟成荳蔻才犹艳，睡足荼蘼梦也香"（以上引文均引自《红楼梦》第十七回）的对子，这副对联虽然也是虚构，但是因为实际的环境是"五间清厦连着卷棚，四面出廊，绿窗油壁"，甚是清雅，是一个品茶、饮酒、操琴、读书和睡眠的好地方，所以对联内容虽为虚构却不勉强，甚至可以激发观赏者对此景观的进一步想象，从而提升了这一景观的审美价值。其他如"曲径通幽处"、"沁芳"、"有凤来仪"、"杏帘在望"、"蓼汀花溆"等的命名，都体现出了这种"园墅—文辞—江南山水"审美逻辑。总的来说，在曹氏的园林美学观中，优质的江南山水是一切人造园林的蓝本，也是人造园林的理想，园林只不过是江南山水的缩略形式，而园林中的文辞应当和具体景观相适应，这样才能提升景观的审美品质。曹氏的园林美学观是基于对江南山水审美特征的深层把握，它进一步摆正了山水、文辞与园林的关系，要求人工创造遵循自然规律，体现出自然的精神。曹氏的这些园林美学思想是明清时期中国园林美学思想已经成熟的重要标志之一。

通过上述分析和论证，可以看出，江南山水在中国古典园林形成和发展过程中主要起到了三个方面的作用和影响：第一，决定了中国园林美学的基本逻辑。第二，推动了中国园林在审美倾向上由富贵型向写意型的转变。第三，确立了中国园林具有象征意味的阴柔格调。可以说，江南山水不仅是中国古典园林美学的现实基础，而且决定了它的基本理论内涵和追求。

第三节　中国古典园林建筑的异化形态

园林建筑从其原初意义上讲是通过人工而达于自然的活动，人工是其成形的方式，自然是它的本性，然而，在长期的园林实践中，由于统治阶级穷奢极侈，审美心理病态，审美趣味低下，致使园林建筑中出现了大量背离其本性的异化现象。这应当是中国古典园林美学反思和批判的重要内容和主要对象。

一　堆金积玉帝王宫

春秋时期，吴王阖闾大兴土木，建造苑囿别馆三十多处。《吴郡图经续记·城邑》载："当吴之盛时，高自矜侈，笼西山以为囿，度五湖以为池，不足充其欲也。故传阖庐秋冬治城中，春夏治城外，旦食纽山，昼游苏台，射于鸥陂，驰于游台，兴乐石城，走犬长洲，其耽乐之所多矣。"吴王夫差更是贪婪，所建台榭陂池的规模与数量远远超过了前代："吴王夫差筑姑苏之台，三年乃成。周旋诘屈，横亘五里，崇饰土木，殚耗人力，宫妓数千人。上别立春宵馆，为长夜之饮，造千石酒钟。夫差作天池，池中作青龙舟，舟中盛陈妓乐，日与西施为水嬉。吴王于宫中作海灵馆、馆娃阁，铜钩玉槛，宫之楹槛皆珠玉饰之。"（《述异记》卷上）这些园林的建成虽然满足了当权者过奢侈生活的欲望，却消耗了国家大量财力、物力，给普通百姓造成了沉重的生活负担。

六朝时期，北方的曹魏政权追摹汉代西京之制，建造了华林园、铜爵园、西园等，规模宏大，富丽堂皇。江南的孙吴政权所建园林虽然与北方园林的巨丽特征不同，但同样耗费了大量的财力，东吴末代皇帝孙皓为营造昭明宫和御花园，令两千石以下官员皆亲自入山督工伐木,《建康实录》载:"（孙皓）起土山,作楼观,加饰珠玉,制以奇石。左弯崎,右临硎。又开城北渠,引后湖水激流入宫内,巡绕堂殿,穷极伎巧,功费万倍。"（《建康实录》卷4）在北方,自然条件不好,只能以人工来补自然之不足,如《西京杂记》载:"茂陵富人袁广汉,藏镪巨万,家僮八九百人。于北邙山下筑园,东西四里,南北五里。激流水注其内,构石为山,高十余丈,连延数里。养白鹦鹉、紫鸳鸯、牦牛、青兕,奇兽怪禽委积其间。积沙为洲屿,激水为波潮,其中致江鸥、海鹤、孕雏、产殻,延漫林池,奇树异草,靡不具植。屋皆徘徊连属,重阁修廊,行之移晷不能遍也。广汉后有罪诛,没入为官园,鸟兽草木皆移植上林苑中。"（《西京杂记》卷3）北方皇家园林基本上是按照江南山水形态来设计的,这就等于说要在北方以人工打造一片江南,其工程之浩大可想而知。如清王朝为了建造圆明园,倾全国物力,征集了无数精工巧匠,为了使其显现出江南水乡的柔媚特色,只能挖地造湖,运石堆山,总占地350公顷的圆明园仅水面面积就达140公顷。同样,北京颐和园以杭州西湖为蓝本,为了营造这片"塞上江南",慈禧太后不惜以筹措海军经费的名义动用3000万两白银。然而这些用国家力量、人民的血汗建造起来的园林,普通百姓却无缘一睹其风采。随着清王朝的彻底灭亡,颐和园回到了人民手中,但被八国联军烧毁的那个"万园之园"却只留下一片残骸诉说着封建时代的奢侈与罪恶。

二 争风夸富豪门庐

魏晋以后,建造私家园林逐渐成为社会风尚,高官显贵、巨贾富商多不惜重金建园,以炫耀门庭和夸富,由生活的享受演化为极端的奢侈与糜烂。西晋时较为有名的士人裴楷、陆机、王衍、潘岳、王戎、张华、何劭等都建有自家的园林，而且这些园林成为他们平日间互相攀比的重要项目。如张华与何劭曾以诗赠答，表达"比园庐"的快乐。何劭《赠张华》曰："俯临清泉涌，仰观嘉木敷。周旋我陋圃，西瞻广武庐。既贵不忘俭，处有能存无。镇俗在简约，树塞焉足摹？在昔同班司，今者并园墟。私愿偕黄发，逍遥综琴书。举爵茂阴下，携手共踌躇。奚用遗形骸，忘筌在得鱼。"张华也以诗回应："自昔同寮寀，于今比园庐。衰夕近辱殆，庶几并悬舆。散发重阴下，抱杖临清渠。属耳听莺鸣，流目玩儵鱼。从容养馀日，取乐于桑榆。"（《答何劭》）比园庐、并园墟，奢华的私家园林成为这些同朝为官的士人们交往和议论的重要内容，他们标榜自己要"偕黄发"、"综琴书"，过一种世外桃源式的生活，骨子里却挥不去向别人炫耀的欲望，于是大家比逍遥，比自在，好像谁的园子最逍遥自在谁就是最雅致的人。可是世人从这些看似潇洒、超脱的文辞之中看到的却是一个个狭隘、庸俗的灵魂。

私家园林在数量和规模上的快速发展使最高统治阶级感受到声誉和权威受到了挑战，所以明初政府对宫室、王府、百官宅第和庶民庐舍等的建制作出了严格的规定，试图用政治手段来维护尊卑上下各有等差的建筑规模、式样和秩序。乾隆《震泽县志》载："邑在明初风尚诚朴，非世家不架高堂，衣饰器皿不敢奢侈，若小民咸以茅为屋，裙布荆钗而已。即中产之家，前房必土墙茅盖，后房始用砖瓦，恐官府见之以为殷富也。"这是明初江苏吴县的情况，全国其他地方的情况也大致如此。不过，这种政治制度的效力并不能持久，明嘉靖以后，江南地区民间奢侈风气流行，在住宅和园林建筑方面也有了充分表现。晚明文人范濂称："松江士宦富民竞为兴作，朱门华屋，峻宇雕墙，下逮桥梁、禅观、牌坊，悉甲他郡。"（《云间据目抄》卷5）在杭州，民间富商更是"踵事奢华，增构室宇园亭，穷极壮丽"（张翰《松窗梦语》卷7）。明人唐锦评论说："江南富翁，一命未沾，辄大为营建，五间七间，九架十架，犹为常耳，曾不以越分为愧。"（《龙江梦余录》卷4）明清时期，江南地区建造私家园林之风极为盛行，缙绅富室"好亭馆花木之胜"，每于宅内或湖山秀丽之处构筑园林，是故江南园林数量众多，匠心独具，百花争艳。早在成化年间，苏州即已"亭馆布列，略无隙地"（同治《苏州志》卷3）。明清两朝，杭州城内园林最多时达271处，有"城里半园亭"之说（顾禄《清嘉录》卷2）。园林之好几风靡于江南所有城镇，嘉定县城及南翔镇即有汪园、唐园等10余所，昆山在明代成化至正德年间兴建的园林就有郑氏园、南园、依绿园等12处。其中昆山遂园、常熟燕园、海宁遂初园等皆称誉一时。私家园林规模不一，大部分小巧玲珑，于方寸处展现大自然；也有占地极广，至达数十顷者。因为造园成风，富人豪室竞相攀比，一园之设，少则白银数百、千两，多则有万金之数，如松江朱文石不惜"用冬米百担买何柘湖一石，名青锦屏，四面玲珑……移置文园，特建青锦亭玩之"（林有麟《素园石谱》卷4）。仪真汪园，仅"辇石"一项，即"费至四五万"（《陶庵梦忆》卷5，《于园》）。明代何良俊曾对三吴城市建园风气作过这样的评论："凡家累千金，垣屋稍治，必欲营治一园。若士大夫之家，其力稍羸，尤以此相胜。大略三吴城中，园苑棋置，侵市肆民居大半。然不过近聚土壤、远延木石，聊以矜眩于一时耳。"（《何翰林集》卷12）在这种跟风夸富心理的支配下，民间建园早已失去了那份亲近自然的淡泊和高贵，表现出来的多是浅薄的虚荣与庸俗。对此，一些真正有美学品位的文人提出了尖锐的批评，沈德潜《兰雪堂图记》云："西邻之拙政园，据于镇将，归于相君，其穷极奢丽，视兰雪直邾莒耳！然熏天之焰，倏焉扑灭，易三四主，而莽为丘墟，荡为寒烟。即欲寄之图画，而狐兔纵横，不堪点笔。岂非汰侈者速亡，而富贵之不可长存欤？"兰雪堂是拙政园东部的主要厅堂，堂名取意于李白"独立天地间，清风洒兰雪"（《留别鲁颂》）的诗句，始建于明崇祯八年，据园主王心一《归园田居》记载，兰雪堂"东西桂树为屏，其后则有山如幅，纵横皆种梅花。梅之外有竹，竹临僧舍，且暮梵声，时从竹中来"，淡泊幽雅。从沈德潜的图记来看，兰雪堂当初是不属于拙政园的，后来被并入了拙政园。王心一是明代著名画家和学者，为官清正廉洁，但却多遭贬斥，沈德潜对其非常敬重。通过两园命运变迁的比较，沈德潜提出"园以人重"，以园养德，而对于炫贵夸富，以及把园林作为奢侈生活的场所等行为深表不满，并进行谴责。清代学者汪琬《姜氏艺圃记》云："吴中园居相望，大抵涂饰土木，以贮歌舞，而夸财力之有余，彼皆鹿鹿妄庸人之所尚耳。行且荡为冷风，化为蔓草矣，何足道哉！"从汪琬的记述中我们可以看出，越是到封建社会后期，造园中的异化状况越严重。杭州胡雪岩故居的建造就是典型一例，当年胡雪岩以重金购得杭州元宝街这一绝佳的风水宝地，耗巨资兴建"江南第一豪宅"，据说动用白银 50 万两以上，网罗了当时的能工巧匠，选用珍贵的建筑材料建造，砖雕、木雕、石雕、灰塑无品不精，紫檀、酸枝、楠木、银杏、南洋杉、中国榉无材不珍。故居内亭台楼阁富丽堂皇，布局巧妙，雕刻彩绘精美绝伦，园林造景玲珑秀气，家具陈设豪华气派，院中有一水池竟用黄铜铺底。胡雪岩故居西部有一个占地约 1342 平方米的园林式庭院——芝园，这是胡雪岩故居中的山水华章。碑廊、石栏、曲桥、碧池、水中亭、影怜院、御风楼等，步步为景，处处显胜。芝园的最南端是一个怪石嶙峋高达 16 米多的大假山，假山中隐藏着一座目前国内最大的人工溶洞，当年胡雪岩为造这假山竟花了白银 10 万两，还特意从京城的亲王府请来筑假山的顶尖高手主持设计，他要将西湖山水浓缩于其中，化天下景为家中景。但是，随着胡雪岩事业上的失败，这座豪宅也几经易手，日见破败，再次验证了"汰侈者速亡"的道理。

第 五 章

江南山水托起的宗教审美文化

　　如果把儒教排除在严格意义上的宗教之外，那么在中国古代最为流行的宗教就是佛教和道教了。佛教和道教在中国的传播遍布大江南北，而江南最盛，这是因为江南的清秀山水和充盈的物质财富不仅为常人所需要，也为佛僧道仙们所钟爱。拿佛教在整个中国的发展情况来说，活跃在江南地区的南禅宗在佛教各派中独领风骚，占尽了上风，造成这种情况的原因固然很复杂，但其中很重要的一条应当是南禅宗追求涅槃境界的方法与江南的自然、社会环境相适应，正所谓适者生存。"禅，本是梵文'禅那'的简称，鸠摩罗什意译为'思维修'，即运用思维活动的修持；玄奘意译为'静虑'，即宁静、安详地深思。"[①] 南禅宗更加强化和突出了"禅"的混融直觉特征，主张以正观与妙悟之法追求涅槃境界，即"怀六合于胸中，而灵鉴有余；镜万有于方寸，而其神常虚"，"即群动以静心，恬淡渊默，妙契自然"（僧肇《涅槃无名论·九折十演者·妙存第七》）。这是一种梵我合一的非理性的宗教思维，同时也是一种审美思维，进入此种思维状态必须要有虚静的心境，而江南山水的清幽、宁静、温润、空灵最宜于促

---

① 　杜继文：《中国禅宗通史》，江苏人民出版社 2007 年版，第 22 页。

成人的这种心境。于是，众多的高僧畅游于江南山水之中，或于理想处驻足而居，妙悟涅槃。如晋代僧人于法兰，"性好山泉，多处岩壑"，"后闻江东山水剡县称奇，乃徐步东瓯，远瞩嵊嵊，居于石城山足"（《高僧传》卷4）。其他如支遁、于道邃、于法开、昙谛、释超进、释法瑶等都有林泉之好。有"诗佛"之称的唐代山水诗人王维，后半生笃信南宗禅，一方面身历祖国的千山万水，另一方面又于山水画的创作中"游戏三昧"（《山水诀》），在诗歌创作中也是借山水句句入禅。中唐后期，盛传有"小太宗"美誉的唐宣宗也撇开军政大事，"密游方外，或止江南名山，多识高道僧人"。（《北梦琐言》卷1，《再兴释教》）可见江南山水对佛教发展的影响之大。道教在江南的规模和信众虽不如佛教，但其历史要比佛教更为久远。禅宗进驻江南最早可以追溯到三国时期。公元247年，僧侣康僧会至建业，"佛教史籍都将康僧会的传教活动作为江南佛教的开端"①。而道教在江南的历史则可以追溯到两千多年前。据柳宗元《龙城录·刘仲卿隐金华洞》记载，西汉元帝时（公元前48年至公元前33年）大将军刘仲卿在遭贬后曾隐居浙江金华山"仙洞"中修炼，得道后常在"中元日来降洞中"施法术济贫，成为当时很有影响的方士②。公元238年天台道士葛玄在天台山栽茶，其侄孙葛洪则于江南山水最灵秀空明处精思、炼丹。齐梁时道士陶弘景曾脱朝服，辞官隐居，徘徊于茅山、瑞陶山和永嘉楠溪江之间，以听松涛、吟咏

① 杜继文：《佛教史》，江苏人民出版社2006年版，第135页。
② 如果以张道陵创立五斗米道为道教的真正开始，那么这些方士显然不能算是严格意义上的道教徒，但是它们秉承了道家的基本精神，与后来道教中的法师又十分相似，按英国汉学家李约瑟的说法，"方士就是道地的法师"（见李约瑟《中国古代科学思想史》，江西人民出版社2006年版，第153页），所以，早期方士可以视为道教徒的前身。

为乐，梁武帝遇有朝廷大事往往以书信与他商讨，陶弘景由此而获"山中宰相"的美称。总之，在唐代以前，江南名山已多为佛僧道仙集居之地，他们通过在江南山水间的传教活动和各自独特的山水之悟对世俗社会的政治和文化产生了广泛而深刻的影响。

第一节　宗教开山结庐与江南山水之美的进一步发现

当世俗社会留恋于繁华都市，热衷于功名利禄之时，佛僧道士们却迈开他们的双脚，坚定不移地走向大山深处，啸傲山林、吟风弄月，那些在俗眼中寂寞荒凉、野兽出没的地方，出家人却视之为清净美好的世界，并对这个世界中的一草、一木、一花、一鸟细细品读，在品读的过程中，他们发现了"一芥一佛陀，一花一世界"，看到了碧溪月，演奏出了松间琴，建造了青莲宇，敲响了东林钟，从这个意义上说，江南山水之美是佛家和道家发现的，甚至可以说是他们创造出来的。

一　宗教开山结庐与江南山水之美的进一步发现

佛教和道教入驻江南地区的高山丛林和深谷幽地，客观上使得原来人烟稀少的山林川泽逐渐得到了开发，这不仅推动了江南经济的发展，而且促进了人们对江南山水之美的进一步发现。以浙江为例，自佛教传入，山阴、章安等县出现佛寺以来，到南朝几乎每一个县都建了佛寺，其中吴会佛教最兴盛，佛寺最密集，"在吴会及其边缘地区，佛寺多达 434 所，占南朝佛寺显示总数（855 所）之半"[①]。同时，道教也在江南地区创建了数量众多的

----

① 张弓：《汉唐佛寺文化史》，中国社会科学出版社 1997 年版，第 63 页。

道观,像江西龙虎山、安徽齐云山等道教名山上都是道观林立。佛、道二教之所以钟情于江南山水,原因是多方面的。首先,这是由佛、道二教的世界观决定的。佛教中有一种很有影响的说法,即世界的中心是须弥山,山上"生种种树,树出众香,香遍山林"(《长阿含经》卷18),大神妙天和各位贤圣便住在山上,而山的四周则是广袤的海水。这种观念深深地扎根于佛教徒心中,千百年来铸就了他们不变的山水情结。山不仅是佛教的诞生地,也是佛教徒的心灵归宿和家园,佛教从它诞生的那一天起就与青山秀水结下了不解之缘。与佛教相比,道教更看重现世的幸福,其许诺于信众的理想世界"太清境"、"上清天"从本质上看无非是与一般世俗生活略有不同的清静山林,其感召信徒的理想人格即所谓仙,而仙从其字形上看就是人迁入山。在道教的诸多仙境故事中,修道者多是于山中得道,如崆峒山为广成子修炼得道之地,传说被道教尊为远祖的黄帝也曾登临崆峒山问道于广成子,故崆峒山被誉为道家第一名山。又如道教创始人张陵学道于鹄鸣山,显道于青城山,并于青城山羽化而登仙。道教崇尚自然,以返璞归真为宗旨,所以道教膜拜的神仙都居住在人迹罕至的名山洞穴中,这些洞穴均被看作是能给信众带来幸福的"洞天福地"。道教的"洞天福地"之说从东晋时兴起,起初为十大洞天,后增为三十六洞天、七十二洞天,这表明道教的影响与活动范围在日益扩大。在十大洞天中,赤城山洞(号"紫玉清平天")、括苍山洞(号"成德隐玄天")、委羽山洞(号"大有空明天")等三大洞天在浙江,林屋洞府(号"左脚幽虚天")和句曲洞府(号"金坛华阳天")二大洞天均在苏南,也就是说十大洞天中江南居其半,江南山水乃道教的大本营。其次,佛、道二教钟情于江南山水是由其修行需要决定的。佛教的涅槃境界是清净、虚寂,要进入这样的境界,虽然主要靠人的定性,但也受到环境的重要影响。远离尘世喧嚣的大山深处往往具有林海之静、山泉之清、云涛之虚、幽谷之空，天地灵气，自然集成，最适宜于僧人参禅打坐，顿悟涅槃。对于道家来说，道士们修道、练功、炼丹皆需天地精气，而这种精气在那些地幽水秀、峰奇石灵的山中最为充沛。如晋人许迈曾于浙江桐庐县的桓山修道，在这山水清绝之地，他"常服气，一气千余息"（《晋书》卷80）。由于上述原因，魏晋以后，大凡远离城市而又景致优美宜于生存的大山几乎都为宗教占有。如位于四川邛崃山脉龙门山系尾段的天台山，主峰玉霄峰海拔1812米，山顶地形呈长方形的簸箕状，北、西、南三面为削壁山峰，东侧缓缓平延而成平台。特殊的地貌，造就了其冬暖夏凉，四季宜人的气候，既有日出、云海、佛光，又有蜿蜒三十公里的长河所形成的长滩、深潭、叠溪、飞瀑。山上一望无涯茫茫林海，林中古木遮天，灌荆苔藓蔽地，天然植被覆盖率约为95％。正因为这样良好的生存环境，所以从汉代开始，道家便在此处凿洞、筑坛。宋代儒、佛、道"三教合流"，这里的道观、佛寺、官房已达一百多处，形成一座庞大的宗教山城。再次，以江南名山为活动中心，十分有利于佛、道二教获得雄厚的经济支持和产生广泛的社会影响。江南山区不仅环境优美，起居舒适，而且物产丰富，有充足的物质供给，山下良田相连，人口众多，可以广招门徒，并影响社会各个领域，各个阶层。南宋时官方指定的佛教"五山十刹"尽在江南："余杭径山，钱塘灵隐、净慈，宁波天童、育王等寺，为禅院五山。钱塘中竺，湖州道场，温州江心，金华双林，宁波雪窦，台州国清，福州雪峰，建康灵谷，苏州万寿、虎丘，为禅院十刹。又钱塘上竺、下竺，温州能仁，宁波白莲等寺，为教院五山。钱塘集庆、演福、普福，湖州慈感，宁波宝陀，绍兴湖心，苏州大善北寺，松江延庆，建康瓦棺，为教院十刹。"（《七修类稿》卷5，《五山十刹》）另外世人普遍认可的中国佛教四大名山，即山西五台山、四川峨眉山、浙东普陀山、皖南九华山，这四大名山中，江南居其二。这种宗教名山的分布格局与中国经济力量的分布和社会文化势力的分布正相吻合，这绝不是一种偶然。

各种宗教势力对江南山川的开发同时也是一种美学"发现"，尽管这种"发现"开始多带有对这些山川景物实现精神性占有的目的，但客观上丰富了自然山川的审美意蕴，促进了我国山水审美文化的创造。江南名山在其成名的过程中多伴随着这种宗教式的美学发现。如安徽齐云山的盛誉固然是因了它"一石插天，直入云端，与碧云齐"的自然形质，但是，另一个重要原因是山下的河流与小村自然地形成了"阴阳"两极和"鱼眼"，这一玄机被著名道士张三丰看破并将其创建为道教活动中心。很多人来这里不是为了欣赏齐云山的丹霞地貌，而是为了一睹其世界上最壮丽的天然太极图风采。位于江西省鹰潭市贵溪境内的龙虎山，"两山相峙，山峰屹然，状如龙虎，当溪中流"（《太平寰宇记》第5册卷107），而龙虎山被"发现"也与道教有直接关系。清人娄近垣撰《龙虎山志》上说，龙虎山本名云锦山，道教创始人张道陵漫游至此，被这里秀美的山峦、葱茏的树木和蜿蜒的碧水深深地吸引，乃结庐而居，筑坛炼丹，三年后炼成神丹，"丹成而龙虎见"，于是云锦山更名为龙虎山。外地人对龙虎山的认识多是缘于拜访这里的著名道士或参与这里的宗教活动。《水浒传》第一回"张天师祈禳瘟疫，洪太尉误走妖魔"中有一段对龙虎山的描写："根盘地角，顶接天心。远观磨断乱云痕，近看平吞明月魄……千峰竞秀、万壑争流。瀑布斜飞、藤萝倒挂。虎啸时风生谷口，猿啼时月坠山腰。恰似裁黛染成千块玉，碧纱笼罩万堆烟。"如果不是为了请求张天师"祈禳瘟疫"，洪太尉也不大可能千里迢迢从京城开封来到江西的大山深处，欣赏龙虎山的雄姿。

在交通尚不发达的古代社会，宗教活动成为一种吸引普通人观光江南山水，欣赏江南神韵的重要方式。普陀山在元代时成为名山，首先是佛教在佛经中找到了在此兴佛的依据。《华严经》中有"南方有山，名：补怛洛迦；彼有菩萨，名：观自在"（卷67，《八法界品第三十九之九》）的说法，其"补怛洛迦"的梵语发音与普陀音近，又传说中有"普怛落伽，华言白花"（陆容《菽园杂记》卷12），而恰好普陀山上长着许多白色的山矾花。由此，一座名不见经传的海外小山在元代时开始成为我国的佛教名山。屠隆《补陀洛迦山记》中对当时普陀景况有这样的描绘："上自帝后妃主，王侯宰官，下逮缁侣羽流，善信男女，远近累累，无不函经捧香，搏颡茧足，梯山航海，云合电奔，来朝大士，方之峨眉、五台有加焉。"从社会环境方面看，佛教之所以在普陀山上做文章，是由于两宋经济和政治重心的南移促进了佛教活动重心的南移，特别是到南宋时，杭州成为首都，客观上需要在一个合理的距离上找一处让达官显贵从事宗教活动的场所。同时，宋代开始，航海事业发达，海上充满风险的生活使沿海渔民和商人心理上需要神灵的庇佑。从这两方面看，普陀山的确是一个比较理想的地方。而庐山能成为"江右第一名山"，也源于其在东晋时成为佛教活动的中心。清人欧阳玄指出："迨东晋末，山之南北，名刹迭兴，远公居东林，陶渊明居栗里，与陆修静辈日见称述，然后庐山之胜昭著人耳目矣。"（毛德琦《庐山志》卷1）佛教在庐山建造了大量的佛寺，鼎盛时达三百八十多处，佛教徒们欣赏庐山，热爱庐山，安居于庐山，可谓庐山的真正主人。庐山的佛教名僧还经常以主人翁的姿态广邀天下文士前来参与佛教活动。元兴元年，慧远率众结白莲社，其中就有许多著名文士参加，如刘遗民、周续之等，结社时的《发愿文》就是刘遗民写的。这些文士不仅广播佛教教义，而且还捐资、捐物、捐房

屋等，壮大了佛教的势力和影响，如庐山南面的归宗寺原本是王
羲之的别墅，东晋咸康六年舍给西域僧人达摩多罗作为寺院，唐
元和中，智常禅师复兴重建，遂成禅院。道教在庐山的势力要远
远小于佛教，但其道观也有十八处之多。历代文人多至庐山拜佛
访道，不少人成为这里的常客，苏东坡便是其中之一，他在《记
游庐山》一文中说，山中僧人都认识自己，一看到他便说"苏子
瞻来矣！"并不无得意地作一绝云："芒鞋青竹杖，自挂百钱游。
可怪深山里，人人识故侯。"（《初入庐山》）其他如李白、白居
易、李渤等都多次到访庐山，有时还在这里长住，"手把芙蓉朝
玉京（李白《庐山谣寄卢侍御虚舟》）。总之，在江南山水之美
的发现与江南审美文化塑造过程中，宗教绝对是不可忽视的力
量，尤其是那些矗立在江南山水中的宗教建筑，千百年来一直是
古代文人栖息的场所。

二 相映生辉的宗教建筑与江南山水环境

黑格尔在分析古典型建筑的一般性格时指出，真正的古典建
筑比其他建筑的精神内涵更为丰富，更具有社会性，"这种精神
性的东西就成了建筑的真正的意义和确定的目的"①。镶嵌在江
南山水中的寺庙、佛塔、道观等宗教建筑就属于这类古典型建
筑，它们使道教和佛教那些被社会广泛接受的教义在这些矗立于
江南山水中的别具一格的建筑形式中得到了象征性的表现，在
"小桥、流水、人家"之外别造一种境界。这一境界既带有"小
桥、流水、人家"的影子，又多了一份宁静与高贵，从某种意义
上看，它构成了代表人类在此岸世界最高生存理想的画面。如庐
山大林寺，东晋高僧昙诜住持大林寺五十年，其间精选奇花异

木，遍植云顶峰，这些花木郁然成林，与大林寺相映生辉，使云顶峰更加秀美，故云顶峰又称大林峰。关于大林寺对于庐山的意义，白居易在《游大林寺序》中讲得很真切，文中说，初至大林寺，视其境，但见"环寺多清流、苍石、短松、瘦竹"，"若别造一世界"，在"周览屋壁"后，诗人又感叹大林寺乃"匡庐间第一境"。又如普陀山无论是清雅媚秀还是高峻险奇都无法与陆上名山相比，但殿堂巍峨的普济寺、法雨寺、慧济寺和神圣庄严的南海观音像，再加上海涛声中的晨钟暮鼓、早诵晚唱使一个昔日荒凉的海岛小山成为一座有着巨大精神感染力的建筑与山水融合而成的梦幻般神奇的世界。现代佛学大师太虚在《佛教对于中国文化之影响》一文中指出，佛教建筑虽不如西洋建筑实用，但皆能力求美观，房屋前后的布置，左右的点缀都很美妙，"尤其是寺院之庄严伟大之形式"，"俱能代表崇高坚强之精神"[①]。黑格尔也曾经指出："建筑为神的完满实现铺平道路，在这种差事中它在客观自然上辛苦加工，使客观自然摆脱有限性的纠缠和偶然机会的歪曲。"[②] 中国儒、道、释三教建筑都具有高度重视审美价值和精神引领性的特点，它们和江南山水的结合更加符合人们对于神仙、大道、涅槃等精神事物的想象。

　　在我国长期的山水审美实践中，宗教建筑与江南山水之间形成了一种良性互动关系，这可以从三个方面见出：

　　第一，宗教建筑在江南地区的选址多在山水佳处，单就自然风光而言也具有很强的吸引力，从这个角度看，宗教建筑是凭借自然的魅力来吸引香客和朝圣者的。如浙江天目山很早就被道家列为宇内第三十四洞天——"太微元盖洞天"，唐以来，天目山

---

①　张曼涛主编：《佛教与中国文化》，上海书店1987年版，第32页。
②　[德]黑格尔：《美学》第一卷，商务印书馆1982年版，第106页。

也逐渐成为佛教禅宗圣地，名刹赫然，高僧辈出，震耀于世居，然而，大多数天目山游客是奔着天目山的自然风光而来的。天目山东毗杭州，西枕黄山，俯控吴越，雄镇东南，千峰韶秀，绵延起伏。东西两大主峰，相距十里许，峰顶各有一池，名"天池"，犹如双目仰望苍穹，山名据此而得。天目山分东、西、南、北、中五天目而以西天目领袖群伦。西天目山，峰峦诡异，石磴玲珑，岩崖竦叠，古木参天，奇丽秀绝，甲于东南。更有天造地设的"雷震儿啼"、"云生海变"、"半夜日上"、"重阳飞雪"等灵迹异象，令人俯仰之间，莫知其身之高，其地之迥，脱尘忘俗。而佛教之禅源寺便位于西天目山昭明、旭日、翠微、阳和诸峰之下。寺左清溪回绕，有青龙池微波荡漾，莹然可爱。寺前寺后古木挺秀，苍翠凌霄，浓荫匝地。游人游天目山必经过禅源寺，许多游人本不信佛，但往往被这大山环抱中的宏伟建筑所感染，或许会在佛像前敬上几炷香，磕上几个头，也可能从此成了虔诚的佛教徒。显然，佛教在向世人表现自身价值的时候是充分利用了人们喜爱自然山水的本性和江南山水本身的审美价值。现代著名作家郁达夫游天目山时留下一首诗，颇能代表一部分游客的真实心态，诗云："二月春寒雪满山，高峰遥望皖东关。西来两宿禅源寺，为恋林间水一湾。"（《西天目妙高峰积雪未消因两宿禅源寺》）事实上，佛教在选择佛寺建筑位置时，也往往是首先为那里的环境所折服，如元朝高僧高峰禅师对天目山的吟咏："老翠挂清晓，华滋积富春。江空潮势远，云破月痕新。"（《题鹤山》）相比之下，普陀山对人们的吸引力更大程度上源于山上所展开的一系列佛教活动，但这同样不能抹杀山水环境的魅力。自古以来就有一种民间说法："以山而兼湖之胜，则推西湖；以山而兼川之胜，则推桂林；以山而兼海之胜，当推普陀。"普陀山的标志性佛教建筑是南海观音铜像，铜像背后是莲花洋，舟楫过往，白浪千层，涛声隆隆，上边是蓝天白云，左右是金沙绵亘，远方是古樟苍松翠绿，此情此景再配以南海观音大慈大悲的妙相和轻移莲步款款向我们走来的姿态，很容易使人顿生膜拜之心。

　　第二，宗教建筑做到了人文与自然的完美结合，在不破坏自然基本形态的前提下，将人的艺术创造力表现于自然之中，许多地方的自然山水是因为宗教活动才具有了鲜活的文化灵魂。佛教传入中国首先是在人口集中的城市中产生影响，魏晋隐居之风盛行，使佛寺获得了由城市向山林转移的契机，庐山的许多著名寺庙就是在这一时期形成的。如东晋高僧慧远所建东林寺："远创建精舍，洞尽山美。却负香炉之峰，傍带瀑布之壑。仍石垒基，即松栽构。清泉环阶，白云满室。复于寺内别置禅林，森树烟凝，石蕊落合。凡在瞻履，皆神清而气肃焉。"（《出三藏记集》下卷第15，《慧远法师传》）从城市走向大山深处的佛僧们发现，在江南山水中，山峰、林木、泉石、花鸟相映成趣，几乎处处是人间佛国，简单地造几间茅舍，或借居于岩洞之中便可以传经布道。唐代禅僧懒残歌云："世事悠悠，不如山丘。青松蔽日，碧涧长流。山云当幕，夜月为钩。卧藤萝下，块石枕头。不朝天子，岂羡王侯。生死无虑，更复何忧。"（《南岳懒残和尚歌》）生活如此逍遥，环境这般美好，似乎已经不需要再有更进一步的要求与提高了，尤其是华严寺建成后，安居于其中的寺僧们"兀然无事做"，这种"无为"的心态对于那些膨胀的个人野心和利益追求都具有相当的抑制效力，并非常有利于周边环境保护。杭州的灵隐寺对飞来峰的润色也颇有深意，值得人们玩味再三。灵隐寺位于北高峰下，前临冷泉，面对飞来峰。灵隐寺的创建源于飞来峰的奇丽，相传东晋成和元年印度高僧慧理到此，见山上怪石林立，景色奇异，不禁叹道："此是中天竺国灵鹫山之小岭，不知何年飞来？佛在世日，多为仙灵所隐，今此亦复尔邪！"（《（咸淳）临安志》卷23）于是在山对面建寺，并取名"灵隐"。灵隐寺处在群峰环抱的山谷中，背靠北高峰，面朝飞来峰，寺前一泓清泉流过，使人恍如置身于仙灵所隐之地。苏东坡说自己"最爱灵隐飞来孤"（《游灵隐寺，得来诗，复用前韵》），不知道他是最爱灵隐寺，还是最爱飞来峰，也许，正是因为二者的完美结合才成为这位大诗人的最爱。灵隐寺天王殿正门楹柱上有对联云："峰峦或再有飞来坐山门老等，泉水已渐生暖意放笑脸相迎。"这副对联从一个角度阐释了灵隐寺对于飞来峰的意义：是灵隐寺赋予飞来峰一份神性，正是有了灵隐寺，飞来峰才能够在人们的想象世界中自由翱翔。飞来峰上的冷泉亭，一千多年来一直是文人雅士流连聚会、休憩赏景的地方，如曾经先后于杭州主持政务的白居易和苏东坡都经常在亭上一边饮宴赋诗，一边处理公事。明代大书画家董其昌在亭里的题联名气很大："泉自几时冷起？峰从何处飞来？"这妙句设问引来了不少文人学士在此冥思作答，比较精彩的对答有"泉自冷时冷起，峰从飞处飞来"、"泉自禹时冷起，峰从项处飞来"以上各联见俞樾《春在堂随笔》卷1等。人类对自然与自身存在的思考固然不是由宗教活动决定的，但是宗教无疑为这种存在之思开拓了一个广大深远的世界，在中国这个宗教活动高度世俗化的国度里，宗教活动更大程度上提升了人们诗意栖居的质量："置身于神祇的存在之中，进入一切存在物的亲近处。"[①] 飞来峰高超的佛教石刻艺术就很充分地说明了这一点，飞来峰的石窟是南方石窟的代表，其造像有三个全国之最：一是全国元代造像最多最集中的一处；二是雕造的对象从以佛为主体过渡到以罗汉为主体，成为全国石窟中雕造罗汉最多的

---

① ［德］海德格尔：《荷尔德林与诗的本质》，伍蠡甫、胡经之主编：《西方文艺理论名著选编》（下卷），第583页。

地方；三是汉族地区供奉与西藏喇嘛教有关的佛像最多的地方。由此飞来峰石刻艺术在中国石窟雕刻史上拥有了特殊的地位，在全国也很少有哪座城市能像杭州一样，拥有这么多典型的宋元时期的石刻造像群。当人们置身于这佛像的世界中时，不管你信不信佛，你都会产生一种难以言说的宗教情绪，正如元人白延玉所云："京洛多风尘，到此一洗空。"（《冷泉亭》）总之，由于佛教奇特的猜想和灵隐寺的修建，使得飞来峰已经远非一座纯粹的自然小山，而成为一座闪耀着神性光芒的奇山，而飞来峰精湛的佛雕更增添了飞来峰的骄傲和光荣。

第三，宗教建筑张扬的是神性，表现了人类对神的象征性理解，这些宗教建筑在江南山水之上营造了一片让人的精神仰望的天空。在我国古代传统思想观念中本来就有很强的多神和泛神论倾向，如《礼记·祭法》云："山林、川谷、丘陵能出云，为风雨，见怪物，皆曰神。"在古人的心目中，山林川谷丘陵从来就是神鬼出没的地方，只不过在宗教正式进入这些地方之前，鬼神处于一种混乱无序、与人对立的状态。众多佛教弟子广泛的游历活动和大量佛寺的营建使江南山水成为佛光显耀的地方，但本土神灵并未受到南禅宗的打压，而是在佛教的影响下进入了一种有序状态，并且从与人的对立走向与人的和谐和对人的保护，这使得人们有更充分的理由神化自然山水。如自唐高祖李渊在衡山修建南岳大庙以来，衡山即被称为"江南仙山"，南岳大庙与衡山雄峰共同撑起一种仙境，无数的善男信女来到这里请求神仙的庇佑和帮助。韩愈在《谒衡岳庙遂宿岳寺题门楼》一诗中把天、地、神、人在江南山水中的这种特殊关系写得意味深长，至今尚能给人以深刻的启示。诗中写诸峰之下的南岳大庙如"喷云泄雾藏半腹"，能为时常被云雾笼罩的诸峰开云见日，"须臾静扫众峰出，仰见突兀撑青空"，面对巍峨的南岳大庙，诗人"潜心默祷若有应"，然而当自己"森然魄动下马拜"时，却只见"松柏一径趋灵宫"。以"我"为代表的人、以南岳大庙为代表的神、以南岳为代表的大地、以"青空"为代表的上天在江南这一个特殊的时空中展开了一场有声有色、有滋有味的角逐游戏，在这场各显神通的游戏中人最终明白了自己的角色性质和地位。

新昌大佛寺位于浙江省新昌县城西三里南明山中。这里群山环抱，奇岩突兀，古树修篁，好像一个天然的寺庙。在这个"千仞壁立，嵯峨怪石，环布如城"的地方，由晋代僧护、僧淑、僧佑三代高僧依山崖镌成的石窟弥勒石像最负盛名，石像坐落在石城山仙髻岩的一穴石窟之内，座高 2 米，身高 13.74 米，头部高4.8 米，耳长 2.8 米，鼻长 1.48 米。整个造像并不符合一般佛像制作时各部分之间的比例，但观赏者却感到比例协调，这说明设计者是从观赏效果上重新建立的比例关系。由于佛像巨大，具有多处创造性的技术处理，且能产生震撼人心的视觉冲击力和宗教效果，被南朝文学家刘勰赞为"命世之壮观，旷代之鸿作"（《剡县石城寺弥勒石像碑铭》），后世也将其誉为"江南第一大佛"。石窟之外有建筑宏伟的大雄宝殿，殿外流水淙淙，殿内香雾缭绕，宝像庄严，慈眉善目，微笑着凝视每个"凡夫俗子"。不管人们出自何种目的造访大佛金身，不管你有无思想准备，只要一跨入大殿之门，每个人都会感受到一种莫名的震撼。李白曾将这里的景象描写为："寒钟鸣远汉，瑞像出层楼。"（《石城寺》）吴岳王钱镠称其为："百尺金容连翠岳，三层宝阁倚青霄。"（《隐岳洞》）并相信自己诚心向佛，定会为佛保佑，享有帝尧般的荣耀。已过不惑之年的孟浩然，虽才华横溢，却无缘功名，在"竹柏禅庭古"的石城寺，面对如此神圣庄严的石壁金像，不由生出了"愿承功德水，从此濯尘机"（《腊月八日于剡县石城寺礼拜》）

的心愿。连考十多次才圆进士梦的唐代文人唐彦谦，在此佛境中虽不打算永别尘世功名，但也感叹"宦途劳营营"，希望"暂此涤尘虑"（《游南明山》）。其它如壁刻弥勒大佛、以整个山头雕成的大肚罗汉、五百罗汉谷等，这些神态生动的雕塑在岩间仙乐声中和层层叠叠、富丽堂皇的殿堂相辉映，使绵绵群山俨然成了佛境仙国。

　　佛塔在整个佛教建筑中具有特殊的审美价值，而且这种审美价值往往与其所处的山水环境在互动中消长。首先，塔可以登高望远，欣赏山水之胜。自古以来，人们就有登塔望远的喜好，所以许多古塔在建筑上都注意在内楼层建造方便人们攀登的楼梯，有的还设计了便于人们站立的廊台，门窗开得也尽可能宽敞一些。如南京灵谷寺的灵谷塔就是这样，塔高 66 米，九层八面，各层外面，都围以花岗石走廊，塔的中间建有螺旋形扶梯，可沿梯直登九层。灵谷塔北依巍峨钟山，四面都是苍茫林海，晴日里登塔极目四望，绿松温润如翡翠，烟霭游弋如精灵，当风雨具至时，钟山呼啸，群峰起舞，气势雄伟壮丽，这时风雨飘摇中的佛塔犹如在活灵活现地讲述这个伟大城市悠久的佛教兴衰史。杭州钱塘江上的白塔虽然不高，但与宽阔的江水和浅淡的远山相配合，仍让人有景致浩渺，禅心依依之感。范仲淹诗云："登临江上寺，迁客特依依。远水欲无际，孤舟曾未归。乱峰藏好处，幽鹭得闲飞。多少天真趣，遥心结翠微。"（《过余杭白塔寺》）钱塘景色是江南风光中最为浩渺、大气、高贵、雅致和温润的一部分，无论从哪个角度来看都是十分动人的，有些视角尤其美妙，而白塔的位置就是经过反复考究比对，在充分考虑了人们登临赏景的需要后选择的一个理想位置，这才有了范仲淹"乱峰藏好处"的妙语。如果说登白塔能让人饱览钱塘景致的话，那么保俶塔则是领略西湖风光的好处所，今日的保俶塔为民国重建，重建之前的保俶塔是可以登临的。明代文学家王瀛诗云："千年形胜试来登，雄镇名山几废兴。一柱擎天依斗柄，七层飞桷斗觚棱。声传下界惊风铎，影落西湖见夜灯。更上丹梯最高处，隔江烟树宋诸陵。"（《保俶塔》）也许是身在佛门净地之故，在佛塔之上人们虽然见到的是实实在在的江南风光，却总少不了一种世事缥缈、虚无、空幻的感觉。其次，塔本身非常注意造型和装饰，以强烈的地方色彩和民族特征装点江河湖山，而且佛塔还经常成为园林建筑中重要的造景物，并在历史沧桑中成为著名景观的象征或标志。如杭州群塔中的六和塔、白塔、雷峰塔和三潭石塔等。白塔通体以白石雕造，仿木构楼阁式，高约 14.4 米，八面九层，逐层收分。基座由磐石与须弥座组成，其上每层由塔身、腰檐和平座三部分构成。每层辟壶门，雕出实塌大门。塔檐深远，檐上飞子、筒瓦板垄、勾头、滴水、脊兽等一应俱全。塔顶为铁铸塔刹，由覆莲、宝珠、仰莲等组成。其雕刻皆比例有度，线条洗练，尤其是佛像，形象神态安详，代表了当时佛教雕刻艺术的最高水平。从钱塘江边闸口旁的大道仰望白塔岭，一座白色的古塔从一片绿波中耸然挺出，直指蓝天，如美人出浴。白塔四周绿阴蔽日，芳草萋萋，宁静而肃穆。六和塔位于钱塘江畔月轮山上，又名六合塔，取自佛教"六和合"或"六和敬"（即心和、口和、意和、见和、戒和、悦和）之说。北宋开宝三年（970 年），吴越王钱弘俶患于钱塘江潮水的侵害，建塔以镇江潮，塔身九级，"撑空突兀，跨陆俯川"（张岱《西湖梦寻》）。六和塔巍峨挺拔，庄严宏伟，与滔滔钱塘江相依相望，江风古塔境界雄奇，古人也留下不少登临的诗，如"烂烂沧海开，落落云气悬。群峰可俯拾，背阅黄鹤鸶"（白延玉《同陈太傅诸公同登六和塔》）；"江上浮屠快一登，望中烟火是西兴。日生沧海横流外，人立青冥最上层"（张翯《登塔》）等。六和塔高 59.8 米，塔平面呈八角形，内分七级，外观十三层，塔身内有穿壁螺旋式阶梯，盘旋而上，直到顶层。塔身自外及里，分为外廊、回廊和中心小室，形成内外两环的双筒体结构。每层方形中心塔室仿木构建筑形制，用斗栱承托藻井，室内施各式彩绘。每层辟壶门，线条流畅。甬道回廊壁龛内嵌有《四十二章经》石刻，廊间南门立南宋尚书省牒碑，北面有明朝线刻真武画像碑，三层有《金刚般若波罗蜜经》刻石嵌于壁间。须弥座上雕刻近两百处人物、花卉、鸟兽虫鱼等各式花纹图案，是砖雕艺术的珍贵实物。无论从构建风景的角度还是从艺术创造的角度看，六和塔都是精美绝伦的，而它的这种美又从根本上离不开钱塘江，可以说，如果没有钱塘江的怒涛汹涌，就不会有六和塔的千古风流。白塔和六和塔在很长的历史时期内还有领航引渡的功能，特别是六和塔正好位于钱塘入海的转折江岸，白天停留至此，远远便知潮水将至，而在茫茫黑夜中航行的船只则可以六和塔为标志而无迷航之忧。塔的这种实用价值增加了人们对它的亲情，也在一定程度上丰富了它的审美意蕴。因鲁迅先生《论雷峰塔的倒掉》一文而闻名遐迩的雷峰塔是一座七层八角形的塔。北宋太平兴国二年（977 年），由当时的吴越王钱弘俶建于西湖南岸的夕照山上。雷峰塔建成后，雷峰夕照就成了著名景观。元代诗人尹廷高诗云："烟光山色淡溟濛，千尺浮屠兀倚空。湖上画船归欲尽，孤峰犹带夕阳红。"（《雷峰落照》）1924 年 9 月 25 日，年久失修的雷峰塔残躯轰然坍塌，2002 年秋雷峰新塔建成，千年古迹雷峰塔遗址得到了永久性的保护。雷峰新塔的巍峨塔身，映衬着蓝天；美丽的塔影，倒映在西湖的碧水中，诗情画意的"雷峰落照"景观又回到了人们身边。三潭石塔在西湖整个格局中也具有重要地位，诗云："坡仙鼎立据平湖，天影清涵水墨图。"（尹廷高《三潭印月》）诗中的"坡仙"指的是大名鼎鼎的苏东坡。苏轼任杭州知府期间，疏浚西湖，于湖中立三塔为标志，规定三塔范围内不准种植菱芡，以防湖泥淤塞。苏东坡不愧为一代文豪雅士，本来这三塔不过是一种公共标志物，但他却巧妙地将其做成一道亮丽的景观。后代文人不断以奇妙的想象赋予它们各种内涵，最终凝练出一个"三潭印月"的美名，并留下了无数动人的诗篇和神话传说。每当皓月当空，塔内燃烛，在塔身圆孔上糊上薄纸，烛光从孔中透出，与倒映湖中的明月相映，出现"天上月一轮，湖中影成三"的幽美月景。

与佛教、道教两家相比，儒教活动的舞台主要在世俗社会，所以在江南山水中的势力就小了很多，建筑也比较少，但这并不是说儒教的存在和影响就可以忽略不计，相反，由于儒教在世俗社会中的强大势力，使得它在江南山水中看似较小的据点可以起到四两拨千斤的作用。如庐山著名的白鹿洞书院和濂溪书院就是传播儒家思想的重要阵地，也是儒士们活动的主要场所，这些书院外多有亭阁、楼台、小桥、莲池，院内有诗文、书法，酷似园林，又比一般园林多了一分书香。诗云："一松门外张华盖，五老云中看读书。"（袁枚《白鹿书院》）朱熹、陆九渊、周敦颐等这些大儒们都曾经在这里传播和研讨理学，教授门徒，使静寂的山林中书声朗朗，从而增加了书院建筑和这一方山水的神圣性。书院与四周繁茂的林木、起伏的山峰相映衬，朴实而又格外典雅。朱熹曾经将这泉清石秀、古木参天环境中的读书活动生动地描写为："故作轩亭揖苍翠，要将弦诵答潺湲"，并劝诫弟子们"莫谈空谛莫求仙"（《次韵四十叔父白鹿之作》）。这些书院以及鸿儒们的思想主张一方面宣示了儒家与江南山水之间的和谐关系，另一方面也是给予那些沉迷于佛老之学的人们的当头棒喝。总之，这些坐落在松涛中的书院同众多的寺庙和道观相比，给人的是一种完全不同的感觉，其中最真切而又自然地撩动人们思绪的便是那流传千年的士文化精神。

第二节　宗教对江南山水的物质
控制与精神占有

江南山水的世界性声誉很大程度上源于它的审美文化，这种审美文化创造的重要角色之一便是宗教，这不仅包括在宗教主持下建造的众多的富丽堂皇的宗教建筑，还包括其直接或间接地创造的无数境界清幽的山水诗、山水画。这些优秀的艺术作品和相关的审美活动不仅极大地丰富了江南山水的审美内涵，而且使江南山水从"寂寥之山河"变成了"威仪之渊薮"(《唐才子传》卷3，《道人灵一》)，从险恶之蛮荒走向了灵明之世界。不过，江南山水的这种变化，也从一个侧面反映出了宗教对江南山水日益加强的物质控制和精神性占有。

一　宗教的江南山水纪略与相关神话、仙话故事

汤用彤先生曾经指出："僧人超出尘外，类喜结庐深山。故名山记略，恒于佛史有关。慧远之《庐山记略》、支遁之《天台山铭序》，均为有名。"[①] 高僧道士们云游天下，探幽寻胜，记述山水名胜的传记也应运而生，这在客观上促进了江南山水审美信息的传播，促进了社会对江南山水之美的认识。如北宋时期的道教山志《龙瑞观禹穴阳明洞天图经》中对浙江绍兴射的山、郑洪山的记述：

射的山在县南一十五里。孔晔《会稽志》云：射的山畔有石室，乃仙人射堂。东峰有射的，遥望山壁，有白点如射

---

① 汤用彤：《汉魏两晋南北朝佛教史》，中华书局 1983 年版，第 418 页。

的。土人常以占谷贵贱。故语云："射的白米斛百，射的玄米斛千。"西有石壁室，深可二丈，遥望类师子口，人谓之师子岩，即仙人射堂也（《道藏要籍选刊》第7册，第585页）。

郑洪山在县东三十里。后汉郑洪，字巨君，会稽山阴人也。孔灵符《会稽记》云：射的山，南有白鹤山，此鹤为仙人取箭。汉太尉郑洪尝采薪，得一遗箭。顷，有人觅见，洪还之。问何所欲？洪识其神人也。曰："常患若溪载薪为难。愿朝南风，暮北风。"后果然。故若耶溪风至今犹尔呼为郑公风。亦名樵风（《道藏要籍选刊》第7册，第585页）。

道教将石室、石壁、樵风等大自然的杰作都归之为神功，将普通的自然之物进行了仙化，通过这种仙化或神化，宗教在对这些名山进行物质性控制的基础上实现了对它们的精神性占有。又如在庐山，许多峰名、地名都被打上佛、道的印记，金轮峰、般若峰、佛头峰、佛手岩、文殊崖、文殊台、狮子崖、宝陀岩、罗汉岩、罗汉山、普陀岩等，几乎所有的山峰都贴上了宗教这个超级"垄断企业"的商标。从客观效果来看，佛、道的这些志述和解释对于提升江南山水的审美价值是有积极意义的。首先，这些山水纪略起到了介绍山川地理位置，反映其物产名胜状况和特征的作用，这使得一些鲜为人知的山川被越来越多的人认识和探访。如宋代道士陈田夫"庵居南岳紫盖峰下"，遍游南岳七十二峰，探寻"前古异人高僧岩居穴处灵踪秘迹"，并对"岳山之邃隐，与夫观寺之始末，古今之题咏，有关于胜趣者"（拙叟《南岳总胜集序》）均作了考证和记录，并将其汇编成书，这对于人们全面了解衡山，激发人们对于南岳的兴趣，都很有益处。被袁枚称之为"天下奇才"的清代文人孙星衍说自己因事务多而未能登临南岳，所以常"终日执此编，寻揽名胜，以当卧游"（孙星衍《南岳总胜集叙》），不仅遂了自己"云梦间望衡九面"之愿，而且增长了很多知识。其次，这些山水纪略赋予了江南山水以神性，不仅丰富了江南山水的审美意蕴，而且有效地改善了人们进行山水审美的心理条件。在《南岳总胜集》中，南岳的著名山峰都被配之以与道家有关的神话传说，如关于祝融峰有"祝融栖息于衡阜者是也，融顶形似朱雀头，元气上连，荧星太阳炎老君所治"，并称此峰行天德、正地气，"佐天地长人物"（《南岳总胜集》卷上，《五峰灵迹·祝融峰》）。在云密峰则有"丹霍仙人石室，在峰之西北，凡遇阴晦之夜，有仙灯出见，跳跃如飞烛"（《南岳总胜集》卷上，《五峰灵迹·云密峰》）的说法。除了这些天然的山峰被仙化外，道家的仙观更有神乎其神的相关传说，如关于"招仙观"有这样的记载："五更初，忽闻钟声，众皆惊讶。晓而视之，钟破裂。不旬日，有一道人布衣褴褛，自云能补钟，但需数千斤火。于是烧炭锻钟，道人以掌心镕铜汁，就其裂处摸之，其经焰自暗。众视之而惴。道人入溪洗手，忽失所在，其钟至今有手模之迹。"（《南岳总胜集》卷中，《叙观寺·招仙观》）这个道人补钟的故事有一定的纪实性，但也明显地增加了虚构、夸张的神话色彩，通过这种故事的神化，一个普通的铜钟闪耀出不平凡的光辉，它在深山幽谷中发出的美妙乐音，既让人感奋，又让人沉静，让人感奋的是生命的力量与大自然的生机，而那由钟声传递的山水清音又让人于沉静中寻思世界的意义，感受神性，把有限的生命联系于无限的世界。

　　道教在其走向民众的过程中还虚构了大量普通人得道成仙的故事，铺设了一条普通人进入仙界的大道，塑造了一个个亦人亦神，神人相合的理想形象。这些故事在为秀美的江南山水营造一层神秘氛围的同时，也完成了对审美主体良好审美心理的塑造。

如葛洪《神仙传》中讲到的浙江金华赤松山黄大仙的故事。黄大仙即皇初平，浙江兰溪人，十五岁开始牧羊，因乐善好施，竟能叱石为羊，后来又因长期服松脂茯苓而童颜永葆，并将此法传授他人，使数十人成仙，后人尊之为黄大仙。在金华市赤松山皇初平得道处，南明时就建起了黄大仙祖宫，祖宫大殿占地 1068 平方米，总高 20.88 米，气势宏伟，展现着当年江南道观之冠的雄姿。殿内的黄大仙神像由香樟精心雕刻彩绘而成，不仅神态生动，而且散发出阵阵清香。大殿左右两壁仿青铜的根木浮雕讲述着 1700 年前流传至今并不断创新的有关黄大升仙的传说，神像、绘画、传说、宫殿与清幽素雅的山水环境相得成境，可以起到涤人心魄的作用，正如唐代大诗人陈子昂所咏的那样："鹤舞千年树，虹飞百尺桥。还疑赤松子，天路坐相邀。"（《春日登金华观》）宋代诗人黄庭坚亦云："金华牧羊儿，一粒粟中藏世界"，"庐山秀出南斗傍，登高送远形神开"（《寿圣观道士黄至明开小隐轩太守徐公为题曰快轩，庭坚集句咏之》）。在陈子昂、黄庭坚他们看来，黄大仙的传说真实与否并不重要，重要的是要让这个传说和那清丽的山峰、轰鸣的泉水把人带入"形神开"境界中去，让人们的心灵得以超脱，能够和赤松子这样的神仙心交神会。

浙江衢州有个烂柯山，因"棋终烂长柯"的故事而得名。《述异记》载，晋代衢州人王质，尝入石室山砍柴，在山中，见二人在下围棋，他就站在一旁观看。其中一人给他一物如枣核，令含在嘴中便不饥。局终，二人对他说："你可以回家了。"王质拿起斧头一看，发现柯木已全烂了。他赶紧回家，一打听，才知道世间已过了一百多年了，后复入山仙去。在道教看来，人得到神仙的助佑就可以超越世俗的时间系统进入神仙的时间系统，从而获得长生，"仙界方一日，人间已千年"，类似的仙境故事中其实寄托的都是人类永生和再生的希望。苏东坡在自己的一些诗词中就是借这类仙境故事委婉地表达了自己对人生短暂的遗憾和对神仙不老的羡慕，如其词云：“归去来兮，清溪无底，上有千仞嵯峨。画桥西畔，天远夕阳多。老去君恩未报，空回首、弹铗悲歌。船头转，长风万里，归马驻平坡。无何。何处是，银潢尽处，天女停梭。问人间何事，久戏风波。顾问同来稚子，应烂汝、腰下长柯。青衫破，群仙笑我，千缕挂烟蓑。”（《满庭芳》）相对于短暂的生命而言，人生有太多的愿望无法实现，太多的责任和义务不能践履，想到这一层，似乎人生注定是一场凄凉的悲剧，面对那些逍遥于清溪与嵯峨群山之中长生不老的神仙，诗人感到一种尴尬而又无奈的自卑。浙江永嘉，孙吴时期便已经有了道教活动。传说汉代时，外地人刘根在积谷山结庐而居，炼丹，养气，修身，终于得道登仙，后来，也许是他觉得积谷山飞霞洞太小，便踩着一朵赤霞飞去了五百里之外的天台山。飞霞洞有亭联云：“径开春草池边，寻谢客游踪，苍苔已没；云起飞霞洞口，觅刘仙遗迹，老树犹存。”这副对联显现了一般道教成仙故事的模式：凡人＋精妙山水＋修炼＝神仙。其中远离尘世且能给人以想象空间的山水环境是人修炼成仙第一要素，凡人修炼成仙后并不完全脱离这个环境，而是能够更自由地驾驭环境，所以我们不妨称之为“山水超人”。北宋学者陈淳有一首《仙霞岭歌》，这首歌从一个侧面说明了这些山水超人的审美价值。陈淳认为，那些关于山上住着不食人间烟火的神仙的传说很动听，但浅陋不可靠。不过，这些“清而嘉”的“好语”可以“起人慕”，即利用人们向往神仙生活的心理，激发人的想象力，从而对那些疲惫的游客形成无形的感召力量。道家大量虚构这些山水超人的初衷也许不全在于此，但从现代科技毁灭神话而导致人类灵魂无家可归的社会现实考虑，这些仙话故事抚慰人心，培育人们审美心理的积极意义尤其值得重视和肯定。

与道教相比，佛教的山水神话故事要少得多，而且远没有道教山水神话故事生动。如佛教关于黄山翠微寺古井的传说，故事中讲，众人挖井挖了数十丈深仍不见水，这时来自印度的麻衣僧用他的锡杖朝井口轻轻一划，井中便汩汩涌出了清冽、甘甜的水。在庐山有著名的掷笔峰和虎跑泉，相传慧远撰《涅槃经疏》，疏成而掷其笔，笔卓立虚空不堕，化为掷笔峰。慧远与名士高僧在东林寺后游玩，老虎跑来效劳，掘地成泉，供他们饮用，此泉便是虎跑泉。这些神话和传说从佛教的立场来解释江南山水中的自然现象和宗教器物，目的在于宣扬佛主、菩萨和高僧们的法力和魅力，凡人在其故事结构中无足轻重，甚至可有可无，这种与道家显著不同的山水神话结构反映了佛教轻视现世和人生的态度与立场，而人类对自然的审美活动本质上是一种人类对自然与人生关系的体悟，从这一角度来判断，佛教的山水神话故事的审美价值是无法与重视当下人类生活的道家山水神话故事相提并论的。

二 宗教对江南山水的描绘与咏赞：宗教山水诗画歌赋

由于中国宗教高度的世俗化特征，所以其创作的山水艺术作品与世俗社会的山水艺术作品之间并没有明确的界限，不过，总体而言，其中表现的宗教情绪和思想还是比较明显的。道教的山水审美与艺术创造精神是直接从道家那里继承过来的，道家的艺术精神是与其世界观、人生哲学融合在一起的自由精神，这在《庄子·天下篇》中表述得非常清楚。在庄子看来，"变化无常"是道的本性，也是这个世界的特征，人要在这个世界上生活得幸福，就得适应这个变化无常的世界，而要适应这个世界最好的办法是"不遣是非"，不执著于一端，与世人和睦相处。在世俗生活之外，则应当"独与天地精神往来"，随顺万物。在自我定位上，应当把自己看作一个蒙昧无知的人。在言说方式上，须用"卮言"、"寓言"、"重言"为"谬悠之说，荒唐之言，无端崖之辞"，以突破自我的局促、狭隘，呈现广大而深邃的大道。艺术创造作为人类生活的重要方面，理应发扬光大这个世界的自由精神，"擢乱六律，铄绝竽瑟，塞瞽旷之耳"（《庄子·胠箧》），打破一切清规戒律、陈规陋俗，反对任何权威，表现出清新的天然的个性。从道教的艺术创作实践来看，道士们的创作基本上是以"素朴而天下莫能与之争美"（《庄子·天道》）、"淡然无极而众美从之"（《庄子·刻意》）为指导思想展开的。如北宋时期江南著名道教诗人张继先所写的大量以游览名山宫观为题材的诗，这些诗总是浸透着他对大道和"玄趣"的独特体悟："依然仙迹倚岩开，真馆何年竟草莱。今日梵宫方得到，旧时去鹤也飞来。一条涧水琉璃合，万叠云山紫翠堆。禅客夜深能独坐，满窗明月正徘徊。"（《仙岩寺》）张继先本是二十七代天师张象中的曾孙，道教的传人，但他却能在"梵宫"中与禅客共坐，醉心于涧水、云山和明月，这说明宋时佛、道交往甚密，资深道士们具有自觉地超越门户之见、佛道严界的意识和真正"与天地精神往来"的胸怀。"与天地精神往来"并不是一种抽象的思维活动，而是对大自然的具体感受与信息交流活动，所以其诗文中对山水景物的描写多细致入微，如"已凝重露资清气，何幸清风扫淡烟"（《新荷》）；"蝉韵微微近，松声宛宛生。林风侵坐冷，山月照人明"（《悠然元规夜坐酌余德儒所惠酒因成联句》）等，正是通过对大自然一点一滴感受的积累，最终形成了张继先对人生与世界的本真的认识和感悟："微尘一真人"（《野轩歌》）；"真人住处无室庐，邻风伴月同清虚"（《虚空歌》）；"千般要妙万般玄，只是教人各休歇"（《休歇歌》）。

"与天地精神往来"意味着与自然山水中的一草一木相往来，因为天地精神是通过这一草一木体现出来的，因此"与天地精神往来"的宗旨里包含着一种对大自然的博爱精神与亲切态度。南宋道士白玉蟾隐居武夷山九曲溪畔，其诗作多为山中四时、早晚之景及山居生活场景，其中有代表性的如《春》、《夏》、《秋》、《冬》、《晓》、《暮》等，其《夏》云："莺唤绿杨抽嫩叶，蝶催碧藕发新花。飒然一点熏风至，日落山前噪乱鸦。"佛僧、道士每日与山水相对，衣食住行无不与山水相关，按常理本不应该对这些司空见惯的平淡景物有多少新鲜感受了，然而他们却总是超越常规，于平淡中见出新奇，发现绿杨抽出嫩叶、碧藕生出新花的可爱，从而使自己的日常生活于恬淡中见情趣，使自己的心灵永远如孩童般具有活力，而这一切都不能不归功于道家积极地与自然交流的精神和真诚对待自然的审美态度。审美地对待自然不仅使人发现了自然的可爱，也使人们从自然中获得了生活的启示，掌握了驾驭生活风浪的本领，因而审美地善待自然也是审美地善待自己，是在提高自己幸福生活的指数。道中高士张三丰诗云："一只船儿坐卧宽，风波险处自平安。云淡淡，水漫漫，洞庭烟雨当诗看。晓来独坐君山下，只见芦花扑钓竿。"（《渔父词》）金代道士"离峰老人"有一首《李官人告》与张三丰《渔父词》意境颇似，诗云："万里烟波一叶舟，轻帆短棹泛中流。蟾光影里闲垂钓，那计鲸鱼不上钩。"在这两首诗中，万里水波、洞庭烟雨、轻帆短棹、蟾光云影、芦花钓竿等，都让人感到格外亲切，像张三丰、离峰老人他们之所以能在这些平凡的事物上找到幸福与悠闲的美妙感觉，主要在于他们能时时保持一种对待大自然的非功利的心态，能把这一切平凡的事物和景象"当诗看"。对于道士们来说，把江南山水"当诗看"也是悟道的需要，因为虽然云霞烟水皆为演道的精灵，野花飞鸟都是通玄的圣物，然而为功名利禄塞满的心灵是无法看到这一切的，只有在摒弃一切杂念，把江南的山山水水都"当诗看"的时候，这些山水景物的演道功能和通玄品性才能清晰可见，对于求道问玄之人来说也才能有丰富的收获。从语言表现方面看，在逻辑性语言和日常语言的能力范围内，大道似乎难以捉摸，无以言说，然而在与大自然敞开心扉的交流中，通过诗的语言，大道又似乎伸手可触，宛在眉睫之前。所以把江南山水"当诗看"不只是一种情趣，还具有重大的哲学意义。

佛僧、道士们在用语言文字盛赞江南山水的同时，也将他们的山水情思寄寓于描摹江南山水的图画之中，并深刻地影响了我国古代山水画的发展方向。我国早期山水画以人物及台阁见长，"盖山水画自唐之前，大抵群峰之势，若钿饰犀栉；或水不容泛，或人大于山"[①]，初创时期的山水画仍然受到传统人物画的较大影响，写实性强，力求达到形似，这不仅可以从具体的山水画作品上看出，也可以从魏晋画论中得到佐证。如顾恺之《画云台山记》在总结山水画技法时就特别强调，各种画法和手段均应以所画之山水给人真实感为宗旨。晋代画家王微称自己有山水之好，"一往迹求，皆得仿佛"（《叙画》）。就连以提出"畅神"论而著名的宗炳也以为山水画当"以形写形，以色貌色"（《画山水序》）。自唐代开始，在禅宗思想的启助下，中国山水画风格发生了重大转折，形成了以表现意境为主的艺术上比较成熟的山水画。禅宗超然于世俗福禄富贵之外的襟怀与萧疏清旷的江南山水一拍即合，使表现这种境界的泼墨山水画具备了必备的物质条件和思想基础。在创作实践上王维具有开创之功，宋元时期的山水画名家荆浩、关仝、董源、巨然等都从王维那里受到了技法上的

---

① 郑昶：《中国画学全史》，中华书局民国十八年版，第123页。

启示，而王维在技法上的创新又得益于他崭新的绘画观念。在绘画指导思想上，王维不仅认为"凡画山水，意在笔先"(《画学秘诀》)，而且指出应把画山水视为"游戏三昧"(《山水诀》)，这种指导思想真正把禅家精神全面融会在了山水画创作中。在宋代画家中，米芾父子对禅法参悟最为深刻，米芾尝谓："山水古今相师，少有出尘格者，因信笔作之，多烟云掩映，树石不取细，意似便己。"(《画史·唐画》)在米芾看来，绘画方面向古人学习是十分重要的，但绘画上的独创性往往是画家跟着自己感觉走的结果而不是从别人那里学来的，而重视自我的独特的感受与体悟正是禅家的精神。米芾父子所开创的无根树、蒙鸿云等米家画法在借山水表禅意方面可谓独步画坛的特技，这种特技的形成又源于对禅家思想的深刻理解和把握，如当代佛学家无住所言："论者初谓其善绘雨景，能写江南山水之妙处，直不知乃写其胸中之禅境耳。"(无住《禅宗对我国绘画之影响》)①从王维和米芾的绘画思想与创作实践中我们可以看出，禅宗对他们的最大影响是赋予了他们更加自由的精神和独立人格，从而使其创作天赋得到充分的发展，并构建了一个取之不尽，用之不竭的"心源"。一个人画品的高低与其"师造化"的基本能力相关，但开发"心源"更为关键，而禅宗恰恰在这方面着力最大。正因如此，中国山水画创作方面大有成就者，多多少少都与禅宗有缘。石涛和尚是清代山水画创作与山水画创作理论构建方面成就卓然者，其"一画"论中即处处体现着禅家精神。石涛认为，世间无论多么优秀的画作都起于一画，又收于一画，故一画乃绘画之本，而这一画又"从于心者也"(《画语录·一画》)，"画受墨，墨受笔，笔受腕，腕受心"(《画谱·尊受》)，由此而论，则绘画之本当归于

---

① 张曼涛主编：《佛教与中国文化》，上海书店1987年版，第225页。

心。对于画家而言要使自己的画境界大最重要的是将其心"扩而大之"。为了进一步阐明自己的这一观点，石涛指出，周易讲"天行健，君子以自强不息"，对于画家而言，这个自强主要就是强心。石涛不仅在理论上这样讲，实践中也是这样做的。为了将自己的心"扩而大之"，他半世云游，饱览黄山、华岳、匡庐雄奇秀美之景，晚年定居扬州，专心于山水图画，畅神自娱。从画作上看，石涛的山水画构图布景皆独创新意，笔法恣纵奔放，简练洒脱，开创了"黄山派"，对"扬州八怪"恣纵潇洒、异趣横生的画风也产生了重要影响。

　　与诗歌、绘画相比，音乐是一种更加抽象的艺术，按一般的推论，音乐应该与具象生动的江南山水没有多少关系，但事实并非如此，正如尼采曾经指出的那样，音乐本身虽然并不涉及形象，却具有唤起形象的能力，"音乐在其登峰造极之时必定力图达到最高度的形象化"。① 音乐是生命的自由狂欢，并且能够引导出生命活动最意味深长的"神话"，因此音乐也是一种最为深刻的生命哲学。宗教几乎无一例外地在利用音乐来阐释自己的生命哲学与生命理念，中国佛教和道教在这方面都有自己的特色。基督教音乐多是在教堂中演奏的，它通过教堂这个封闭、安静的空间来主导人的灵魂去想象受苦受难的基督，反省个体生命的罪过，但中国道教却反其道而行之，将音乐置于大自然之中，让人间音乐去参与宇宙生命的大合唱。《庄子·天运》中讲到，黄帝在洞庭之野演奏著名的古典音乐《咸池》，并产生了十分理想的效果："吾始闻之惧，复闻之怠，卒闻之而惑；荡荡默默，乃不自得。"道家认为最好的音乐源于自然，因而也应当于自然之中表演，人在大自然中倾听音乐，惊喜地发现了自己的存在，感受

---

① ［德］尼采：《悲剧的诞生》，第70页。

到自己新鲜的生命活力，然后又混同于自然，跃入自然生命的海洋，忘掉了自己。固然，道教不同于道家，但道教继承了道家纯任自然、清静无为、与世无争的艺术精神，故道教音乐尽管大量吸收了民间音乐的曲调和题材，但始终保持着对自然之神的敬畏和对大自然自由精神的热爱，庄严而不失安逸，欢乐而不失清静，字疏腔长而意味隽永。南宋文学家李光有一首吟潘道人弹琴的诗，诗中把潘道人比作古代传说中的弹琴高手伯牙和师涓，"伯牙师涓死已久，此声欲绝君能续"，形容其琴声"快弹初作鸾凤鸣，忽如啼鸟集华屋。吟猱抑按神气闲，流水涓涓赴幽谷。夜深余响应霜钟，朝来吟对萧萧竹"（李光《庄简集》卷2）。这琴声与寺中的钟声相应，音乐同凤鸣、鸟啼、猱吟共鸣，它们共同组成了一部美妙的乐曲，动人的音乐旋律使浩荡的湘江水由浑变清，由黄变绿，美丽的湘灵对这琴声也无比钟爱，以至于年年岁岁抱琴以待，时刻准备与潘道人共奏振玉之声。在主题方面，道教音乐则多赞美"三清"（玉清、上清、太清）、歌颂仙界的缥缈恬静、庆祝长生等，如《澄清韵》、《白鹤飞》、《太极韵》、《云乐歌》、《祝寿赞》等无不体现着道教对太极、神仙、仙境等只有在超凡脱俗的清静山水中才具有其完善形态的自由境界的热爱与追求。其他如《二泉映月》、《听松》、《大浪淘沙》、《云中腾飞》等表现自然与自由精神的著名乐曲也都深深地根植于江南道教音乐的沃土之中。总之，在道家看来，音乐应以礼赞大道为本，热情讴歌美丽的自然山水，以及有灵之生命在其中的自由生活。

相比之下，佛教并不重视个体生命的当下存在，因此其音乐宗旨也不在于赞美生命，表现自由，而是立足于宣扬佛法。"唱导者，盖以宣唱法理，开导众心也。"（释慧皎《高僧传》卷13）佛教音乐试图通过婉转悠扬的旋律，使山含瑞气，水呈佛光，形成一种祥和、宁静而带神性的氛围，以便听者心静如水，不再执著于自我，进而体悟到个体生命与自然万物共同的亦真亦幻的本性。不过，佛教音乐的宗旨虽然与道教音乐有所不同，但其表现方式却和道教音乐一样具有一种在人与人、人与自然之间建立普遍联系的开放性。太虚法师指出："中国古时虽有极好之音乐，但佛教来中国后，更有新调参入，使中国之旧调，百尺竿头再进一步，亦有特别之发展。如'鱼山梵呗'，是摹佛教中极好之梵音。又如寺院中之磬渔钟鼓等，皆是与僧众起居相应之礼乐，使人闻之，俗念顿消。故中国之诗人喜闻寺中之晨钟、暮鼓，而歌咏出绝妙之诗词，此亦可见佛教音乐神力之大也！"（太虚《佛教对于中国文化的影响》）[1] 佛教音乐和中国古典音乐特别是道家音乐在江南山水中实现了完美的结合，因为江南山水具有体现二教宗旨的潜在功能，能将人的心态调适为"远、虚、淡、静"的状态，以更好地感受二教所标示的极乐境界。梁武帝父子曾经为佛教音乐的中国化，更确切地说是江南化作出过重要贡献，武帝笃敬佛法，在他的主持下，"制《善哉》、《大乐》、《大欢》、《天道》、《仙道》、《神王》、《龙王》、《灭过恶》、《除爱水》、《断苦轮》等十篇，名为正乐。"（《隋书·音乐志》）这些中国化的佛乐明显受到了江南地方文化与自然环境的影响。佛学家东初认为，佛教从和尚念经的韵调到颂赞音乐都有"以纤婉为工"的江南音乐的影子，并引证了《续高僧传·杂德声科论》中的一段话以佐证："江淮之境，偏饶此玩，雕饰文绮，糅以声华……然其声多艳逸医覆文词，听者但闻飞弄，竟迷是何筌？"（东初《佛教对中国文化思想的影响》）[2] 虽然不少人对禅宗音乐的江南化表达了不同意见，但从实际效果看，那种"以纤婉为工"的江南佛乐与

---

① 张曼涛主编：《佛教与中国文化》，第 33 页。
② 同上书，第 122 页。

云水悠悠、飞霞野流中的暮鼓晨钟千百年来对一代又一代人的思想和灵魂确实产生了巨大的影响。传说宋代高举辟佛大旗的理学大师程颐、程颢，偶过东林寺，听到僧众伐鼓鸣钟，深受感染，竞相顾而叹曰："不意三代之礼乐在是！"（觉浪禅师《尊正规小序》）宋代文学家苏辙因其兄反对王安石变法而遭贬谪，迁谪途中路过庐山归宗寺，看着掩映于丛林中的佛塔，突兀于山脊的宝殿，听着早晚袅袅钟声，惆怅的心情倍感慰藉，遂赋诗云："来听归宗早晚钟，疲劳懒上紫霄峰。墨池漫叠溪中石，白塔微分岭上松。佛宇争推一山甲，僧厨坐待十方供。欲游山北东西寺，岩谷相连更几重？"（《归宗寺》）在壮丽的庐山、雄伟的佛宇与悠扬的钟声里，个人的荣辱得失都在一瞬间化为轻飘飘的云烟，消失在遥远的天际，终日为个人功名利禄困扰的心灵从此获得了彻底的解放。

三 江南山水作为宗教与世俗社会共创中华审美文化的平台

佛、道二教在江南的发展过程中，始终把江南文士作为自己拉拢的主要对象和最重要的同盟军，通过这些文士，佛、道二教从民间渗透到统治阶级的各个阶层，直至权力中心。对于佛僧、道士们来说，他们希望通过结交社会名流来提高自己的社会地位和影响力，同样，由于佛、道二教在南朝时期社会地位和影响力的空前提高，各阶层人士，包括社会名流和皇帝也都以能与高僧、道士结交为荣，崇佛参禅成为整个社会的时尚。柳宗元在追述历史上沙门与权贵、名流交往的状况时指出："昔之桑门上首，好与贤士大夫游。晋、宋以来，有道林、道安、远法师、休上人。其所与游，则谢安石、王逸少、习凿齿、谢灵运、鲍昭之徒，皆时之选。"（《送文畅上人登五台遂游河朔序》）在名士与佛僧、道士频繁的交游活动中，江南山水成为一个十分理想的平台和中介，他们于江南山水中吟诗作赋，通过创作丰富的山水艺术作品交流人生哲学、世界观、对社会风俗和现实的评价以及对这个世界丰富复杂的感受。如晋代高僧慧远与当时社会名流以庐山为中心的交游就是非常有代表性的。慧远非常喜欢庐山，终日以漫游庐山为乐，其《游山记》云："凡再诣石门，四游南岭。东望香炉，秀绝众形。北眺九流，凝形览视。四岩之内犹观之掌焉。"由于慧远崇高的社会地位和对文学的爱好，其游览活动中多有名士相伴，并常常同题赋诗。据无名氏《庐山诸道人游石门诗序》载，慧远于隆安四年仲春曾"交徒同趣三十余人，咸拂衣晨征，怅然增兴"。在这些同游的名士中可能就有中国山水诗的鼻祖谢灵运。谢灵运自少年时代起即非常仰慕慧远，曾经两度跋涉绵邈山川，来到庐山拜会慧远，后来慧远也曾派弟子远赴建康邀谢灵运同作《佛影铭》，可以想见这两位忘年交在庐山的交游对中国山水艺术的发轫会产生怎样的影响。

晋代以后，江南始终是世俗社会与宗教交流的重要平台和中心，这主要是因为江南山水不仅为这种交流提供了理想的地理环境条件，而且魏晋以后，江南经济日益发达，江南民众在物质生活上已经十分富足，进而在精神生活和信仰方面产生了更高的需求，同时雄厚的经济实力和较多的生活闲暇也足以支持他们参禅拜佛的费用和时间。南朝宋文帝曾对诗人何尚之说："范泰、谢灵运每云：六经典文，本在济俗为治耳。必求性灵真奥，岂得不以佛经为指南邪！"（《弘明集》卷11，《何尚之答宋文帝赞扬佛教事》）对于衣食富足的南朝统治集团来说，物质财富在他们生活中已经不是需要努力争取的东西了，已有的物质财富对于他们和他们的后代来说几乎是取之不尽，用之不竭的，而在精神上，他们却相对贫困，因而他们对于以富国强兵为宗旨的儒家治世之说逐渐丧失了兴趣，而对以探求心灵皈依为本的道教和佛教思想越来越重视。如南齐竟陵郡王萧子良竟不惜屈尊亲自到佛寺打杂，在建康鸡笼山西邸召集文士、名僧谈经论佛，吟诗作文，造经呗新声。当时经济实力雄厚的权贵和文士萧衍、沈约、谢朓、王融、萧琛、范云、任昉、陆倕等"八友"都是积极参与者，特别是萧衍更是佛教的忠实信徒，在当上皇帝后对佛教更是全力支持，大规模修建佛寺，而且还四次舍身同泰寺为寺奴，这不仅使佛教在江南盛极一时，而且深刻地影响了后来历代江南文士对待佛教的态度。可以说，佛、道在南朝的兴盛具有社会经济发展与人的精神需求的必然性。

　　了解了这样的社会文化气氛，我们就不难理解为什么在中国早期山水诗中就透露着绵绵禅意。如谢灵运《过瞿溪山僧》云："迎旭凌绝嶝，映泫归溆浦。钻燧断山木，掩岸堰石户。结架非丹甍，藉田资宿莽。同游息心客，暧然若可睹。清霄扬浮烟，空林响法鼓。忘怀狎鸥鯈，摄生驯兕虎。望岭眷灵鹫，延心念净土。若乘四等观，永拔三界苦。"在谢灵运的眼中，人生的希望在于忘怀时事之烦，摆脱三界之苦，超越于有无之困，尽享清净自由。谢灵运的这首诗反映了南朝名士和南朝统治集团整体性崇佛的情感原因。作为对俗世文友的一种回应和明佛证禅的手段，佛僧们也创作了不少优秀山水诗作，元人辛文房《唐才子传》中对这种现象有过描述："自齐、梁以来，方外工文者，如支遁、道猷、惠休、宝月之俦，驰骤文苑，沉淫藻思，奇章伟什，绮错星陈，不为寡矣。"（《唐才子传》卷3，《道人灵一》）由于这些高僧们终日与山水为伴，又刻意探寻禅家理趣，因此对江南山水中的各种自然现象都体味得十分细致真切，沉静入理。如支遁《咏怀诗》云："怅快浊水际，几忘映清渠。反鉴归澄漠，容与含道符。心与理理密，形与物物疏。萧索人事去，独与神明居。"（《咏怀诗》五首之二）山水清静，物疏理密，故能把心带入神明之中，对山水的亲近与喜爱更衬托出僧人们对复杂烦扰的人际关系的冷淡与拒斥，这种非功利的淡泊心态使他们保持了一份高贵与神秘，从而对像谢灵运一样的世俗文人保持了持久的吸引力。到唐宋时期，文士与禅家的交往更为广泛，著名文人几乎都与僧人有所往来，其交游中对山水的依赖也很强，"青峰瞰门，绿水周舍，长廊步屧，幽径寻真，景变序迁，荡入冥思"（《唐才子传》卷3，《道人灵一》），江南的好山好水成为僧人与文士们谈玄悟理、吟咏歌赋的处所。经过与世俗文人长期的共同励志精道的磨合，俗与佛相互渗透，几乎到了难分彼此的地步，如齐己诗作《送东林寺睦公往吴国》所云："八月江行好，风帆日夜飘。烟霞经北固，禾黍过南朝。社客无宗炳，诗家有鲍照。莫因贤相请，不返旧山椒。"从诗中可以看出，唐代中晚期僧人与文人的交往是十分频繁的，这些佛家弟子对那些才华横溢的世俗文人从内心里充满了敬意，很希望从他们那里受到启迪和得到肯定。

在满足中国古代世俗文人的精神需求方面，道教也起着十分重要的作用，文士们对于那些有修养的道士都十分敬重，甚至视他们为得道者，积极主动地与其交往，并在交往的过程中创作了许多优秀的山水艺术作品，如吴筠、李贺、李白、韩愈、曹唐、施肩吾、苏东坡等人都有不少与道士交游过程中创作出来的山水诗精品。由于道士们悟道的根据不是人事而是山水，所以文士们也多以山水为据与道士们论道。如唐代著名道士司马承祯长期隐居于四川邛崃天台山玉霄峰，但因其学识丰富，提出的神仙亦人、无为治国的见解为唐朝统治者所欣赏而负有盛名，曾先后被武则天、唐睿宗、唐玄宗召至京都问道，期间有百余名公卿士大夫向他赠诗。其中宫体诗人张说的《寄天台司马道士》很有名："世上求真客，天台去不还。传闻有仙要，梦寐在兹山。朱阙青霞断，瑶堂紫月闲。何时枉飞鹤，笙吹接人间。"天台山乃道家福地，也是司马道士的修道之所，在张说的笔下，天台山群仙会集，真力弥漫，天籁无绝，白日里霞光四射，夜晚降临时瑶堂映月，这固然是溢美之词，但也可以从中读出张说对司马道士真诚的敬仰之情和悉心讨教的愿望。宋之问也曾为司马道士写过一首同名诗，诗中表达了对司马道士"餐霞"生活的羡慕和向往，司马道士循礼回赠了一首《答宋之问》，诗云："时即暮兮节欲春，山林寂兮怀幽人。登奇峰兮望白云，怅缅邈兮象欲纷。白云悠悠去不返，寒风飕飕吹日晚。不见其人谁与言，归坐弹琴思逾远。"司马承祯借对登奇峰、怅缅邈、听晚风、弹素琴的生活方式的描绘，表达了自己的人生趣味、对朋友的怀念和对升入仙境之途径的认识。与宋之问交往较密的另一位道士是峨眉田道士，田道士到蜀中"投龙"①，作为田道士的朋友，宋之问为其饯行，并作《送田道士使蜀投龙》一首，诗云："风驭忽冷然，云台路几千。蜀门峰势断，巴字水形连。人隔壶中地，龙游洞里天。赠言回驭日，图尽彼山川。"宋之问在诗中表达了对朋友的关心，更流露出对巴山蜀水的向往之情，诗人之前并没有去过蜀中，全凭自己的想象力为之罩上一层美丽而神秘的色彩，并嘱托田道士在投龙简完毕回归京都之时，能带回蜀地山川的美丽图画。通过上述事例，我们可以看出，对江南山水的共同爱好在世俗社会与宗教的交流过程中担当着怎样的重任。

江南山水能够长期保持其作为世俗社会与宗教交流中心的地位，另一个重要原因是江南受巫觋文化影响较深，以江南山水为基础构想出来的佛国仙界更容易得到江南文化的认同，特别是当

---

① "投龙"是道教举行"金箓斋仪"的程序之一，其全称为"投放金龙玉简"。通常是以皇帝的名义写下龙简，每年于春夏秋冬四季分别由道士送往指定地点，其目的是为了告盟天地，"乞削过录功"（《道藏要籍选刊》第8册，第5页）。

世俗文士在政治或仕途上失意的时候，于江南山水中"逃禅"
会仙便成为帮助自己渡过人世风波的一叶方舟。如对司马氏政权
不满而又感到世事不可为的阮籍在其创作的多首《咏怀诗》中都
表达了不屑于世俗欢乐，而愿到江南山水中追随神仙的态度：
"二妃游江滨，逍遥顺风翔。交甫怀环珮，婉娈有芬芳。猗靡情
欢爱，千载不相忘。"阮籍长期生活在北方，内心里却十分迷恋
江南，这首诗便是透过"江妃解佩"①的仙话故事表达了诗人喜
爱江南，在江南山水中与仙女交游并获得永恒慰藉的愿望。早年
的李白曾经在戴天山大明寺"焚香读道经"（《赠江油慰》），并渴
望能与得道高人交往，其诗《访戴天山道士不遇》云："犬吠水
声中，桃花带雨浓。树深时见鹿，溪午不闻钟。野竹分青霭，飞
泉挂碧峰。无人知所去，愁倚两三松。"在这首诗中，李白一敛
以往狂傲不羁的神情，而通过对江南山水的幽静、神秘和灵动之
美的细心描绘表达了求拜高士而不得的落寞惆怅的心绪。或许是
同类相应的缘故，仙风道骨的李白最敬重的就是有仙风道骨之
人，如诗云："吴江女道士，头戴莲花巾。霓衣不湿雨，特异阳
台云。足下远游履，凌波生素尘。寻仙向南岳，应见魏夫人。"
（《江上送女道士褚三清游南岳》）李白渴望见到的是神仙，但眼
前这位"头戴莲花巾"的清纯可爱的吴江女道士同样强烈地吸引
了他，因为女道士虽然像一个普通的江南采莲女，但却多了一分

---

① 《列仙传》载："江妃二女者，不知何所人也。出游于江汉之湄，逢郑交甫，
见而悦之，不知其神人也。谓其仆曰：'我欲下请其佩。'仆曰：'此间之人皆习于辞
不得，恐罹悔焉。'交甫不听，遂下与之言曰：'二女劳矣。'二女曰：'客子有劳，
妾何劳之有？'交甫曰：'橘是柚也。我盛之以筥，令附汉水，将流而下，我遵其旁，
采其芝而茹之，以知吾为不逊也。愿请子之佩。'二女曰：'橘是柚也，我盛之以筥，
令附汉水，将流而下，我遵其旁，采其芝而茹之。'遂手解佩与交甫，交甫悦受而怀
之中当心，趋去数十步，视佩，空怀无佩，顾二女忽然不见。"

清逸和超脱，从她身上似乎可以看到一点仙人的踪迹。后来李白称自己"见"到了魏夫人和上元夫人这两位真正的女仙："上元谁夫人？偏得王母娇。嵯峨三角髻，余发散垂腰。裘披青毛锦，身著赤霜袍。手提赢女儿，闲与凤吹箫。眉语两自笑，忽然随风飘。"（《上元夫人》）据《汉武内传》上的说法，上元夫人是地位仅次于西王母的女仙，曾经向武帝传授修仙成道的方法。因为上元夫人是最高级的女仙，所以在李白的笔下比吴江女道士更为潇洒和神秘。这位仙人是李白心中理想化的女性，是世间阴柔美的典型和代表，而构成她形象的潜在元素则是江南的山川景致，当淡淡的微笑和浓浓的爱意在妩媚的山、温柔的风、碧绿的树、斑驳的红叶中展开时，女中的仙便出现了。

在李白的笔下，江南山水与神仙常常是不可分的，如其《梦游天姥吟留别》中所描绘的吴越胜境："青冥浩荡不见底，日月照耀金银台。霓为衣兮风为马，云之君兮纷纷而来下。虎鼓瑟兮鸾回车，仙之人兮列如麻。"在这首诗中，诗人以满腔的热情和真诚的想象对天姥山的奇姿异态进行了浪漫的渲染和夸张，山中没有俗人，有的只是云、霓、湖、月和懂得音乐的老虎、善于驾车的凤鸾，以及自由洒脱的神仙。也许有人会问，天姥山中真的有神仙吗？而李白必然会毫不犹豫地回答说，如此美丽的天姥山中怎么会没有神仙呢？曾经以一篇《论佛骨表》震惊朝野的遵儒反佛的旗手韩愈，在舍身反佛的同时却对道教持友好态度，甚至曾一度虔诚地信奉道术，他的一些重要作品的形成也与他和道家的交往有密切关系。如《送张道士序》、《送廖道士序》、《送灵师》、《祭湘君夫人文》、《祭竹林神文》、《潮州祭神文》、《桃园图》等作品，虽或为应酬之作，但并不乏真知灼见。在这些作品中，江南山水和江南巫觋文化的影子清晰可见。当韩愈被贬官潮州时，乘船过洞庭湖，于湘君、湘夫人二妃祠中求得道士吉签，后来复官回朝，便以为是"蒙神之福，启帝之心"，故对二位神仙"夙夜怵惕，敢忘神之大庇"，并对颓圮之祠宇"以私钱十万，修而作之"（《祭湘君夫人文》）。在《送廖道士序》中，韩愈称赞作为道教大本营的南岳衡山不仅"水清而益驶"，有"白金、水银、丹砂、石英、钟乳、橘柚之包，竹箭之美，千寻之名材"，而且"其神必灵"。在江南特殊的自然环境和文化的影响下，韩愈俨然把道家所构建的虚灵世界当成了自己安身立命的现实。

在僧、道与俗世长期的审美文化交流活动中，江南地区形成许多禅诗交游社团，这种情况从东晋一直延续到宋代而不衰。如北宋景德三年，释省常与士大夫结西湖白莲社，对此北宋文人丁谓在《西湖结社诗序》中介绍说，"钱塘山水，三吴、百越之极品"，"开阖物表，出入空际，清光百会，野声四来，云木之状奇，鱼鸟之心乐"，此等美景乃"万类之净界，达人之道场"，基于这样优越的条件，省常大师追慕慧远当年于庐山东林寺建莲社之风而倡议结西湖白莲社，倡议发出后，"贵有位者，闻师之请，愿入者十八九"，并"咸寄诗以为结社之盟文"。丁谓认为，此次结社所以成功，一是承续了由慧远开创的历史遗风，二是凭借了省常大师智慧丰富、境界高卓，三则是"西湖之胜，天下尚之"。丁谓在这篇诗序中强调钱塘山水对"当世名公钜贤"具有强大的吸引力，充分肯定了钱塘山水在我国诗歌创作活动中所具有的重要作用、地位和价值。

宋代众多的诗社大多数并不是由禅家发起的，但由于结诗社本身多带有逃避官场党祸、世俗礼法，寻求身心自由的目的，所以自然而然地走近了禅家境域。如南宋诗人潘庭坚因才高气傲、跌宕不羁而困顿于官场，故结诗社以自娱。一次，同社成员置酒瀑泉亭，行酒令曰："有能以瀑泉灌顶，而吟不绝口者，众拜之。"这时潘庭坚便豪饮几杯，脱光衣服，"裸立流泉之冲，且高唱《濯缨》之章，众因谬为惊叹，罗拜以为不可及，且举诗禅问答以困之。潘气略不慑，应对如流"（周密《齐东野语》卷4）。许多诸如此类的现象我们都可以视之为文化，但我们也完全可以将其注解为一种对文化的剥离行为，因为它们旨在通过对人的共同的自然属性的强调而淡化或否定人与人之间社会地位、价值观念、宗教信仰等差异的意义。儒、道、释三教在宋代合流的结果之一便是宋代文人及其山水诗的创作更具禅家风流，"以禅喻诗"（严羽《沧浪诗话·诗辨》）甚为时尚，而且文士的身份也在三教之间左右难分。如当时享誉朝野的文豪黄庭坚竟以居士身份而为临济宗南岳下十二世黄龙祖心禅师的法嗣，他本人也称自己："似僧有发，似俗无尘，作梦中梦，见身外身。"（《能改斋漫录》卷8）像黄庭坚这样亦儒、亦道、亦佛的人已经在当时中国知识分子中占据相当数量，而且不仅抑郁不得志者如此，即使仕途畅达的人也常常禅心微微，对景忘机。北宋末年的"紫衣翁"黄裳便是其中之一，与同时代的苏东坡、黄庭坚等人相比，黄裳要算仕途平坦、官运亨通了，不仅被神宗点为状元，而且曾官至礼部尚书，但他对于道家的修炼术仍十分上心，并且把"家家自有，月中丹桂，朱衣仙子"（黄裳《水龙吟·方外述怀》）当成自己的社会理想，把江湖烟波视为毕生追求的仙境，正如其词中所云："扁舟寓兴，江湖上、无人知道名姓。忘机对景，咫尺群鸥相认"，"这些子、名利休问。况是物、都归幻境。须臾百年梦，去来无定"（《瑶池月·烟波行》）。诗的主旨在于表达一种"江湖上、无人知道名姓"的道境，"笑世上、风流多病"的遗世、忘世精神，这是宋代很大一部分知识分子的共同心态，只是像黄裳一样出生于江南，对江南山水有着丰富阅历的文人更能借对奇秀山水的描绘把那种凝情世外的心境真切生动地表达出来。黄裳出生于"山光水色秋意清，月华剑气空体明"（黄裳《送延平太守》）的福建延平，步入中年后游览浙江富春江，对富春美景甚为迷恋，竟寓居桐庐阆仙洞十余载，游山玩水，悟道证禅。这样的生活环境和经历对于他后半生亦儒、亦佛、亦道的审美趣味、爱好、价值观等都产生了重要的影响。

在我国丰富的山水艺术作品中有相当数量的作品都是三教合流的产物，由于复杂的历史原因和地理因素，三教合流在江南地区合得最为彻底，这种彻底的合流促使江南山水从纯粹的自然物质形态跃升为内涵丰富的文化形象，建立在江南山水基础上的山水艺术作品也因而更加博大精深，具有哲学、宗教、历史和信仰共同凝成的一种厚重，而不仅仅是一种消遣性的文化作料。在那个由扁舟、江湖、山影、烟雨、群鸥、断云、狂风、瑶池、婵娟和蒹葭渚、芙蓉径等构建的世界里，包含有中国历代文人的喜怒哀乐，承载着中华民族文化精英们对世界、对人生的精妙理解和严肃思考。

第 六 章

江南山水与古代生态审美文化

生态审美和生态美学是我国人文学者在反思现代工业文明和受到中国古代农业文明启发的基础上提出来的两个当代概念,其基本特征如生态美学家曾繁仁先生所指出的那样:"在承认自然对象特有的神圣性、部分的神秘性和潜在的审美价值基础上,从人与自然平等的亲和关系中来探索自然美问题。"① 在我国古代原创哲学中,道家哲学包含着世界上最早也最彻底的深层生态学思想,它长期影响着中国古人对大自然的审美实践,为形成我国古代高度发达的生态审美文化奠定了最为坚实的思想基础。当然,这种生态审美文化的形成只有哲学观念的支持是远远不够的,优良的自然环境更是不可或缺的首要条件。可以说,我国古代生态审美文化的基本依托首先是江南山水,这是因为一方面江南山水是我国最优越的地理生存环境,当地人民在长期丰衣足食的渔耕生活中形成了对大自然的感恩心理,因而人民爱护自然、尊重自然,另一方面在与江南山水生命信息的交换过程中,人民掌握了与大自然和谐相处的方法与规律,这两方面的因素使得江

---

① 曾繁仁主编:《人与自然:当代生态文明视野中的美学与文学》,河南人民出版社 2006 年版,第 7 页。

南人民有强烈的意愿、足够的能力和卓越的智慧保持与大自然的
和谐关系。总之，中国古代发达的生态审美文化是中国特殊的自
然环境与中国古人的哲学智慧、生产与生活实践等多种元素相互
作用、相互融合的伟大成果。

第一节　江南动植物的生态审美文化价值

江南山水不仅为人类提供了良好的生存条件，也为多种多样
的动植物提供了理想的生存环境，人与动植物共存于江南山水之
中，形成了复杂多样而又相对和谐的睦邻友好关系，其中就包括
人对动植物的审美关系。中国古人在天人相合、民胞物与、万物
和谐、自然无为、寡欲知足等思想观念的影响下，将飞禽走兽、
花草树木纳入天地神人的生态大系统之中，使这些纯粹的自然生
物转化为寄托了人的生活理想和审美诉求的文化形象，并构成博
大精深的中国生态审美文化的重要组成部分。

一　自然生命之美的彰显

在江南地区，一年四季，树木常绿，鲜花常开，树木鲜花成
为人们眼前的常景。在郊野农村，不仅有种类繁多的自然植物与
花卉，而且随处可见人工的鲜花植物园。在城市里，专业的鲜花
市场总是熙熙攘攘，节日里更是热闹，在一些商业区，不时会出
现几个叫卖鲜花的小贩，平日里，生日聚会、婚庆喜宴、看望师
友等总少不了几束鲜花，绿树鲜花是表达江南人生活情趣的基本
媒介，也是体现江南人生活品质的重要元素。江南人钟情于绿树
鲜花，是因为能够从它们身上感受到自然的盎然生机，从而激发
生活的热情，鼓舞生活的勇气，增添生活的乐趣。

不同种类的鲜花各有自己独特的颜色、样式和气味，它们给

人造成的感觉差异很大，因而人给予它们的审美评价也就不同。琼花是扬州地区最具地方色彩的花种，俗称聚八仙花，其柱高四五米，枝干纷披，姿态优美，花型如冰盘，似圆月。花色初开时青中泛白，盛开后成为洁白，枝头如冰覆，如雪压，花瓣如温润的白玉、皎洁的明月，香味远淡。宋代诗人张问称赞琼花"俪靓容于茉莉，抗素馨于蒼葍。笑玫瑰于尘凡，鄙荼蘼于浅俗。惟水仙可并其悠闲，而江梅似同其清淑"（《琼花赋》）。在张问的眼中，琼花拥有淡雅的风姿和纯洁的品质，是世间一种优美动人的生灵。月季在江南被誉为花中上品，因为它不仅红黄紫白，色彩艳丽，而且逐月一开，四时不绝，诗云："只道花无十日红，此花无日不春风。"（杨万里《腊前月季》）从月季花身上，人们发现了持久的美，读出了乐观和自信。腊梅是一种耐寒性很强的花，花香色美，在雪花轻舞的冬季最让人欣慰。古人有无数赞美梅花的诗文，如"梅花竹里无人见，一夜吹香过石桥"（姜白石《除夜自石湖归苕溪》）；"梅须逊雪三分白，雪却输梅一段香"（卢梅坡《雪梅》）；"墙角数枝梅，临寒独自开"（王安石《梅花》）等。每一种花都有自己的天姿和个性，对自然植物的爱当以发现和尊重其天然个性为前提，否则这种爱就会变质，甚至可能演变为一种背离自然精神的审美疾病。晚清改革家龚自珍的小品文《病梅馆记》一文就是针对当时社会上流行的那种违背自然精神的畸形审美心态而进行的一种诊断和警告，并希望全社会通过重塑健康的崇尚天然美的审美观来疗救病态的社会心理。

山茶花，又名茶花，《花镜》写山茶："叶似木樨，阔厚而尖长，面深绿光滑，背浅绿，经冬不凋。以叶类茶，故得茶名。"唐朝诗人温庭筠诗云："海榴开似火，先解报春风。"（《海榴》）海榴是茶花的另一雅号，似在描摹其盛产于东海之滨且规模大、数量多的特点。宋代诗人曾巩诗云："山茶花开春未归，春归正

值花盛时。"(《山茶花》）山茶花盛开的时间相当长，从初春一直
开到深秋。山茶花既为常绿，又可耐阴，且花色鲜艳，秋天里迎
风而舞，楚楚动人。司空图有"景物诗人见即夸，岂怜高韵说红
茶"（司空图《红茶花》）；周贺有"屋雪凌高烛，山茶称远泉"
（《同朱庆馀宿翊西上人房》）等诗句描绘其姿色神韵。桂花进入
人的审美视野也具有悠久历史，早在《吕氏春秋》中就有："和
之美者，阳朴之薑，招摇之桂"的赞语，后来文人歌咏的诗文更
是数不胜数，如"亭亭岩下桂，岁晚独芬芳"（朱熹《咏岩桂》）；
"莫羡三春桃与李，桂花成实向秋荣"（刘禹锡《答乐天所寄咏怀
且释其枯树之叹》）；"何须浅碧深红色，自是花中第一流"（李清
照《鹧鸪天·桂花》）；"岭上梅花侵雪暗，归时还拂桂花香"（王
昌龄《送高三之桂林》）等。由于桂花盛开之时香气弥漫天际，
让人浮想联翩，常常被文人们赋予一些神秘气息，如"遥想吾师
行道处，天香桂子落纷纷"（白居易《寄韬光禅师》）；"不是人间
种，移从月里来。广寒香一点，吹得满山开"（杨万里《岩桂》）
等诗句都把桂树、桂花、桂子当作是天外来宾。江南人喜爱桂
花，不仅喜观其花色，喜闻其花香，还要把它吃进身体中去，让
这天外圣物来香熏肠胃，滋养容颜，于是便有了江南人制作的桂
花糖、桂花羹、桂花米酒等散发着浓浓桂花香气的美食。桂花盛
开于深秋季节，当中原大地已经一派萧瑟景象时，江南地区却桂
花正香，它和茶花一道迎接着南来北往的客人，在天已初寒的时
节看到那么多迎面的桂花，客人们往往是心旷神怡，咏赞无绝。

　　荷花是生在水中的最为重要的花种，在我国发掘的河姆渡文
化遗址中已经发现了荷花的花粉化石，经测定，距今七千多年。
荷花的种植现在几乎遍布世界各地，在我国大江南北都有悠久的
栽培历史，然而荷花是水中之花，在江南水乡最常见，规模最
大，花质最好。清清荷韵在丰富人们的审美生活情趣、构建中国

审美文化中具有十分重要的地位，俗话说："春游芳草地，夏赏绿荷池"，在对荷花的欣赏过程中，人们获得了无限多样的审美感受，并用精妙的语言把各自独到的感受细细地描绘出来，如"碧荷生幽泉，朝日艳且鲜。秋花冒绿水，密叶罗青烟"（李白《古风》）；"叶上初阳乾宿雨，水面清圆，一一风荷举"（周邦彦《苏幕遮》）等。在江南审美文化中，荷花与江南山水相映衬，别有一种温柔与高洁，在"刺茎澹荡碧，花片参差红。吴歌秋水冷，湘庙夜云空。浓艳香露里，美人清镜中"（温庭筠《芙蓉》）；"荷叶似云香不断，小船摇曳入西陵"（姜夔《湖上寓居杂咏》其九）等诗句中，江南山水与荷花彼此增色的情境，尤让人心向往之。

与花相比，树木主要以其姿态形状引起人的审美兴趣。枫香树主要分布于我国黄河以南的广大地区，但最适宜于江南低山、丘陵地区的红壤。其大者树冠参天，晚唐诗人曹邺有诗云："涧草疏疏萤火光，山月朗朗枫树长"（曹邺《早秋宿田舍》），与低矮的小草相比，枫香之形体显得高大修长。枫香之叶在秋季因日夜温差大而变红，变紫，变橙红，因其色浓而深，且随之而来是孤零零的飘落，所以常常被人们用来象征深沉的惜别之情和抒发难以释怀的忧思，如唐末五代诗人鱼玄机送别朋友子安的诗云："枫叶千枝复万枝，江桥掩映暮帆迟。忆君心似西江水，日夜东流无歇时。"（《江陵愁望寄子安》）明代文学家李攀龙送别友人明卿的诗云："青枫飒飒雨凄凄，秋色遥看入楚迷。谁向孤舟怜逐客，白云相送大江西。"（李攀龙《于郡城送明卿之江西》其二）南唐末代皇帝李煜则以枫叶寄托对故国河山的思念，"一重山，两重山，山远天高烟水寒，相思枫叶丹"（李煜《长相思》）。香枫若独立成林，在秋季则如一片红霞，十分壮观，唐代诗人戴叔伦望着滔滔沅湘水和夹岸高山上的香枫而吟："日暮秋烟起，萧萧枫树林。"（戴叔伦《三闾庙》）漠漠秋枫给人无限苍凉之感。若香枫与其他常绿树丛配合种植，则红绿相衬，格外美丽，更使江南秋色增彩，故陆游有"数树丹枫映苍桧，天工解作范宽山"（陆游《九月晦日作》）之说。枫以其姿色引人遐思，并且经常出现在人们的日常语汇中，如丹枫白露、丹枫雨露、枫醉等，表现了人们对香枫的痴迷和爱恋。

竹子既不同于花，又不同于树，但同花和树一样为人所喜爱。《诗经》中已经出现了表达人们爱竹之意的诗句，如"瞻彼淇奥，绿竹猗猗"、"瞻彼淇奥，绿竹青青。"（《诗经·卫风·淇奥》）竹子中又有不同的种类，其中毛竹是形体最大，生长最快的一种。毛竹，又名茅竹，主要产于亚热带地区，在江南地区海拔千米以下的山坡谷间，随处可见，故又被称为"江南竹"。毛竹形体修长，可高达二十余米。对毛竹的生长特点，许多文人作了生动的描绘，如清代诗人戴熙诗云："雨后龙孙长，风前凤尾摇。心虚根柢固，指日定干霄。"（戴熙《题画竹》）毛竹在其快速生长过程中发散出清新淡雅的幽香，有"幽篁"之称。毛竹叶翠绿，竹竿光滑洁净，杜甫诗云："绿竹半含箨，新梢才出墙。色侵书帙晚，隐过酒樽凉。雨洗娟娟净，风吹细细香。但令无剪伐，会见拂云长。"（《严郑公宅同咏竹》）新出竹笋虽然脆嫩，却能让人真切地感觉到一种旺盛的生命力。竹子每日早晚，一年四季，风雨阴晦，各有其可赏之俊态。咏清晨雪中之竹的有"明朝红日出，依旧与云齐"（朱元璋《咏雪竹》）；咏夕阳下的风中之竹的有"最怜瑟瑟斜阳下，花影相和满客衣"（李建勋《竹》）；咏深夜月下之竹的有"待到深山月上时，娟娟翠竹倍生姿"（王慕兰《外山竹月》）；咏寒秋雨中之竹的有"迎风瑟瑟清未冷，戴雨潇潇净更嘉"（玄虚子《咏竹》）；咏暖春雨后之竹的有"竹香新雨后，莺语落花中"（张藉《晚春过崔驸马东园》）；咏风和日丽中竹子的有"六出飞花入户时，坐看青竹变琼枝"（高骈《对雪》）。人们对不同时空、环境、气候条件下竹子的咏赞，反映了竹在人类生活中的深度介入状态。斑竹表皮上有褐色斑点，如泪滴成，所以有"斑竹泪"之说，诗云："斑竹一枝千点泪，湘江烟雨不知春"（洪升《黄式序出其祖母顾太君诗集见示》）。

竹笋是江南人一年四季的美食，冬季前形成之笋为冬笋，清明前后所出之笋为春笋。毛竹之笋个大肉多，煲汤鲜嫩可口，诗云："山南山北竹婵娟，翠涌青围别有天。两两三三荷锄去，归来饱饭笋羹鲜。"（王慕兰《石门竹枝词》）竹子的审美价值与竹笋的食用价值相得益彰，因为竹笋好吃，人们对毛竹更有一种亲情，因为毛竹好看，人们更爱吃竹笋。毛竹一般在山谷间或大面积园林中栽植，江南著名风景地大多有成片的竹林或与其它树木成混交状，不仅景色清幽宜人，而且冬天可以防风，夏天可以生凉，具有明显的环保和维护生态平衡的作用。元代画家倪瓒诗云："翠竹如云江水春，结茅依竹住江滨。阶前进笋从侵迳，雨后垂阴欲覆邻。"（《居竹轩》）由于竹子具有维护生态平衡的作用，所以古人常常依竹结茅，或把竹子植于庭院里，既可欣赏其优雅姿态，又可享受清凉之气、幽香之味，明代诗人李东阳诗云："种竹幽堂下，凉生暑气微。"（《种竹二首》）这是人们为种竹带来的收益而发出的由衷咏赞，假如江南无竹，不知要失了多少好诗，怪不得苏东坡宣称"宁可食无肉，不可居无竹"（苏轼《于潜僧绿筠轩》）。除了枫香、毛竹外，在江南还有很多种树木如瓜子黄杨、石榴、桃叶珊瑚、八角金盘、女贞、丝兰、棕榈、乌桕、山麻秆、柽柳、红叶李等千百年来一直受到人们的喜爱和关注，人们对这些树木认真地观察和研究，努力探寻和发现它们独特的自然魅力，并把它们表现在诗文、图画等审美文化形式中。

与植物相比，动物对人的感情影响要复杂得多，一些大型食肉动物如虎、豹、熊、狼等因为在古时经常会威胁到人的安全，所以很多情况下被视为邪恶之物，而那些不会危及人的安全甚至有益于人类生活的飞禽走兽、蝶鸟虫鱼则被赋予了美德、智慧和力量等，并以之来鉴照人的品行、滋养人的心智、增强人的勇气。在江南地区，由于自然界物产丰富，气候温润，动物们也是活得优哉游哉，自得其乐，少与人发生争执，人与动物和谐相处或动物造福于人的情况更为普遍，反映在审美文化中也便多了一份人对动物的喜爱和赞美。如"江上往来人，但爱鲈鱼美"（范仲淹《江上渔者》）；"竹外桃花三两枝，春江水暖鸭先知。蒌蒿满地芦芽短，正是河豚欲上时"（苏轼《惠崇春江晚景》其一）；"留连戏蝶时时舞，自在娇莺恰恰啼"（杜甫《江畔独步寻花七绝句》其六）等诗句中都流露出人对江南春天里动物的形态、动作、鸣叫和感觉的真切喜爱。有些动物引人伤感，如"仙人已去鹿无家，孤棲怅望层城霞"（苏轼《仙都山鹿》）；"黄鹤一去不复返，白云千载空悠悠"（崔颢《黄鹤楼》）等诗句中的野鹿、黄鹤，虽然它们的存在或缺失增添了人的寂寞与失落，但诗人对它们表露出来的依然是一种隐秘的沟通，冥冥中的相知。有些动物还成为人们表达爱情的媒介，甚至成为爱情的直接对象，如"蓬山此去无多路，青鸟殷勤为探看"（李商隐《无题》）。在这里，青鸟是传达爱情的信使，而在《聊斋》中，许多动物如狐狸、蛇等则化为美女与人为妻。由于作者蒲松龄长期生活在北方，所以《聊斋》中涉及江南动植物的故事不多，但有限的几篇中所显示出来的思想意味和价值取向也很值得重视，如故事情节颇为奇幻的《西湖主》。故事中说洞庭湖中的猪婆龙被周绂射伤，陈明允见其可怜，为其求情，逃过一劫，后来陈明允在洞庭湖遇到风暴落水，猪婆龙不仅救了他的命，而且让他与西湖主结为良缘，享受两世生命的欢乐。这些人与动物之间的情爱故事淡化和模糊了儒家文化一直在强调的人与其他生命形式的差异性，表达了古人对宇宙间生命共性的认同心理，而这也正是中国古代审美文化追求生态和谐的重要例证。

二 自然品质的人文升华

在江南的自然时空里，动植物与人建立了非常复杂而全面的联系，这种复杂和全面的联系有效预防了单一性的功利关系所可能造成的生态畸形。每一种动植物，即使其有令人不愉快的一面，也不妨碍它在一定的条件下被人视为一种维护人类健康生活，推动人类进步的积极力量，从而将其自然品质升华为一种人文精神，丰富我国生态审美文化的内涵。

在古代的江南，动植物被用以丰富人文精神和生态审美文化内涵的方式可谓多种多样，现举其要者分述如下：第一，选择具有谐音特征的庭栽品种，寄寓该谐音的文化意义。在中国传统文化中，人们经常利用植物名称发音把植物从自然序列引入人文序列，这种现象在巫觋文化特征明显的江南地区更为普遍。如杭州方言中，橘与"吉"同音，简化后又与"桔"通用，柏谐音"百"，柿谐音"事"，于是在杭州一带便形成了一种将三者联于一体的风俗活动，即正月里"簽柏枝于柿饼，以大桔承之，谓之百事大吉。"[①] 其他如"桂"谐音"贵"，以桂花代表富贵，莲子谐音"连子"，于是桂花和莲子画在一起，象征"连生贵子"。木芙蓉和牡丹也常被画在一起，取木芙蓉的谐音"富荣"和牡丹"花之富贵者"的"富贵"寓意，借以讨取"荣华富贵"的吉利。天竹，民间取天竺谐音，以天竹代表天，而如意常制成灵芝状，

---

① 胡朴先：《中华全国风俗志》下篇卷3，《浙江·临安县》，上海书店1986年影印版。

所以人们又把天竹与灵芝画在一起，象征天然如意。

第二，以自然植物的形、色、味来美化人造物和阐释人的品质。如木兰本是一种落叶小乔木，因花苞有毛尖长如笔，又称木笔，明代诗人张新赞之曰："梦中曾见笔生花，锦字还将气象夸。谁信花中原有笔，毫端方欲吐春霞。"（《辛夷》）这首诗巧妙地在自然之花与人文理想的光华之间构建了一种联想关系，启发人以自然之华来想象人文之花，将抽象的精神寓于具体生动的形象之中，实现了自然精神与人文诉求的美妙融合。基于对木兰的上述认识，江南人家常在房前屋后栽种几株，以望其催生文运。高大挺拔、枝叶秀丽、优雅别致、傲霜斗雪的毛竹常用来象征人的高雅气质和高尚品德。郑燮称其有"君子之德，大王之雄"（《竹》）。宋禧则喻其"绿株似君子，长年不厌看"（《徐氏瞻绿轩》）。许多人把竹子看作是对自己进行行为警示和对他人进行道德衡量的尺度，如王世贞称："吾宗雅语世所闻，何可一日无此君。"（《题竹轩》）把竹子的优雅视为自己言行的榜样。朱熹诗云："坐获幽林赏，端居无俗情。"（《新竹》）朱熹希望生活中常有幽竹相伴，以勉励自己追求高尚，避免庸俗。经历过血雨腥风、沧桑剧变的康熙曾望竹而叹："秋寒众色皆变，惟尔霜姿可嘉"（《闲坐咏竹》），以竹子的英姿来衬托人间忠诚的可贵。素而不艳，香而不浓，有"百花之英"美誉的兰花在古代常被用以昭示君子的高洁品德。两千多年前，孔子就曾说："芝兰生于深林，不以无人而不芳；君子修道立德，不为穷困而改节。"（《孔子家语·在厄》）孔子以兰花本然之幽香来比喻修道立德乃人之本性，而不是社会强加于个人的要求。像这样以比德方式来阐释和发挥兰花的道德寓意自孔子以后一直流传不息。如屈原《离骚》云："余既滋兰之九畹兮，又树蕙之百亩。"屈原对兰与蕙不是一般的喜爱，而是将其作为君子人格的象征，自我的隐喻。明代诗人薛网诗云："我爱幽兰异众芳,不将颜色媚春阳。西风寒露深林下,任是无人也自香。"(薛网《题徐明德墨兰》)苏辙诗云:"兰生幽谷无人识,客种东轩遗我香。"(《种兰》)清代画家郑板桥题画诗云:"千古幽贞是此花,不求闻达只烟霞。"(《高山幽兰》)这些诗句都以兰花独立不改的幽香品质来称赞闪耀在君子身上的不求闻达,但自宜人,不媚权势,但为天下的品格。正因如此,蕙兰之香千百年来一直被礼赞为"王者之香"。此外,冰清玉洁、暗香四溢的梅花多被联系于不屈不挠、奋勇当先、自强不息的精神;花大色艳、清香远溢、凌波翠盖的荷花则把人引向和平、和谐、合作、团结的畅想。总之,这些花草树木的形、色、味都超越了其自然物性,从不同的角度,不同的层面上提升了中国审美文化的品质,丰富了中国审美文化的内容。

第三,以动植物的生长规律、特征和实用价值来说明人类生命繁衍的规律,进行道德启蒙和人文教化。如生长于我国江南温暖湿润地方的合欢树,其复叶呈羽状对偶的形态,入夜复叶双双闭合,夜合晨舒,被用以象征夫妻的恩爱和合,所以又称"合婚",民间还将合欢图案置入生活用具中,创制成"合欢杯"、"合欢扇"、"合欢襦"、"合欢被"等,还有的在建筑中将合欢图案用于合和窗,象征合欢团聚和男女和合欢乐。古人从动植物的生长规律和特性上不仅认识了自身的"生生"规律,而且形成了"美生"的意识和追求。如银杏树,因其所结白果甚多而被取名子孙树,其白果是冬季滋补上乘果品,树叶可作为中药材原料,赵朴初赞之曰:"青城好,银杏二千年。久已参天归众望,不辞落子助人餐。功德绝人寰。"(赵朴初《忆江南·访青城山》)银杏树树体高大,伟岸挺拔,四季景象不同,具有很高的观赏价值。春季新芽初露嫩叶萌枝,三四月扬花,金黄色的花粉便随风飘落,满地如落金砂;夏季冠盖如云,浓荫蔽日,更显一派勃勃生机；晚秋金黄色的树叶簌簌落下，一层层地铺满屋顶和地面，构成一道金秋古观；冬天，虬枝飞扬，苍劲倔傲，如有冬阳暖照，通体一片古铜金色，尤显千年岁月沧桑。清代诗人李善济云：“故国从来艳乔木，况甘隐沦绝尘俗。状如虬怒远飞扬，势如蠖屈时起伏。姿如凤舞干云霄，气如龙蟠栖岩谷。盘根错节几经秋，欲考年轮空踯躅。黄帝问时已萌芽，明皇西幸满著花。”（《古银杏歌》）银杏树以其体形巨大、树龄超长而显现出江南的青翠生机，更回应着江南那钟鼓梵唱的悠悠历史。香樟树是江南地区重要的行道树及庭荫树，树冠广展，叶枝茂盛，浓荫遍地，气势雄伟，特别是香樟一年四季都散发出诱人的香味，让人在它的伟岸之中感受到一种青翠的温柔。民间有诗云：“枝繁叶茂盖如云，耐旱凌霜蔽暑荫。不用夸她姿伟岸，幽香缕缕醉行人。”香樟的独特气味可以驱虫，如茹志鹃在《宋庆龄故居的樟树》一文中所说的那样：“只要这木质存在一天，虫类就怕它一天。”所以在民间人们还把它看成一种风水树，寓意避邪、长寿、吉祥如意。

冬青树是一种亚热带常绿乔木，在我国主要分布于长江中下游地区，树高可达 13 米，树皮灰色或淡灰色，小枝淡绿色，叶薄革质，狭长椭圆形或披针形。冬青枝叶茂密，树形整齐，树叶四季常绿，历来都是城乡绿化和庭院观赏的重要树种。《诗经》中已经提到了冬青树：“南山有枸，北山有楟。乐只君子，遐不黄耇。”（《诗经·小雅·南山有台》）这里提到的“楟”就是今天的所谓的冬青树，古人把冬青与人的长寿相比，既有祝福的意思，也说明对冬青果益于身体的药用价值有所认识。关于冬青果的药用价值，《神农本草经》上说：“女贞实，味苦甘，平无毒，主补中，安五藏，养精神，除百疾。久服肥健，轻身不老。”传说有一对夫妻，因故离别，妻不幸亡故，丈夫因思念而成疾，身体衰弱以致形枯。这时，在妻的坟上生长出一株枝叶繁茂的小树，结出的果实乌黑发亮，丈夫摘食，精神倍增，后经常食用此果终使衰病获愈，冬青也由此有了贞女的名字。元初，宋诸陵墓被掘，谢翱等人将被抛露骸骨集中葬于越山兰亭附近，在坟上植冬青树，并作《冬青树引别玉潜》诗纪念，诗中有"愿君此心无所移，此树终有开花时"（谢翱《冬青树引别玉潜》）之语，以冬青常绿之自然属性来隐喻永不改变的抗元意志，以冬青之开花结果来暗示复兴故国的成功。明人崔士召诗云："侠骨奇踪世所稀，遗篇读罢泪沾衣。魂随宋寝冬青树，墓傍严陵古钓矶。"（《读谢皋羽集》其一）清人钱谦益诗云："冬青树老六陵秋，恸哭遗民总白头。南渡衣冠非故国，西湖烟水是清流。"（《西湖杂感》其十六）从这些诗句中我们可以看出，冬青树以其厚实的常绿、强身健体的药用价值等已经成为教导人们忠于祖国、忠于爱情和热爱生命的自然教材。

以上分析表明，各种自然事物与人文精神的联系方式都是以古人逐步发达的感觉能力为基础的，而这种感觉能力的提高又依托于大自然丰富的启示，二者是一种双向互动的关系，正是在这样一个漫长的双向互动过程中，古人逐步形成了强大、旺盛的想象力和崇高的精神气魄，并据之将自然概念的能指逐步扩大和延伸，从而造就了自己丰富的诗性智慧。

三 天人共生的生态审美立场

恩格斯曾经这样描绘他对大海的感受："你再望一望远方的碧绿地海面，波涛汹涌，永不停息。阳光从无数闪烁地镜子中反射到你的眼里，碧绿的海水同蔚蓝地镜子般地天空和金色的太阳熔化成美妙的色彩……于是你的忧思，一切关于人世间的敌人乃至其阴谋狡黠的回忆，就会烟消云散，你就会溶化在自由的无限的精神的骄傲意识中。"① 恩格斯对人与自然关系的认识与中国古人对天人关系的体悟有一定程度上的相似性，这主要体现在两个方面：一是他们都深切地感受到人本身具有融入自然的生态特征，从根本上讲，人乃自然之子；二是他们都指出伟大的自然美不仅可以净化人的灵魂，而且能够激发人类的精神活力。不过，恩格斯作为一个欧洲人，其对人与自然关系的理解立足于西方海洋文化，从海洋那里受到了更多的启发，在人对自然的审美关系中更加强调人的自觉的能动性、自然的人化，以及人与自然之间相互制约的辩证关系。中国古人则不同，其对于人与自然关系的理解，是以中国大陆上河流、湖泊与平原、丘陵、高山、气候等自然要素之间的关系及其与人的复杂关系为基础的，尤其是受到了中国江南山水与人的动态和谐关系的启示，在人对自然的审美关系方面更强调人与自然之间的整体平衡。明代文学家杨慎诗云："滚滚长江东逝水，浪花淘尽英雄。是非成败转头空，青山依旧在，几度夕阳红。白发渔樵江渚上，惯看秋月春风。一壶浊酒喜相逢，古今多少事，都付笑谈中。"（杨慎《临江仙》）杨慎生长于风景秀丽的四川新都，天生聪颖，博闻广识，才华横溢，做官时因率领百官"逼宫"而犯龙颜，两次受杖击而几于毙命，后谪戍云南永昌，历三十五年"独立苍茫"的苦旅而亡于滇。经历了人生大劫难，又长期与大自然相伴的一代文豪，其对人生的理解远远超越了个人眼前的利害得失而具有人类学意义。其词中所感叹、所标示的个体生命的短暂与渺小，大自然的博大与永恒，正如恩格斯对大海"永不停息"的崇拜，词中"古今多少

---

① ［德］弗里德里希·恩格斯：《风景》，《马克思恩格斯全集》（第 41 卷），人民出版社 1982 年版，第 96 页。

事，都付笑谈中"肯定的正是恩格斯所说的那种"自由的无限的精神的骄傲意识"。这种意识不是自然决定论，因为它肯定人的精神的骄傲，也不是人类中心论，因为它认定一切人生的得失利害都会"转头空"。中国古人还不可能具有马克思、恩格斯所阐发的关于人类史和自然史相互制约的历史科学精神，但是他们从来不炫耀对大自然的"胜利"和自己在大自然面前的丰功伟绩，而是始终坚持人的精神自由与自然的宜人性的统一，表现着明确的天人共生的生态审美意识，而这与马克思、恩格斯他们所阐发的人与自然统一的观念又是并行不悖的。

天人共生的生态审美意识反映在人们对待自然界动植物的态度与行动上就是特别强调对动植物的保护。如在浙江省的郭下村，村民们视龙山树木如人的生命，将护树保林作为自己的神圣职责。老祖宗为防不肖子孙有砍树毁林行为，曾订下严格的族规遗训代代相传："上山拾材拔指甲，砍一小树断一指，砍一大树断一臂"，那些违规者除了受到肉体处罚外，还要跪在祠堂前向祖宗请罪，并会遭到众多子孙的唾弃。在苍坡村，李氏第九世祖李西斋，大力倡导村民植树美化家园，立下禁令，"凡在树上栓牛者，立杀牛不赦"。立下禁令后，自己以身作则，自家牛因为长工拴在柏树上而被杀。[①] 在楠溪江两岸，树木参天，森林相连，区区一棵树似乎无足轻重，但古人却不这样看。据《棠川郑氏宗谱·新宫坳樟树记》载，新宫坳太阴宫有大樟树一棵，"大可丈围，高难尺计"，见利忘义之徒企图砍伐，"于是村中知事者不敢袖手以旁观，斟酌再三，集款买归老宗祠之业，立有字据，永后并不许砍断"，以至大树"绿阴匝地，翠盖遮天"（关传友

---

① 《中国古村游》，中国友谊出版公司 2005 年版，第 440 页。

《论明清时期宗谱家法中植树护林的行为》)①。在古代江南地区，聚族以律令方式保护生态环境者比比皆是，这些律令与处罚制度的形成有些是与封建迷信有关的，但最主要的原因是古人敬畏自然，持天人共生的立场，具有谋求族类永续无绝发展的长远眼光。

人与动植物的共生是一个具有审美意义的双向互动过程。首先，动植物的生态节律与人的生命活动的节律具有某种共同性，它使得人类能够在与自然的交流中强烈地感受到最生动美丽的生命运演方式，从而激发人类生命能量的增长。孟浩然诗云："北山白云里，隐者自怡悦。相望始登高，心随雁飞灭。愁因薄暮起，兴是清秋发。时见归村人，平沙渡头歇。天边树若荠，江畔洲如月。何当载酒来，共醉重阳节。"(《秋登万山寄张五》) 当诗人登高望远时，立刻放弃了心中的那个小"我"，成为一个融入自然的隐者，或者说获得了那种人作为自然之子的本真感受。在这里，引领诗人悠然之情的是自然的运行节律，诗人的心境随着天上自由翱翔的鸟儿，随着悄然降临的暮色，随着渡头止息的喧哗，悄然而变，浑然不觉，正因如此，方能与自然妙合为一。文震亨在《长物志》中有一段写观鱼的文字："宜早起，日未出时，不论陂池、盆盎，鱼皆荡漾于清泉碧沼之间。又宜凉天夜月、倒影插波，时时惊鳞泼剌，耳目为醒。至如微风披拂，琮琮成韵，雨过新涨，縠纹皱绿，皆观鱼之佳境也。"(《长物志》卷4，《禽鱼·观鱼》) 人与鱼都是一种自然生命，虽然其生存方式不同，但都能体验到微风披拂、雨后新涨、縠纹皱绿的自然神韵，并随之表现出或兴奋、或安宁的生命活动特征，人观鱼是在体验自然的生命活动节奏，也是通过鱼来发现自身的生命节律，人爱鱼，

---

① 《中国历史地理论丛》，2002 年第 4 辑。

爱其游于水中时"惊鳞泼剌"的自由，同时鱼也醒人耳目，使人身心康泰。不仅观鱼如此，日常生活中，人对动植物的爱一般来说总能得到爱的回报。在江西塘边村，人们仍然持守着祖上流传下来的爱护花鸟树木的传统，而这些自然之物也报之以李，每天都有众多鸟儿在池塘四周嬉戏，或翩然起舞，或振翅盘旋，与村民们和平共处。在路上觅食时，它们像家禽一样大摇大摆不躲避路人，憨态可掬，人见人爱。据村里人介绍，常年在该村繁殖生息的禽鸟中，有画眉、黄雀、麻雀、喜鹊、斑鸠、百灵鸟、柳莺、翠鸟、杜鹃、乌鸦、白鹭等，多达七十余种，它们不仅吃蚊虫，益庄稼，而且以其动听的鸣叫、姿态各异的飞舞展现大自然的勃勃生机。这种景象是传统生态和谐观念的价值体现，在今天倡导生态文明的世界潮流中，它又自然地融入了现代文明之中，成为现代文明的亮点。

其次，人置身于生态系统中，依靠经验和智慧获得了关于生态系统的正确观念，并以这种观念为指导在不影响生态平衡的前提下通过种植等活动使动植物的生长与生存更适合于人的需要，人也因此会产生美好的"在场"感受。白居易在苏州刺史任上不久，把东起同济桥（今通贯桥）西至山塘街西山庙桥的堤塘岸接通，在河塘堤岸植桃李莲荷数千枝。其诗云："自开山寺路，水陆往来频。银勒牵骄马，花船载丽人。芰荷生欲遍，桃李种仍新。好住湖堤上，长留一道春。"（《武丘寺路》）原始的自然环境经过人的改造更适合于人的生活了，同时又不失其自然性，人在自然中清楚地感受到了自己的存在和自身行为与自然的关系，意识到人类活动对维护自然生态平衡的责任和意义。白居易有"栖凤安于梧，潜鱼乐于藻"（《玩松竹二首》其一）的诗句，民间也有："家有梧桐树，何愁凤不至"的说法，这都是古人生态链意识的简洁表达。

　　在和谐的生态平衡意识支配下，古人对于动植物不是单向度的索取和武断地改变，而是以尊重自然为前提，将自然与人文、功利与审美相结合，根据动植物生态变化规律和自然属性来利用和改善。如在明清时代的江南民居及园林建筑中，对木材的利用基本上是持"圆作"制度，即以圆木为柱梁，这是考虑到保持木柱生长的自然形态，不会损害其负载力，同时蕴涵着人们对生活圆满的寄托以及这种寄托中所具有的"回归于自然"的象征意义。这种象征意义在语言艺术中得到了清晰的表达，如在苏州留园五峰仙馆厅内仍保留着晚清状元、江南名士陆润庠书写的楹联："读书取正，读易取变，读骚取幽，读庄取达，读汉文取坚，最有味卷中岁月；与菊同野，与梅同疏，与莲同洁，与兰同芳，与海棠同韵，定自称花里神仙。"这副几乎是众所周知的楹联虽带着稍许清高，却也反映了过去时代江南名士真心的希望：读诗阅文，吸取人文精华，以使自己成为一个更全面、更高贵、更自由、更懂得人的人，赏梅兰，观莲菊，品海棠，汇聚自然神韵，相信人归根结底乃自然之子，诗文之意犹百花之味，百花之味养人之心，诗文之意怡人之神，人应该在人文创造与自然精华的共同哺育下，心神安宁、悠然一生。李白诗云："庐山东南五老峰，青天削出金芙蓉。九江秀色可揽结，吾将此地巢云松。"（《登庐山五老峰》）如同鸟儿筑巢是一种自然现象一样，人巢居于大山之中本身也是一种自然现象，它不会破坏生态平衡，也不会对九江秀色有丝毫的损害，古人把自己视为大自然舞台上的一员，既是观众，又是演员，作为观众，他可以尽情欣赏和享受自然之美，作为演员，他有责任和义务演好自己的角色，为美化大自然做出自己的贡献。

第二节 山水、风水与生态环境之美

江南的古村镇大都依山傍水，有的村镇就镶嵌在青山绿水之中，与山水相映成趣。江南古村镇既不同于北方山区随意而建的零星民居，也不同于北方平原地区较为单一的方形村镇结构，而是十分讲究总体布局的变化与协调。这种布局追求方便、实用、舒适，同时又力求达到与环境的最佳配合，在人文与自然的巧妙结合中营造了一种具有浓郁审美意蕴的生活气氛。在江南山水与村镇、城市的融合过程中，其融合方法与方式总是以生活需求为立足点，以相天法地的风水观念为理论指导。据文献记载，至隋代，江南地区的社会风俗仍然是"信鬼神，好淫祀"（《中华全国风俗志》上篇卷3，《浙江·总志》）。巫风盛行为颇具迷信色彩的风水观念的发展提供了良好的社会生活与文化氛围。风水观在江南的流行，使得江南的村落布局和房屋建筑中多保持有风水视角，很多看似奇怪的结构和物象都可以从风水学上找到根据。美国学者凯文·林奇指出，风水对环境的分析是开放式的，因而有可能更进一步发展新蕴涵和新诗意，它引导人们对外部形态及影响进行使用和控制，为我们建构一个可以想象而没有压抑感的环境，它或许能提供一些不错的方法和有价值的线索[①]。按凯文·林奇的说法，风水学运用于建筑不仅提升了人对外部环境的控制能力，最大限度地挖掘了环境的潜在的作用价值，而且丰富了环境的综合的审美意蕴。对此，英国学者帕特里克·阿伯隆说得更为直截了当，他说："在风水下所展开的中国风景，在曾经

---

① ［美］凯文·林奇：《城市意象》，方益萍、何晓军译，华夏出版社2001年版，第106页。

存在过的任何美妙风景中，可能是构造最为精美的。"① 事实上，风水学在中国环境设计与建筑中的实际应用确实造成了很多积极的影响，尤其是改善和提升环境的审美品质方面的影响。在江南地区，风水学显著地促进了江南民居建筑与村落布局与周边山水环境的和谐关系，使自然山水与居于其间的人各尽其性，相得益彰。

一　风水宝地：江南山水中最美的生态环境

中国古代风水学以为人寻找和营造理想的生存环境为宗旨，视人的安居乐业为其最主要的价值实现形式。中国古代风水学将最适宜于人类居住与生活的环境称为风水宝地，按《阳宅十书》的说法："凡宅左有流水，谓之青龙；右有长道，谓之白虎；前有汗池，谓之朱雀；后有丘陵，谓之元武，为最贵地。"以浙江泰顺县的圆州村为例，该村前有案山，后有靠山，左右为护砂，中间部分堂局分明，地势宽敞，且有"玉带水"曲流环抱，形成了一个前方略显开敞而又相对封闭的环境，按照风水学的说法，这便是最为理想的栖居环境"四灵地"②。从地理常识与生活经验上也可以看出，这种相对封闭的地理空间十分有利于形成良好的生态环境和气候：背山可以屏挡冬日北来寒流，面水可以接纳夏日南来凉风，朝阳可以争取良好日照，近水可以拥有方便的水运交通和生活、灌溉用水，缓坡可以避免淹涝之灾，茂盛的植被可以保持水土，调整小气候，果林或经济林还可取得经济效益和部分的燃料能源③。就其综合条件而言，是非常适宜人们安居乐

---

① 一丁、雨露、洪涌：《中国古代风水与建筑选址》，河北科学技术出版社1996年版，第302页。

② 《中国古村游》，第459—461页。

③ 参见张竟先编撰《风生水起》，团结出版社2007年版，第10页。

业的。

风水学对环境的基本态度是观照山川自然美而巧加人工裁成，这与古代士人"山水之乐"的审美情趣互为表里，而风水学更能以其娴熟细腻的实际处理技巧，使自然进到更完善的层次，这就赋予中国传统建筑及其整体环境以隽永的美学气质。因此，不少文人青睐风水，虽则大儒也推崇此道。如晋代风水学家郭璞诗云："天目山前两乳长，龙飞凤舞到钱塘。海门山起横为案，五百年生异姓王。"（《天目山》）郭璞这首谶语诗把杭州看成最完美的"四灵地"，并预言这样的风水宝地将帝王辈出。谢灵运《山居赋》云："抗北顶以葺馆，瞰南峰以启轩。罗曾崖于户里，列镜澜于窗前。"赋中所描绘的居所北靠大山，南面宽阔的水流，且前方有案山挺立，树木苍翠，空气清新，虽未言明其为何种类型的风水地，但其风水视角清晰可见。宋代文学家杨万里《东园醉望暮山》云："我居北山下，南山横我前。北山似怀抱，南山如髻鬟。怀抱冬独暖，髻鬟春最鲜。松鬣沐初净，山葩插更妍。我来犹斜阳，我望忽夕烟。一望便应去，不合久凭栏。山意本自惜，如何许人看。急将白锦障，小隔青鬟颜。近翠成远淡，缥缈天外仙。谁知绝奇处，正在有无间。顷刻万姿态，可玩不可传。"与谢灵运《山居赋》相似，杨万里在这首诗中将风水视角化为一种独特的审美视角，把山水、风水与生活凝练为一种极美的境界。在古人的生活实践与生产实践中，他们一直在寻找和开启伟大的自然力，并努力使自己的建筑形式、生活方式等尽可能与之相协调，他们相信，只有与大自然心心相印，获得伟大自然力的支持，才能有人的生命与生活的丰富与和谐。因此，像郭璞、谢灵运、苏东坡、杨万里等众多文人雅士对"莲花地"、"四灵地"、"龙凤地"等良好的适宜人类居住的自然环境都充满了敬畏、热爱与向往之情，不惜苦心运思，遍寻佳句来咏赞其言说不尽的魅力。

二　法天象地：对江南山水资源的综合利用与美学布局

　　法天象地的布局思想是古人效法自然的哲学观念的延伸和具体化。《周易·说卦》云："乾，天也，故称乎父；坤，地也，故称乎母。"按照《周易》的立场，天地是宇宙的缔造者，人类是天地的儿女，因此必须遵循天地自然的运行法则，人类只有效法自然才能生存、发展和建功立业，故曰："天地变化，圣人效之。"（《周易·系辞》）法天象地的思想被后人推及生产、军事、建筑等各个领域，形成了以自然为本位的各种具体学说或学问。

　　建筑学上的法天象地思想最早见于文献记载的是，春秋时期伍子胥筑阖闾城时提出的"相土尝水，象天法地"（《吴越春秋·阖闾内传》）。随后越国范蠡筑国都，"乃观天文，拟法于紫宫"（《吴越春秋·勾践归国外传》）。在江南地区，许多村镇的结构布局中都明确地表现出"象天法地"的意识，而这种意识的具体表达方式则是太极与八卦。太极与八卦图代表了中国古人最基本的空间意识，在村落布局上江南丘陵地区可以综合利用山、水、平原交错变化的特点充分体现这种空间概念，使自然山水最大可能地为人服务。如吴良镛所言："中国城市把山林作为城市构图要素，山水与城市浑然一体，蔚为特色。"（吴良镛《山水城市与二十一世纪中国城市发展纵横谈》）[1] 事实上，江南的许多村镇在构图上山水的融入程度比城市还要大得多。一般的村落都尽可能按太极图来布局，这样既符合传统的空间理论，也比较容易做到。如浙江省金华市武义县的俞源村，人称俞源太极星象

---

　　① 鲍世行、顾孟潮主编：《城市学与山水城市》，中国建筑工业出版社 1996 年版，第 242 页。

村。该村布局按天体星象"天罡引二十八满，黄道十二宫环绕"排列。村口直径 320 米，面积 120 亩的巨型太极图便是人工设计的"双鱼宫"，属阴阳双鱼星座，为十二宫之首。其余"十一宫"分别是环绕村庄的十一座山岗，属自然生成。横贯俞源村的河流是"赤道"即子午线，村内七星塘是"北斗星宿"即北斗七星，大量古建筑群为"二十八星宿"①。俞源村的结构布局总体就是一幅完整的天体星象图，据说这种设计是由明朝开国帝师刘伯温完成的，至今在村子的入口处还保留着伯温草堂。

在地理条件更为优越的地方，人们往往会在太极的基础上设计八卦布局，位于浙江中西部兰溪市境内的诸葛八卦村是其中的典范。诸葛村按九宫八卦设计布局，整个村落的中心是钟池，钟池由水陆两条阴阳鱼构成，两个水井代表两个鱼眼，八条小巷向外辐射，形成内八卦，村外八座小山环抱整个村落，构成外八卦。其中的民居多为"青砖、灰瓦、马头墙、肥梁、胖柱、小闺房"的建筑风格，给人素朴、典雅的感觉，而那些无论大小都修葺整齐的水塘则让人领略到一种水乡风情。浙江宁海县前童镇的前童村也以八卦布局闻名于世，村子坐落在两山两水之间的盆地中，村东边的塔山与村西边的鹿山对峙，组成两极鱼眼，村南边的白溪与村北边的梁皇溪在村中交汇，切出两条阴阳鱼的鱼身。前童村的祖先按照八卦思维，把白溪水引进村庄，构成"水八卦"。"八卦水"流经家家户户，家家房屋都沿水而建，溪水从门前屋后流过，妇女们恬静地在甘洌的溪水中淘米、洗菜，显示出一种生活的滋润和恬淡。溪水流出村后又可以灌田浇地，如诗云："塔峰斜峙双华表，溪水周流一玉环"。空间上的八卦构型又与求吉利、明理义的儒学观念相结合，房屋的窗棂、门头、门窗

---

① 《中国古村游》，第 511 页。

腰板上多刻有"一粥一饭当思来处不易"、"职思其居"、"量入为出、未雨绸缪"、"孝悌"、"礼义"等文字或菱藕、鱼瓜、春蚕等浮雕，它们与"群峰簪笏"、"清流映带"的马头墙相互衬托，营造出一种儒雅的氛围。在村外，"塔山东峙，林浓岩峭，犹雄狮伏地；鹿山西横，绿草芊芊，如麋鹿倾卧；南临的白溪，碧波涟涟；北绕的梁溪，甘泉潺潺。"（《宁海县志·前童》）整个村落虽然庞大，却屋舍俨然，宁静安逸。

上述村镇都是至今保存比较好的古村镇，从这些少数遗留下来的古村镇中我们可以看到，整个江南在古代社会所持守的师法自然、模拟自然的建筑思想、原则和方式，这种思想、原则和方式不仅保证了这些村镇自身良好的整体生态平衡性能，而且使其能更好地融入整个自然生态系统之中。

三　生态补偿：古人自觉的生态建设及其对生态美的贡献

中国风水学将整个大地看作是一个活的有机体，而在一定的区域内，风水学则努力将各种生态和生命活动现象纳入区域性的生态系统中。如有的风水学著作中把山脉和水系的形状比作一棵甜瓜藤，山脉的主峰被比作甜瓜卷须的根，屏卫主峰的主要山脉被比作从植物根上生发出来的主干，山脉主峰周围大大小小的山峰被视为主干上的枝枝杈杈，山峰间的盆地和小平原则如枝杈上繁茂的叶片。[1] 在风水观念流行的江南地区，人们不会把某一自然山水形态仅仅视为一个孤立的自然现象，而是能以一种系统化的思维方式将其看作和其他自然现象相互联系的有机生命体的一部分，视为人们从事生活活动，进行生命体验的神圣的启示者。在风水学活体论的影响下，人们注重环境的各要素之间、人类与

---

[1]　张竟先编撰：《风生水起》，第5页。

环境之间的相互支持、互惠共生和整体和谐，如努力保持单体建筑与外部居住环境的协调，村落整体布局与山水田野的配合等，使得山川之美与人文追求既相互契合，又相互激荡，从而联缀出一种天人和合的境界美。

对某些在形局或格局上不太完备的村基，风水学主张采取一定的补救措施来使其达到完美，如引水聚财、植树补基、建塔"镇煞"或"兴文运"等。风水学上的一些具体做法其出发点可能是功利的或迷信的，但客观上造成了以人补天的效果，极大地提高了环境的综合品质。如江苏《同里镇志》载："此洲当湖之口，砥柱中流，一方之文运系焉。虑为风涛冲激，渐至沦没，乃倡议捐金累石筑基，环以外堤，植以榆柳，创建圣祠以为之镇压。"（周眘《罗星洲关圣祠碑记》）将一个水中小洲视为一方文运之本显然是荒谬的，但建堤植树以固洲使区域性的自然生态相对稳定下来，这无疑是有益于当地人生活的。江西省的李坑村为补村基之不足，村口附近种植了一丛丛高大的树木，将一片白墙黑瓦隐藏在繁密的树木之后，使小家碧玉般的李坑平添几分神秘情调。[①] 这种补风水行为既涵养了水源，方便了生活，又产生了很好的美学效果。当然，也不可否认，审风水的活动中胡乱联系的现象也不在少数，这可能是至今人们对风水学都不太信任的一个重要原因。如《珍溪朱氏合族副谱·改建文昌阁记》云："见潭水潆洄而涵影，秀峰耸拔以连云；文笔插其右，斗山踞其左，山川环绕，若绣若绮。因喜不胜曰：此真文昌阁基也，可以安神灵而聚风气矣。"我们不能说环境与文化发展没有关系，但就一个小环境而言，二者之间的联系远不如风水家说得那么直接。又如《袁州府志》载，江西萍乡县城在"宋宣和间，知县郑强，因

---

① 参见《中国古村游》，第 246 页。

民多瞽，乃相县后地形，如飞凤展翼，因凿二池，以象二目，而民遂无盲疾"。(《康熙江西通志》卷8) 一种疾病的形成与环境之间可能存在因果关系，但说仅凭修两个具有象征意义的水池就能治好人的病，则不可信。

对于环境中的不利因素，除了进行风水补偿外，古人还依据风水学中相生相克的原理努力地去化解。不少江南村镇的结构布局的形成都与这一原理的运用有关。如晋代营建温州城时，主持风水事务的郭璞发现环列的诸山形如北斗星座，华盖、海坛、松台、西郭四山形同斗魁，积谷、粪吉、仁王三山形似斗枸，"若城于山外，当骤至富盛，然不免干戈水火之虞。若城绕其巅，寇不入斗，则安逸可以长保"(弘治《温州府志》卷1，《形胜》)。于是跨山筑城，又在城里凿二十八口井以取象列宿，配合北斗七星，温州因此成为斗城。又如春秋时期，伍子胥筑吴大城时，"筑小城周十里，陵门三。不开东面者，欲以绝越明也；立阊门者，以象天门通阊阖风也；立蛇门者，以象地户也；阊阖欲西破楚，楚在西北，故立阊门以通天气，因复名之破楚门，欲东并大越，越在东南，故立蛇门以制敌国。吴在辰，其位龙也，故小城南门上反羽为两鲵鲸，以象龙角；越在巳地，其位蛇也，故南大门上有木蛇，北向首内，示越属于吴也"(《吴越春秋·阖闾内传》)。后来范蠡为了帮助勾践重振越国，吞并吴国，在兴建新的越国都城时，针对吴国的大城在风水方面做足了工夫："乃观天文，拟法于紫宫，筑作小城。周千一百二十一步，一圆三方。西北立龙飞翼之楼，以象天门。东南伏漏石窦，以象地户。陵门四达，以象八风。外郭筑城面缺西北，示服事吴也，不敢雍塞；内以取吴，故缺西北，而吴不知也。"(《吴越春秋·勾践归国外传第八》) 更有甚者，当年陈后主李煜主政金陵，当敌军跨过长江逼近金陵时，他竟然不事防务，而相信金陵"钟阜龙盘，石城虎踞，真帝王之宅"（《六朝事迹编类》卷上，《形势门·石城》），王气极盛的金陵，自可抵挡敌军。这件事说明迷信风水会把人带入十分愚蠢的状态，也可以看出李煜在无可奈何的情况下自欺欺人的可悲与可怜之处。古人这种斗风水的做法今天看来主要是获得了一种心理上的安慰，实际作用并不大，甚至会产生与其初衷相反的效果，但其利用自然力化解社会矛盾的做法却反映了古人强烈的生态平衡意识。除了政治、军事以外，古人在日常安全方面也常依于此道。如浙江永嘉县岩头镇的苍坡村兴建于南宋时期，据说其创建者从风水学的角度看这个村子的位置"火气太旺"，四面都有火灾隐忧，为了达到"以水克火"的目的，便在村子的东西方位，各挖大型水池两个，而建起的这两个水池正好把村外的笔架山倒影于其中，客观上产生了很好的美学效果。

总的来看，山水形态在进行了风水学阐释之后，已被人文生态全面溶解，成为人们和谐生存和优化生存的重要心理支撑。更为值得肯定的是，风水学认为人并不是环境的消极的适应者，而应当以其创造性活动参与到环境的改造之中，明确地肯定了人类美化环境的能力，并强调了每一个人对保护环境、美化环境所负的重要责任。

第三节　山水城市：原始生态主义与古代工商业文明妥协的成果

江南城市文明从春秋时期开始崛起，到中唐以后已经在全国处于领先地位，无论城市建设的规模、数量，还是以城市为中心的文化教育的水平与质量，都开始优于北方，"平江、常、润、湖、杭、明、越，号为士大夫渊薮，天下贤俊多避地于此"（李心传《建炎以来系年要录》卷20）。这就使得江南既是我国古代

生态审美文化最发达的地区，同时也成为我国古代城市化进程进
展最快的地区。基于农业文明的江南生态审美文化从本性上说属
于原始生态主义，即区别于后工业时代生态保护主义的古老的纯
粹的自然生态主义。这种原始生态主义对以工商业为基础的城市
文明具有很强的排斥性，因而，在江南地区，我国古代生态审美
文化与城市文明的矛盾最早暴露出来，并为人们深入地思考和广
泛关注。

一　江南城市的崛起及其文化促进作用

在夏朝时江南地区已经出现了一些小型城市，《咸淳临安志》
上说，浙江余杭城大约在夏禹时就已经有了，余杭本是禹杭的讹
称。不过，直到西汉时期，江南地区的城市发展在全国都一直是
相当落后的，因为城市的发展是以人口相对集中，生产力较为发
达，商品数量较大为基础的，而孙吴政权出现以前的江南却是人
口稀少，生产水平处于火耕水耨的低下状态，自然环境尚不能显
现出它的优越性。《汉书》中谈到浙江绍兴一带的自然环境时说：
"数百千里夹以深林丛竹，水道上下击石林中多蝮蛇猛兽，夏月
暑时，呕泄霍乱之病相随属也。"（《汉书》卷 64，《严助传》）在
一定的社会历史阶段，一种自然环境的优劣不仅取决于自然环境
自身的特点，还要看当时社会生产力整体上适应和控制这种环境
的能力，正如马克思指出的那样："自然界的人的本质只有对社
会的人说来才是存在的；因为只有在社会中，自然界对人来说才
是人与人联系的纽带。"① 也就是说，自然环境对于人类的意义
是社会历史性的，是随着人类社会生产力和控制自然环境的能力

①　［德］卡尔·马克思：《1844 年经济学哲学手稿》，人民出版社 1979 年版，
第 78—79 页。

而变化的。正因如此，后人所喜爱的崇山峻岭、深林丛竹对于汉代及更古老的驾驭自然能力十分有限的社会来说反而是严酷和恶劣的。晋政权渡江以后，大批北方人和北方先进的生产技术参与到了江南的经营与开发中，三吴（吴兴、吴郡和会稽）遂成为殷实富庶之地，这时的山阴城已是民户三万、商贾云集、百物汇聚、店铺林立。隋唐五代时期，江南地区大兴水利，不仅有效地防止了水灾，而且使大片农田得到灌溉，成为良田。江南运河的开通更是对江南地区的商业经济产生了深远的影响，其所流经的润、常、苏、扬诸州一跃而成为重要都会。白居易称苏州："甲郡标天下，环封极海滨。"（《自到郡斋走笔题二十四韵》）杜荀鹤则对苏州作了这样生动的描述："君到姑苏见，人家尽枕河。古宫闲地少，水港小桥多。夜市卖菱藕，春船载绮罗。"（《送人游吴》）从这些诗句中我们可以见出当时苏州城市规模之大、人口之多、商业之繁荣。唐代的扬州由于优越的地理位置，繁荣程度更超过了苏州，有人将其盛况描述为："夜市千灯照碧云，高楼红袖客纷纷。如今不似时平日，犹自笙歌彻晓闻。"（王建《十五夜望月寄杜郎中时会琴客》）持续不断的城市建设热潮，使江南地区的城市发展由无序走向有序，许多城市从此改变了长期以来没有明确的城区范围和系统市政规划的状况，"不仅城市空间范围随着城池的拓展而扩大，而且城内街巷坊市的布局趋于整齐，市政设施和社区管理也日渐完善"①。如杭州自唐中期以后，成为浙江最大的城市，进入北宋时期，已发展成为全国一流城市和东南地区第一大城市。南宋时的杭州作为都城，在布局设计上的考究程度要远远超过其他市镇，设计者尽量利用群山、河湖、平原等地理优势，使城市布局美观大方、壮丽雄伟。宋代的杭州城

---

① 陈国灿、奚建华：《浙江古代城镇史研究》，第71页。

为不规则的南北向长方形，地处西湖与钱塘江之间。宫城位于凤凰山东麓，较高的地势为造就雄伟的皇宫奠定了地理基础，而所建宫门"皆金钉朱户，画栋雕薨，覆以铜瓦，镌镂龙凤飞骧之状"，更使其显得"巍峨壮丽，光耀溢目"（吴自牧《梦粱录》卷8，《大内》）。殿前司设在凤凰山八盘岭上，三省六部在和宁门以北，这都是依据地形特点有意安排的。纵贯全城的大街称天街，是全城商业最繁华的地区，买卖昼夜不绝，夜市与日间无异。居民区沿用坊的名称，其管理单位划分为厢，城内共有九厢，其划分以纵贯全城的御街为界，分东、西两部分管理。此外，在城的各个方位上都有众多娱乐场所"瓦舍"和供达官贵人休闲的公私园林。城周有十八个水旱门，"水门皆平屋"，旱门"皆造楼阁"（《梦粱录》卷7，《杭州》），十分壮观。宋代杭州完善的人工设计与创造和天然优越的山水配合使杭州成为"世界上最美丽而高贵的城市"（马可波罗语）。北宋翰林学士陶谷赞其"轻清秀丽，东南为甲。富兼华夷，余杭又为甲。百事繁庶，地上天宫也"（陶谷《清异录》卷1，《地理·地上天宫》）。欧阳修《有美堂记》亦云："若乃四方之所聚，百货之所交，物盛人众，为一都会，而又能兼有山水之美，以资富贵之娱者，惟金陵、钱塘。"除了南京、杭州以外，绍兴、温州等城市规模也相当可观，南宋王十朋称会稽城"栋宇峥嵘，舟车旁午，壮百雉之魏垣，镇六州而开府"（《会稽三赋·蓬莱阁赋》），而温州在海外贸易带动下也日显繁华，城郊居民达十万人以上，史料记载："温州，并南海以东，地常燠，少寒，上壤而下湿。昔之置郡者，环外内城皆为河，分画坊巷，横贯旁午，升高望之，如画奕局……承国家生养之盛，市里充满，至以桥水堤岸而为屋。"（《万历温州府志》卷16，《东嘉开河记》）这表明，迅速发展的经济正推动着江南城市向大型和特大型迈进。

　　江南城市的繁荣也促使江南地区日渐成为全国文化教育最发达的地区，早在北宋时，有人就曾评论说："今四方学可谓至盛，而持其术者可谓不弃其人矣，然犹教化之所浃，风俗之所尚，与其讲磨养育之具，独完于京师，浸渍于齐、鲁、闽、益，而盛大于吴、越。"（《全蜀艺文志》卷36，蒲宗孟《重修至圣文宣王庙记》）及至南宋，浙江为王畿所在，"其地望尤重"，天子"施德自近始，宜其教明俗成，俊秀辈出，衣冠相望"（《咸淳临安志》卷56，陈居仁《昌化县重建庙学记》），教育更加发达。如宁波州学经多次扩建，到南宋后期，在校生徒已多达数千人，史称："世之言郡泮者，必曰一漳二明。盖漳以财计之丰裕言，明以舍馆之宏伟言也。巍堂修庑，广序环炉，槐竹森森，气象严整……比屋诗礼，冠带云如，春秋鼓箧者率三数千，童仆执经者亦以百计。"（《开庆四明续志》卷1，《学校》）除了规模庞大的州学，宁波还有官办武学，学舍面积有6亩多。吴地文化教育发达的另一个重要标志是刻书业的兴盛和一批规模宏大的公、私藏书阁的产生，如明人胡应麟云："吴会、金陵，擅名文献，刻本至多，钜秩类书，咸荟萃焉。"（《少室山房笔丛》）扬州文汇阁、镇江文宗阁和杭州文澜阁等"江南三阁"为清代珍藏《四库全书》的七大藏书阁之三。明朝中期，由当时退隐的兵部右侍郎范钦主持建造的宁波天一阁，是我国现存最古老的私人藏书楼，也是世界上现存历史最悠久的私人藏书楼之一。完善的教育设施和良好的学风为培养大批优秀人才奠定了坚实的基础，有学者统计明代全国共有状元89人，吴地就占16人，清代全国状元共114人，吴地竟占44人。① 而杰出的政治家、诗人、画家更是不计其数，在历史的长河中如群星闪烁，像宋代的范仲淹、陆游、范成大、尤

---

① 王卫平：《吴文化与江南社会研究》，群言出版社2005年版，第134页。

袤；明代的王士贞、归有光、冯梦龙、魏良辅、文徵明、唐寅、祝允明、徐祯卿；清代的顾炎武、惠栋、钱大昕、王时敏、王鉴、王翚、王原祁等这些才华横溢的文人学士们以其发射出的万丈人文光焰，共同为江南赢得了"人文渊薮"的美誉。经过一代代人的开发，江南终于由一个人烟稀少、毒蛇猛兽出没的蛮荒之地跃升为一美丽富饶、高度文明的地区。

二 江南城市化引发的文化冲突

城市工商业经济的繁荣发展在改变人的社会生活方式的同时，也引发了广泛的思想文化上的冲突，一部分士人对城市化及与之相应的工商业文明作出了理性的肯定，如明代士人陆楫从生产与消费的辩证关系入手，提出了富有创见的"奢能致富"（陆楫《兼葭堂稿》卷6）说，认为工商业经济的繁荣发达使许多人发财致富，而富人的奢侈性消费又可以反过来促进工商业的发展，从而为穷人创造更多的就业机会，"只以苏杭之湖山言之，其居人按时而游，游必画舫肩舆、珍馐良酝，歌舞而行，可谓奢矣，而不知舆夫舟子、歌童舞妓，仰湖山而待爨者不知其几"。明代儒学宗师王阳明也从社会的全面协调发展的层面上肯定了商贾的地位，他说："古者四民异业而同道，其尽心焉一也"，"士农以其尽心于修治具养者，而利器通货，犹其士与农也。工商以其尽心于利器通货者，而修治具养，犹其工与商也"（《阳明全书》卷25，《节庵方公墓表》）。显然，王阳明"四民异业而同道"的说法与传统的重农抑商和贱视商贾的思想相比表现出更多文化上的包容性与开放性。明末清初的思想家黄宗羲又提出了"工商皆本"思想："世儒不察，以工商为末，妄议抑之。夫工固圣王之所欲来，商又使其愿出于途者，盖皆本也。"（《明夷待访录·财计三》）从思想文化发展的线索上看，这是对王阳明"四业同道"说的发挥，从社会发展的实际看，则是明朝后期商贾社会地位进一步巩固后在思想文化上得到进一步认同的表现。同时，针对世人对商贾见利忘义、败坏世风的指责，也有不少文人为其进行了有力的辩护。如清人沈垚云："天下之士多出于商，则嫱啬之风日益甚然，而睦婣任恤之风往往难见于士大夫，而转见于商贾，何也？则以天下之势偏重在商，凡豪杰有智略之人多出焉。其业则商贾也，其人则豪杰也。为豪杰则洞悉天下之物情，故能为人所不为，不忍人所忍。是故为士者转益嫱啬，为商者转敦古谊。此又世道风俗之大较也。"（《落帆楼文集》卷24，《弗席山先生七十双寿序》）除此之外，我们还可以在不少文艺作品及行状、寿序、墓表、祭文中看到有情有义、勤俭创业、慷慨好施、诚信不欺等正面的商人形象。

但是，也不能否认，在商业发达的城市，金钱和财富的魔力越来越大，它足以使人忘恩负义、寡廉鲜耻、践踏伦理纲常，甚至导致整个封建文化生态的失衡。特别是在明代中期以后，整个江南地区形成了"满路尊商贾，愁穷独缙绅"（孙枝蔚《过仪真县有感》）的现象，巨商富贾们凭借雄厚的财力，在享受奢侈生活的同时，又行贿揽权，获得了很高的社会地位。鉴于这种状况，一部分士人愤而以封建伦理价值和名节观为依据展开了对道德沦丧、拜金思潮的抵抗与批判。如清代士人董含云："曩昔士大夫以清望为重，乡里富人，羞与为伍，有攀附者，必峻绝之。今人崇尚财货，贿赂资厚者，反屈体降志，或订忘形之交，或结婚姻之雅，而窥其处心积虑，不过利我财耳，遂使此辈忘其本来，趾高气扬，傲然自得。"（《三冈识略》卷10，《三吴风俗十六则》）像董含这样对商贾新贵们的"趾高气扬，傲然自得"持否定和蔑视态度的人并非少数，对此，我们并不排除一部分人是因为工商人士社会地位的迅速提升而产生的嫉妒心理的发泄，但总的来看，这是属于传统的"安贫乐道"的士人精神的一种不屈的抗争，这种抗争虽不能改变整个社会的重商风气，但对于抑制社会腐败、纯化社会风俗、维护文化生态的平衡是有重要意义的，也是我国古代生态审美文化发展中的一支重要力量。

三　在对立冲突中发展的江南古代生态审美文化

城市既是一个地区的政治中心，也是一个地区的工商业中心，所以城市的日益发达必然意味着与之相适应的政治制度的强化、经济设施的完善以及文化体系的成熟。我国早期的城市布局和管理采用的是坊市制，即城市明确地被划分成政治区、居民区和市场区三大块，区与区之间，乃至区内的各个部分如居民区内的坊与坊之间都用围墙隔开，在各个区内的活动时间和活动方式都受到严格限制。这种封闭和严整的城市孕育出了相互对立又相互依存的两种文化，即官本位文化和工商业文化。早期的城市规划制度虽然在宋代时已经开始解体，但它确立的文化格局却没有解体。在这个文化格局中，相对封闭和堕落的官本位文化在整个封建时代都占据着主导地位。工商业文化以追求利益、财富、奢侈生活为主要内涵，它依附于官本位文化，同时又对官本位文化形成强大的支撑作用，二者结成了一种稳固的文化同盟。

上述两种文化在给士人提供了发展自己、施展才华机会的同时，也限制了他们在更高层次上的人格整合，压抑了其个性的充分发展，使他们的自由、恬静的天性受到了扭曲，特别是那些从乡村里走出来的对故土怀有深厚感情的文人，当他们官场失意或仕途不顺的时候，便很容易对这个文化同盟产生排斥心理，感觉到一种迷失，产生无所寄托的漂泊感、出"家"的寄居感。因此，文人对城市的感情往往是既有依赖和喜爱的一面，有时又会有一种误入歧途的悔恨，形成想要摆脱又无可奈何的心理矛盾，当这种心理矛盾激化到一定程度时，便会导致文人的精神生态失衡。同时，江南城市的崛起又伴随着它对农村和山野的疏远与侵犯，这种疏远和侵犯无疑也是对基于农业文明的传统的原始生态主义的一种挑战。这样文人寻求恢复精神生态平衡的努力以及原始生态主义对官本位文化、工商业文化的反抗便构成了江南古代文化在对立冲突中走向平衡的运动轨迹。

（一）挣脱城市束缚，享受江湖自由的愿望和行动

当人们为了官位、地位、财富和利益争先恐后涌入城市的时候，却有一些在城市中失意落寞的人悄然离开，逃离都市的繁华，栖居于江湖之上，努力让近乎变态的心灵恢复自然、重现生机。陶渊明所谓"久在樊笼里，复得返自然"（《归园田居》）正是这部分士人心理和行为的经典表述。苏东坡曾以"钱塘游宦客"的视角来描绘官场生活，在他的笔下，一个为官者在官府中无休止地被呼来喝去，好像是无根的浮萍，随波逐流，心中愁闷郁积，难得"解颜一笑"（《和蔡准郎中见邀游西湖》其一），这时，只有四时更替变换中的西湖能让他驻心，只有郊外的原野能让他享受到瞬间的自由，"曲栏幽榭终寒窘，一看郊原浩荡春！"（《正月二十一日病后述古邀往城外寻春》）本色的江南山水以其无限生机和自由驱除了城市的压抑和官场的束缚。"城市不识江湖幽，如与蟪蛄语春秋。"（《和蔡准郎中见邀游西湖》其二）在苏东坡看来，长期生活在城市里的人不知道也不理解江湖中的清幽与宁静，而城市对习惯于江湖生活的人而言简直就是牢笼。苏东坡以为，自己本性上是属于江湖的，所以提醒自己不要留恋城市中的"公卿故旧"，而应该像陶渊明那样到江湖中去享受自由的人生。魏晋以后，把江湖与城市和官场对立开始形成一种连绵

不断的人文思潮。如初唐诗人宋之问诗云："归来物外情，负杖阅岩耕。源水看花入，幽林采药行。野人相问姓，山鸟自呼名。去去独吾乐，无能愧此生。"（《陆浑山庄》）才华横溢、风度翩翩的宋子问因武后的宠爱曾经在庄严的朝廷荣耀无限，但也终因朝廷权贵间的倾轧而被下迁浙江绍兴，所幸的是，通过把清幽的吴中山水与险象环生、朽烂陈腐的朝廷相比，宋之问对人生的理解有了重大转变和提升，他认识到江湖中的自由与自食其力的劳动生活才能使一个人获得真正的快乐，只有自由快乐的一生才是有意义的人生。

中唐时期的文学家张九龄说："纷吾婴世网，数载忝朝簪。孤根自靡托，量力况不任。"（《出为豫章郡途次庐山东岩下》）像张九龄这样为创"开元盛世"立下汗马功劳的朝中重臣也对朝廷失去兴趣，以为朝事如网，自己孤身难解，不能胜任，只希望能在江南山水中"有趣逢樵客，忘怀狎野禽"（《出为豫章郡途次庐山东岩下》），这样，即使自己不才，也可以享受到生活的欢乐。与张九龄同时代的孟浩然亦云："敝庐在郭外，素产惟田园。左右林野旷，不闻朝市喧。钓杆垂北涧，樵唱入南轩。"（《涧南即事贻皎上人》）在这个布衣诗人眼中，似乎从来都觉得城市是喧嚣污浊的，只有清明澄净、富饶美丽的江湖才是适合于自己的栖身之所。晚唐诗人杜牧诗云："越浦黄甘嫩，吴溪紫蟹肥。平生江海志，佩得左鱼归。"（《新转南曹未叙朝散初秋暑退出守吴兴书此篇以自见志》）成年时的杜牧足迹遍布江南，越浦、吴溪是他最熟悉的景致。在杜牧的笔下，曾出现过"烟笼寒水月笼沙，夜泊秦淮近酒家"（《泊秦淮》）；"青山隐隐水迢迢，秋尽江南草木凋"（《寄扬州韩绰判官》）；"千里莺啼绿映红，水村山郭酒旗风"（《江南春》）等歌咏江南的名句，虽然他一生大部分时间里都在官位上忙碌，但内心里却素有江海之志，"欲把一麾江海去"

（《将赴吴兴登乐游原》），在杜牧的人生中，彻底地告别官场随时都可能成为一种现实的行动。明人李流芳《江南卧游册题词·横塘》中写道："去胥门九里，有村曰横塘，山夷水旷，溪桥映带村落间，颇不乏致。予每过此，觉城市渐远，湖山可亲，意思豁然，风日亦为清朗。"从张九龄到苏东坡，再到李流芳，可以清楚地看出，在中国古代文人心中的桃花源情结越结越深，江湖意识也越来越强。

文震亨《长物志》在谈及文人的居住环境时说："居山水间者为上，村居次之，郊居又次之。"（《长物志》卷1，《室庐》）文震亨按照文人远城市、亲江湖的决心和行动来划分他们的等级，并认为品质高尚的士人应以"栖岩止谷"为理想。可见以矛盾对立的眼光来看待城市与江湖，魏晋以来在中国知识分子那里已经成为普遍现象。总之，以朝廷为代表的城市和官本位文化对中国文人的控制与束缚是残酷的，这种残酷的控制与束缚使他们既不能自由地发挥自己的智慧和能力，也不能坚守自己的目标和信念，于是他们以一种温和的消极的方式进行反抗或逃避：以诗画创作表达其江湖之志，或只身走向江湖。江湖是中国古代文人获得心理平衡的巨大的调解器，在其调解过程中产生的诗歌、散文、绘画等则是具有自然与人文双重生态审美意义的伟大成果。

（二）与城市妥协，营造"城市山林"

毕竟像陶渊明那样与朝廷和城市一刀两断并非所有的文人都能做到的，因为这既不符合文人修文的初衷，也不符合社会对文人群体的基本要求。事实上，整个封建文化体系本来就是要将其培养出来的文人置于城市这个文化中心位置上的，因此对于绝大多数不满于官本位文化的文人来说，只能致力于在城市和江湖之间寻求一种妥协或折中。中晚唐后，白居易提出了

"中隐"思想，即："既不永绝宦情，又通过对文人生活情趣的全力发掘与精致加工，来强化自身存在的意义。"（赵洪宝《古代文人与屋舍文化》）[1]白居易对其所谓"中隐"状态是这样描述的："十亩之宅，五亩之园。有水一池，有竹千竿。勿谓土狭，勿谓地偏。足以容膝，足以息肩。有堂有庭，有桥有船。有书有酒，有歌有弦。有叟在中，白须飘然。识分知足，外无求焉。"（《池上篇》）"中隐"说穿了就是使个体的生活环境克服城市与江湖各自的弊端而兼具二者的优势，以最大限度地获得生活的幸福。明代文人顾沅则明确地提出了创建"城市山林"的思想，即在喧闹的城市中营造一种幽静的、远俗的、山水相依的生活环境。像扬州的"双桐书屋"，苏州的定树园、杭州西湖等就是"城市山林"的不同形式，它们既有城市之各方面便利，又有山水之丰富乐趣。元代禅师维则诗云："人道我居城市里，我疑身在万山中。"（维则《狮子林即景》）这正是城市山林化理想效果的写照。苏州留园五峰仙馆一堂内对联云："历宦海四朝身，且住为佳，休辜负清风明月；借他乡一廛地，因寄所托，任安排奇石名花。"这副对联提醒人们，为官从政绝非人生的全部意义，也非人生最重要的事项，为官之余赏奇花异石、清风明月是生活的另一种乐趣，能充分享受这种乐趣才无愧于自己的一生。钱穆先生在《城市与乡村》[2]一文中指出，其实城市和乡村都是人生所需要的，因为人生既需要休息与安逸，也需要劳作与竞争，人们带着一身的力气和对财富、地位、事业、优越生活的向往走进城市去参与竞争，追求自己的理想，当他身心俱疲的时候则需要

---

① 鲍世行、顾孟潮主编：《山水城市与建筑科学》，中国建筑工业出版社1999年版，第530页。

② 钱穆：《湖上闲思录》，三联书店2000年版，第25页。

到乡村来休息，又带着对生命、自由的热爱回归乡村和自然，这是人类天性的两面性的对立统一。而城市山林化、府第园林化从一定程度上可以使人的天性的这两个方面得到很好的调和。

（三）旅游：另一种文化与身心平衡方式

到江南山水中去旅游是被封闭于城市中的人们亲近自然、克服城市异化和恢复身心健康的重要方式。随着江南城市化进程的加速，人们亲近自然的要求也从相反的方面得到了强化，而江南城镇的周边环境又为人们游玩提供了良好的条件，这就使得江南城市化发展的高峰期，也成为整个江南社会游玩风气极盛的时期。乾隆《吴县志·风俗》中说："吴人好游，以有游地，有游具，有游伴也。"明清时期，像南京、杭州等大城市的人们往往是成群结队地出游，即使是那些经济发达的小城镇，人们也游兴极大，如松江，自隆庆以后，"游船渐增，而夏秋间泛集龙潭，颇与虎丘河争盛矣"（范濂《云间据目抄》卷2）。清代袁景澜所作《吴中行乐歌》，对此更有生动详细的描述："江南人住繁华地，雪月风花分四季。新年旗队看迎春，元夕鳌山明火树。弦管千家咽暖风，六门灯彩射云红。踏歌游女衣妆靓，步月王孙剑佩雄……君不见上天堂下苏杭，人生到此真仙乡，好向南朝四百八十寺，醉过百年三万六千场。"（《吴郡岁华纪丽》卷2）江南的炽盛游风在文人们身上体现得尤为突出，袁中道说："生平有山水癖，梦魂常在吴越间。"（《游青溪记》）江南山水成为晚明文人最钟情的地方，一些文人甚至耽游成癖，以山水为家，如钟惺"东南之久客如家，吴越之一游忘返"（谭友夏《退谷先生墓志铭》）。罗孚尹云："对大江而饭，胃气达目，眼山川则腹溪谷，饭比常加倍。古人以乐侑食，能有此江光、石韵、松声、竹响耶！"（罗孚尹《箬壁稿》）离开城市，到江南山水中游走，不仅能获得精神上的享受，而且身体也得到了锻炼，整个身心消除了来自于官场的束缚和城市繁华的压抑。可以说在江南山水中的游览活动至少在一定的社会阶段上成为人们重新回到自然和自由状态的重要方式。

总之，江南山水是江南人民和谐生存和构建生态存在论审美文化的基础，具体而言，古代风水学基于对江南山水的整体性与活体性理解，努力挖掘其支持人类幸福生活的潜力，并鼓励人们以自己的智慧来弥补自然的缺陷和不足，从而完成"天地位焉，万物育焉"的"致中和"（《礼记·中庸》）的环境建设；官本位文化和工商业文化从本质上看对江湖文化和原始生态主义是否定和抑制的，但江南山水以其巨大的自然魅力抵抗着二者不断的冲击，在众多有识之士的维护、褒扬和合理发掘下，闪耀出"元、亨、利、贞"（《周易·乾卦》）和"厚德载物"（《周易·坤卦》）的无限光辉。中国古代生态审美文化就是在这样充满矛盾和冲突的境况中构建出"一种古典形态的东方的生态存在之美"①。

---

① 曾繁仁：《生态美学导论》，商务印书馆 2010 年版，第 289 页。

第七章

日常生活中的山水审美

在 20 世纪 20 年代，中国一大批著名人文学者如梁启超、王国维、蔡元培、鲁迅等都主张通过提高国民生活品质来推动国家强盛，于是提出了"人生艺术化"的口号。所谓"人生艺术化"就是人生的情趣化，就是从争温饱的状态中走出来，"积极地把我们人生的生活，当作一个高尚优美的艺术品似的创造，使它理想化，美化"。① 然而，在那样一个充满内忧外患和饥饿贫穷的时代，让中国民众追求艺术化人生显然是不切实际的幻想，事实上，当时的提倡者也未能将"艺术化"或"情趣化"发展成为一种广泛的社会实践，甚至连具体的评价原则也没能提出来。不过，从此以后，在人们对生活的追求与期待中有了一个更为明确的方向，在对历史生活的评判中，也多了一个宏观的尺度。今天，我们不妨运用这个尺度来对古代江南的实际社会生活图景作一个粗略的批判。

江南山水在诗人画家那里是审美对象，但在普通百姓眼中它首先是一个基本的生活环境，如何利用这种环境来提升自己的生活质量，才是百姓最关心的问题，因此，江南山水在日常生活中

---

① 宗白华：《美学与意境》，人民出版社 1987 年版，第 30 页。

的审美价值只能是和它的实用性、功利性结合在一起，一点一点地形成，并隐含在各种非纯粹的审美形式中。然而，即使这样，古代江南百姓的实际生活也已经相当"艺术化"了，由于江南山水这个客观因素的作用，使得江南百姓的生活虽然不是唯美的，却是审美的，他们对生活情趣的追求，对生活的审美的态度，以及这种追求和态度在其实际生活中的体现，都更加符合"艺术化"的精神实质。不过，这里也需要特别强调，由于山水环境在日常生活中所起的作用会随着人的生活方式、社会经济条件的变化而变化，其审美意趣会不断地更新和被赋予新的内涵，因此江南山水在江南百姓日常生活中的审美意义就呈现出历史的丰富性和现实的不确定性。所以，尽管我们的分析和考察主要是横向的，但又十分注意江南山水在农业文明作为基础、城市化进程不断加快和文化教育高度发达这样一些特定的社会历史条件下所发挥的作用。

第一节　小桥、流水、人家

从马致远的《天净沙·秋思》问世以来，小桥、流水、人家便成为江南的标志、优美的象征和温馨生活的代名词，人们关于江南的绵绵情思从这里升起，在心灵世界中幻化出无数美妙的境界。作为一种供人欣赏的图景，小桥、流水、人家无疑获得了超时代的审美价值，然而，它毕竟只是农业时代美好生活的一个缩影，对于今天的人们来说，不仅不太可能拥有这样一种生活，甚至根本就无法完全接受这样一种生活，所以，无论是从当下的实际生活而言，还是从对未来生活的设计而言，它都离我们越来越远。尽管"生活艺术化"仍然是我们的目标和理想，但我们必须承认"艺术化"的内涵是在历史地变化着的，我们今天欣赏小桥、流水、人家的图景，绝不是幻想着向其"返回"、"回归"，或满足我们恋旧的心理需求，而是试图通过玩味古人的生活情趣来反思生活的真谛，谋求为"我们从哪里来，我们是什么，我们要往哪里去"之类的问题找到一条思考的线索，或者是得到一点启示。

一　小桥：编织诗心的彩虹

　　江南山多水丰，河流、溪涧随处可见，为了交通方便，古人不得不根据需要修建了各种各样的桥梁，在这些桥梁的修建过程中，古人充分发挥自己的聪明才智，尽可能使桥与山水和民居相互配合，在满足实用需要的基础上，尽可能寄寓一定的文化意义，增强其审美价值。这样一来，在广大的江南地区就日渐形成一种具有江南地域特色和民族特色的桥文化。

　　江南的桥特别多，不仅数量多，而且式样也多。比如浙江余姚市一千一百多平方公里的区域内竟有近五百座桥，这还不包括那些小溪上的无名小桥。有水乡泽国之称的绍兴，据光绪癸巳（1893 年）春所绘的《绍兴府城衢路图》显示，城中有桥二百二十九座，每零点零三平方公里就有一座[①]。整个绍兴地区的桥则在五千座以上。在苏州角直镇，镇区面积虽然只有一平方公里，桥梁却有四十座，而同里古镇则有各式桥四十九座。白居易吟苏州诗中就有"绿浪东西南北水，红栏三百九十桥"（《正月三日闲行》）之句。而且，我国古代千姿百态的石桥，"几尽见于此乡"（茅以升《绍兴石桥·序》）[②]。如有适合于通航的拱桥，也有不

---

　　① 邱志荣：《绍兴风景园林中桥景观》，中国桥文化网，http：//www. cn-bridge. net/articlelistid. jsp。

　　② 陈从周、潘洪萱编：《绍兴石桥》，上海科技出版社 1986 年版。

可通航的折桥，有宜于车辆行走的平桥，也有供人观景、娱乐和避风雨的廊桥。拱桥有一孔、二孔、三孔的不同，孔又有半圆孔、小半圆孔和大半圆孔之别。江南的桥数量大、类型多的特点，导致江南的桥文化也呈现出多面性和多样性特征，下面我们择其要者做一些美学上的分析。

（一）桥名优美动听

江南的桥取名颇讲究，往往有桥形、功用、环境、历史文化和审美等多方面的考虑，力求雅致、动听。如绍兴沈园附近的春波桥以唐代大诗人贺知章"惟有门前镜湖水，春风不改旧时波"（《回乡偶书》其二）的诗句而得名，也有人说其源于陆游的诗句"伤心桥下春波绿，曾是惊鸿照影来"（《沈园二首》其一）。不管是因了哪一首诗，是因了乡情还是爱情，它都可以和不远处的春波一起，轻轻地唤起人们的沧桑感和追溯历史文化渊源的兴趣。位于古鉴湖南塘之上的画桥因其特殊的位置而有幸从陆游描绘鉴湖风光的诗句"一湾画桥出林薄，两岸红蓼连孤蒲"（《思故山》）中撷取了芳名。在陆游故里三山附近的一座普通小桥，因陆游的"小楼一夜听春雨，深巷明朝卖杏花"（《临安春雨初霁》）两句诗而荣获杏卖桥的雅号。江南的小桥，唤其名如吟古人诗，声韵绕人耳际。

（二）桥联隽永有味

江南人珍爱自己修建的每一座小桥，往往在桥洞两侧书上对联以表达他们的爱怜之意和欣赏之情。如乌镇西栅通济桥有楹联云："寒树烟中，尽乌戍六朝旧地；夕阳帆外，是吴兴几点远山。"小桥与周边的花草树木、帆影绿波、隐隐山峰、片片黛瓦组成了古雅的画面，如若没有一点儿文墨，确实让人遗憾，造桥人正是想到了这一层，才精心构思了这样的妙语，融历史于当下，汇远近为一体，读之上口，听之入韵，思之意永。绍兴霞川桥有楹联云："剪取鉴湖一曲水，缩成瀛海三山图。"此桥将东湖清波荡漾、云霞明灭的万千气象集于一桥，优雅中透出一种博大，这博大的意蕴正好被这一副精美的楹联绅绎出来。余姚的通济桥有楹联云："千里遥吞沧海月，万里独砥大江流；一曲蕙兰飞彩鹢，双城烟雨卧长虹。"据说当年宋王朝蒙靖康之耻后，康王赵构逃到江南，后经此桥驾舟入海，躲过了金兵的追捕。这副对联既生动地描绘了江海相连、烟雨苍茫的江南气象，又写出了通济桥长虹卧波般的雄姿，还激发了人们对悠悠岁月中无数历史事变的丰富想象。绍兴东湖的秦桥以两个问句作联，别有风味："闻木樨香乎？知游鱼乐否？"楹联的作者似乎想提醒游人对这里的风景不能走马观花，必须用心去玩味，这样才不至于辜负这一片大好江山。

（三）结构造型秀丽新奇

江南的众多小桥在造型设计时显然不仅仅考虑到了实用性，而是常常把它们作为一件艺术作品来创作，这就造成了江南小桥造型上的多样化、艺术化。如湖南浏阳的新安风雨桥，桥梁由巨大的石墩、木结构的桥身、长廊和亭阁组合而成。桥身以巨木为梁，以倒梯形木架抬拱桥身，受力点均衡。桥面游廊宛如长龙，游廊上建有三层、五层的四角形和八角形的桥亭。桥檐瓦梁的末端，塑有檐玲，呈丹凤朝阳、鲤鱼跳滩、坐狮含宝形状。正梁顶上塑有双龙抢宝，还配以彩画，点缀其上。桥的长廊避间为过道，两旁铺设长凳，供来往行人休息[①]。整座桥富丽堂皇、工艺精湛，审美价值远高于实用价值。又如始建于南宋嘉泰年间，重建于南宋宝祐四年的绍兴八字桥，系梁式石桥，因"两桥相对而斜，状如八字，故得名"（宋《嘉泰会稽志》）。八字桥南通鉴湖，

---

① 参见《中国古村游》，第346—347页。

北连古运河，是古绍兴水陆交通枢纽，也是我国最早的立交桥。桥体古朴大方，厚实的主桥洞和桥体上深深的纤绳沟让人不由自主地去想象充满了辛酸与悲凉的纤夫拉纤的场景。再如浙江余姚的通济桥、季卫桥、最良桥以三桥的总体配合而形成特色，城区姚江、最良江、候青江自东向西穿城而过，北宋时人们在这三条江上相继修建了三座桥点缀在三条江上，正好构成一个"州"字，形成了一道自然山水与人文智慧融会起来的亮丽景观。

（四）有关传说意味深长

江南的小桥多具有悠久的历史，人们把历史上在这些小桥附近发生的众多的故事串联在一起，从而赋予这些桥以人的精神气质，使这些桥成为具有文化灵魂的历史流传物。如苏州的落瓜桥，据说汉代名臣朱买臣少年时贫苦，居苏州时经常以瓜充饥，一次下河洗瓜，不慎落瓜逐流而去，竟无食果腹。他中了状元后便于此处造桥命名落瓜桥，以寄寓富贵不忘贫贱之意。湖州双林镇有桥名曰虹桥，桥旁立有碑刻，记载了发生在明弘治年间的事：有乡人严素阉经此桥，拾有遗金二百两，这是失者变卖家产，为营救入狱的父亲而准备的钱，后验还之，其父被释后雪冤，乡人乃建亭曰还金亭，桥也因此改称。绍兴戴山南面的题扇桥，桥上还竖有"右军题扇处"石碑一座，说是一位穷苦的老妇在此卖六角扇，生意清淡，王羲之见了，就在每把扇上都题了词，并嘱老妇提价出售，结果人们竞相争购，老妇因此发了财。总之，江南的众多小桥，几乎座座都是进行人文教育的良好素材。

（五）文人吟咏，天下闻名

文人爱名桥，自古而然，文人们将自己对桥的爱意铸成诗句，传诵于世，于是桥的名气就更大了。如扬州的二十四桥，因唐代诗人杜牧诗《寄扬州韩绰判官》中有"二十四桥明月夜，玉人何处教吹箫"而享誉天下，后人又不断赋诗填词，进一步充实了其艺术生命。其中宋代词人姜夔的词《扬州慢》影响最大："二十四桥仍在，波心荡，冷月无声。念桥边红药，年年知为谁生？"至今二十四桥仍在，桥边红药也年年生长，桥和药本来都很普通，然而因为有了诗和词的吟咏，它便不再是一个普通的桥，而成为值得人们细细玩味的审美"世界"。又如江苏吴江县松陵镇的垂虹桥，此桥因姜夔的词《过垂虹》而备受世人关注。词云："自作新词韵最娇，小红低唱我吹箫。曲终过尽松陵路，回首烟波十四桥。"或许是因为桥总是注定要在孤独中度过一生，而箫又是一种长于表现孤独感的乐器，所以箫声经常从桥上响起，桥如箫的知音，而箫则诉说出桥的寂寞感受，它们在浩渺的烟波中，在曼舞的杨柳旁，邀来同样寂寞的明月、失意的才俊和凄苦的歌女，共同演奏凄美的乐章。

江南山水呼唤出无数的江南小桥，在这些小桥的装点下，江南山水更加楚楚动人，在创造江南山水总体审美价值的过程中，小桥的作用是绝对不容忽视的。

二 流水：诗与画的不竭之源

没有山的江南是一种巨大的遗憾，而没有水的江南就不成其为江南了，因为江南的无限风情是从水中流出来的。古往今来，无数的诗人画家以江南的流水为题，表达他们对大江南的深情。"鱼吹浪，雁落沙，倚吴山翠屏高挂。看江潮鼓声千万家，卷朱帘玉人如画。"（贯云石《双调·寿阳曲》）元代文学家贯云石在这首词作中把江南山水相依，人隐其间的最普泛的景象写得热烈生动，而这种景象的活力之源便在于水。在水中，有鱼戏浪，在水边，群雁落沙，在钱江大潮之上，男人弄潮，玉人赏潮，生命因水而充满活力，生活因水而丰富多彩。当代文学家徐迟在描述自己家乡的书《江南小镇》中对水写得最多："这个水晶晶的小镇，水晶晶的倒影，映出这个水晶晶的世界！这是，啊！这是我的水晶晶的家乡！"在《江南小镇》中，徐迟用了六十多个"水晶晶"来描绘他的故乡南浔古镇，水晶晶的朝云、水晶晶的暮雨、水晶晶的田野、水晶晶的池塘、水晶晶的老者、水晶晶的灵魂，等等。其实不只是南浔，整个江南都给人水晶晶的感觉，江南的水流出了无限的温柔与美丽，流出了无数的诗歌与图画，所以说到江南就不能不说一说给人印象深刻的水。在江南，水不仅是小溪、小河、瀑布、湖泊中的自然之水，更是野渡、筒车、运河等组成的文化之水。

（一）江南雨

江南的雨是江南流水之源，然而，生活在江南的人不一定喜欢它，因为，江南的雨季到来时，经常是天空中的云连成巨大的灰幕，终日不开，数周不见阳光的情况也屡见不鲜。雨淅淅沥沥，连绵不断，让人感到压抑、空虚、不着边际，于是便生出了那种"到黄昏，点点滴滴"（李清照《声声慢》）的莫名愁绪。这种不喜欢江南雨的情绪在郁达夫的作品中表现得很是真切："户外的萧索的秋雨，愈下愈大了。檐漏的滴声，好像送葬者的眼泪，尽在嗒啦嗒啦的滴。壁上的挂钟在一刻前，虽已经敲了九下，但这间一楼一底的屋内的空气，还同黎明一样，黝黑得闷人。时有一阵凉风吹来；后面窗外的一株梧桐树，被风摇撼，就渐渐沥沥的振下一阵枝上积雨的水滴声来。"（《离散之前》）因为不喜欢下雨，所以郁达夫对江南少雨的秋季就格外钟情："夏季的雨期过后，秋天百日，大抵是晴天多，雨天少。万里的长空，一碧到底，早晨也许在东方有几缕朝霞，晚上在四周或许上一圈红晕，但是皎洁的日中，与深沉的半夜，总是青天浑同碧海，教人举头越看越感到幽深。"（《里西湖的一角落》）然而，如果没有江南雨不舍昼夜的冲洗，如何会有那"一碧到底"的万里长空，如何会有那让人时时感觉清新的江南？其实，江南的雨除了其闷人的一面，更有其爽人的百态。

在太湖西山岛上，连绵的古村落，宁静温馨，庭院大小错落，建筑高低起伏，村里村外，花木扶疏。秋天，花瓣飘落，似雨；春天，细雨绵绵，如花。花与雨共同为这美丽的古村落演奏了一首首动听的交响曲。这时的江南雨是一个倾情演奏的音乐家，以其美妙的旋律引得多情的人们心花怒放，从内心深处跳出了无数类似于"佳人听春雨，笑隔水晶帘"（杨维祯《雨竹》）一样精妙的诗句。这些诗句的生成与其说是缘于诗人的才华，毋宁说是源于江南雨的精彩表演。江南的雨又像一个技艺精湛绝伦的雕塑家，雕塑出各种富于质感的江南风物。"随风潜入夜，润物细无声"；"晓看红湿处，花重锦官城"。（杜甫《春夜喜雨》）江南的细雨默默地工作一个晚上便可使江南旧貌换新颜。江南的雨有时是悄悄地来，悄悄地去，一夜的春雨往往是在早晨湿漉漉的花瓣上、树叶上和青石路面间斑驳的水痕上才见得出，就像那些勤勉而不喜张扬的雕塑家一样。当它要来一个大手笔时则要花上一些时日，"夜雨连明春水生，娇云浓暖弄微晴"（苏舜钦《初晴游沧浪亭》），池水涨溢，雨似乎还意犹未尽，"雨来江涨波浑，没沙痕。淹过竹桥莎径，到柴门。孤烟起，千树里，几家村。牛背一声长笛，报黄昏"（杨慎《乌夜啼》）。梅雨来到江南，江流横溢，雨幕如烟，人隐树间，牧童的一声长笛更加重了黄昏的凄清，然而，正是因为有了这漫长的梅雨季节，此后才会有一个朝气蓬勃、果实累累的江南清秋。由此说来，江南的雨又像一个勤劳的主妇，她不辞辛苦地为江南洗去尘垢，补充营养，这才使得大江南空气洁净，清新如画。

（二）溪流

在江南的流水形式中，最常见的就是潺潺的溪水了，一些重要的溪流都对当地的文化与生态产生了深刻的影响，因而在人们心目中占有很重要的位置。如环绕在温州城外的几个乡镇，桐溪乡、林溪乡、郭溪乡、罗溪乡等都以溪命名，当地人都是把流经这一区域的主要溪流当成本地区的标志物。溪水滋润了两岸的花草树木，哺育着沿途的飞禽走兽，与生活在这里的百姓一道组成了温馨的充满生机的江南，并成为文人画士争相表现的题材。东溪是安徽宣城外的一条小河，又名宛溪，因宋代文学家梅尧臣的一首《东溪》而闻名，"行到东溪看水时，坐临孤屿发船迟。野凫眠岸有闲意，老树着花无丑枝。短短蒲茸齐似剪，平平沙石净于筛"。初春的城郊，溪水洗净又铺平了细沙，滋润着老树，又生出了短蒲，野鸭因为有溪水常流而无生存之忧。此情此景让人无限留恋，怎奈人非野鸭和草木，不能以此为家，岂能无憾！东溪在诗人的笔下既是实指，也是江南山水的缩影，因此诗人的溪流之爱也代表着诗人对整个江南的深情。

在江南的溪流中，誉满天下的可谓楠溪了，楠溪位于浙江永嘉，是"浙东唐诗之路"[①] 的重要一段，无数诗人曾为之动情，挥毫赋诗。明人桑瑜在永嘉任职三年，穷其文思咏赞楠溪之美。在回顾自己三年的任职时，他颇为得意地说："为官三载成何事，赢得新诗满锦囊。"（《渡江入楠溪》）能用自己的诗把楠溪的美景写给天下人看是历代文人最舒心的事，因而关于楠溪的诗自然是一个锦囊容不下的。温州的大烘溪虽然没有楠溪那么有名，但其

① 指的是自钱塘江至绍兴镜湖，沿浙东运河、曹娥江，然后南折入剡溪，经沃洲天姥山直抵天台山石梁飞瀑的区域，这一概念 1990 年由竺岳兵首先提出，1993 年被"中国唐代文学学会"确定为中国文学专用名词。

景致并不逊色，清人谢隽伯甚至认为它一点儿都不亚于三峡之美："两岸青山夹一溪，溪深石险路高低。临崖结屋峭如画，峻坂垦田斜似梯。樵客采薪缘鸟道，牧童呼犊应猿啼。旧闻三峡多奇胜，风景还应与此齐。"（《大烘溪》）江南的溪流多为两山所夹，蜿蜒曲折，给人以神秘的感觉，好奇的人们总想弄个究竟，探得其源，于是描绘两岸风光并寻溪探源就成为山水艺术表现的重要内容。陶渊明的《桃花源记》开了寻溪探源的先河，因此《桃花源记》具有发生学意义，构成了中华民族对生活乌托邦的原型记忆，并成为一种寻溪探源的原始动力。

陶渊明之后，谢灵运是表现出这种探源心理的一个重要代表。"康乐游斤竹，此为雁荡门。既未凿山径，何妨求水源？"（郭钟阳《斤竹涧》）谢灵运之后寻溪探源者可称得上趋之若鹜了。"隐隐飞桥隔野烟，石矶西畔问渔船。桃花尽日随流水，洞在清溪何处边？"（《桃花溪》）这是唐代诗人张旭的探源之疑。"沙头落月照篷低，杜宇谁家树底啼？舟子不知人未起，载将残梦上南溪。"（《入南溪》）这是南宋诗人潘希白如梦如幻的探源感慨。源远流长的溪水，常常被文人借以表达对悠悠岁月、历史沧桑的解悟。溪流流姿万千，人们往往从中解出不同意趣。"自从南郭得三椽，怕趁荆溪半夜船。每望白云惊岁月，空将清梦绕林泉。虽因追远时来此，又见登高意怆然。极目不知多少恨，一声孤雁夕阳天。"（《荆溪有怀》）美丽的江南小溪不知曾经让多少人陶醉，他们从潺潺流水、青青艾草中读出的是温情，但是曾经担任过钱塘尉、缙云县令和婺州知州等职的宋代文人刘安上，面对绵延的楠溪却着意于溪流在乱石间穿行的艰难，读出了世事不平和人生坎坷。

（三）渡头

自孔子以来，中国文人日渐强化了那种通过观水而体悟历史与人生的审美心理需求，而渡头正是满足这种心理需求的理想之地。首先渡头也是一个水陆交汇点，它意味着人们将从这里开始一段漂泊冒险的历程，因此渡头也是一个谋划未来，展开一种具有挑战性经历的起点。其次，渡头是人们在经历了种种风险与考验后又重新踏上坚实大地的开端，因此渡头也既撩拨人们回味过去的时光，又激发人们对未来生活的想象，驻足渡头的多情文人往往能由此而生出销魂般的美感。"渡头风景欲消魂，野客乘桴瞰海门。山远自兼秋野碧，溪清不受晚潮浑。鹭惊来棹依沙岸，童跨归牛过水村。暝色渐深残照敛，烟绡一幅画图昏。"（谢隽伯《响山渡头晚眺》）诗中所云响山渡指的是位于楠溪江上的一个渡头，从这里顺楠溪南下到瓯江再向东一拐便是浩瀚的东海了，此处虽无山海相连的壮阔，却有"不受晚潮浑"的清雅和"瞰海门"的便利，更有鹭飞、舟渡、牛归所构成的黄昏画图，面对这一切，即使最不善舞文弄墨的人也会不由生出诗思一片。

飞云渡是位于浙江瑞安飞云江上的一个著名古渡头，古代的飞云渡是南下入福建和北上到温州的要道，故有"沧桑四时变，闽越一江分"（陆舜《飞云渡》）之说，谢灵运、李白、孟浩然、苏东坡等大文豪都曾是这里的过客，可惜均没有留下只言片语，倒是当地文人写下不少诗篇，编织了一些生动的传说。宋元之交的文人林景熙有诗云："人烟荒县少，澹淡隔秋阴。帆影分南北，潮声变古今。断峰僧塔远，初日海门深。小立芦风起，乘槎动客心。"（《飞云渡》）从诗中描述的情况可以看出，宋元之际的飞云渡虽然已是历史悠久，并有着"断峰僧塔远，初日海门深"的美妙意境，但仍然是一个十分荒凉的、让人感伤的地方。元代开始，飞云渡得到开发和治理，官渡办得也比较规范了，到清代飞云渡已经非常热闹繁华，清代学者俞樾诗云："飞云渡口水茫茫，历历风帆海外樯。江面乱流行十里，依稀风景似钱塘。"（《自福州还杭过瑞安》）把飞云渡的繁华与钱塘景象相提并论当属诗人的夸张，但这也说明随着浙东经济的迅速发展，飞云渡的交通地位变得更加重要了。由于飞云渡江面宽阔，水大浪涌，又多台风袭扰，再加上人为因素，曾造成过多次灾难性事故。如乾隆四十五年六月，由于渡船年久失修、超载和遇大风，船破沉江，几十人葬身江中，有诗叹曰："江豚夜吼沧波底，长江骇浪如山起，伤哉数十同舟人，一时都作波中鬼！"（余国鼎《云江覆舟自叹》）在类似的灾难事件中多有后人附丽的一些相关传说，如元末明初人陶宗仪写的《南村辍耕录》（卷8）载：有一少年，多位算命先生都说他三旬必死，这少年便从此放纵不羁，轻财仗义。后遇一女子欲投江自尽，少年亟止之。经问得知这一女子为一家奴婢，因丢了主人的珠子耳环一双，不堪压力，竟欲寻死。不巧这双耳环正好被少年捡到，少年便归还了她。后来，少年过渡，道遇一妇人，"乃失环女也"，因与其夫留少年吃午饭，不想此时"风涛大作"，可怜先行登舟的二十八人皆葬鱼腹，而少年得以寿终。

在众多传说、故事和诗文的熏陶下，一些重要的渡头都成为自然、人文与历史的交汇点，它们不仅给人以美感，而且影响人们的思想和生活。如位于浙江温州平阳县萧江上的萧家渡，此渡口因宋代贤士萧振而名，《宋史》载："振居濒江，自父微时，见过客与掌渡者争，多溺死。振造大舟，佣工以济，人感其德，相与名其江为萧家渡云。"（《宋史》卷380，《列传》第139）萧振为人正直，为乡里做了不少好事，自己出钱造船济渡只是其中之一，故有"阴德满乡间，嘉话传鱼樵"（王十朋《萧家渡》）的赞语。清人赵诒琛诗云："纷更人事异前朝，古渡千年尚姓萧。极目适中亭上望，一江南北往来潮。"（《萧家渡》）一个渡头融汇了万千世事，站在渡头，面对浩荡江水默观沉思，人们或许会增加一些生活的智慧，悟得一些人生的意义。

在古代的江南，除了一些著名的渡头外，更多的是野渡，自从韦应物写出"野渡无人舟自横"（《滁州西涧》）的诗句以来，野渡便成为我们民族审美文化中一个重要的审美意象。在湘西的山湾里，寨落边，黛绿色的河面上经常可以看到"舟自横"的野渡。这种野渡上的船既没有机器起动，又没有专人荡桨；船上既无盖篷，船尾又无翘起的尾巴。它像苗家妇女织锦用的木梭，成天将河两岸要过河的人畜渡来渡去。无论是彩霞满天的晴日还是蒙蒙细雨的阴天，木梭船在缓缓流动的水面上穿梭，与远近峥嵘的奇峰、竹木掩映的山寨以及咿呀转动着的筒车相互映衬，融为一体。特别是黄昏时刻，太阳的余晖在水波粼粼的河面上跳动，晚归的苗民挑着柴火，吆喝着肥壮的牛羊，立于梭子形的船上，有的口吹动听的木叶，有的唱着悠扬的山歌，横渡水面，仿佛是一个童话仙国。在沈从文如诗如画的小说《边城》中，翠翠和爷爷悠然摆渡的场面给读者留下了深刻的印象，"老船夫不论晴雨，必守在船头。有人过渡时，便略弯着腰，两手缘引了竹缆，把船横渡过小溪……有时过渡的是从川东过茶峒的小牛，是羊群，是新娘子的花轿，翠翠必争看作渡船夫，站在船头，懒懒的攀引缆索，让船缓缓的过去。牛羊花轿上岸后，翠翠必跟着走，站到小山头，目送这些东西走去很远了，方回转船上，把船牵靠近家的岸边"。这里虽然也算官渡，但它远离繁华，超然世外，透露出的却是野渡般的原始意味，关于渡头的情节在小说中的分量并不算重，但它的意义却不容忽视，因为小说的主题是表现爱与美，爱融在"人事"中，而美则隐在自然中。正是那个渡头把一个质朴的老人、一个纯洁、善良、美丽的女孩和一条略通事理的狗融入那溪流清澈、篁竹满山、翠色逼人的自然之中，这才使得小说产生了那不可抗拒的魅力。

（四）瀑布

山无水不灵，峰无瀑不名，山之盛名离不开瀑布的渲染。江南名山多有瀑布相衬，这些瀑布，有婀娜秀雅的，有气势雄浑的，姿态万千，成为江南重要的流水形式之一。像杭州的柘林瀑布就属于雄浑型的，瀑中有一方石，上刻"砯崖转石"四个大字，意指流水冲击在崖石上发出很响的声音，并且流水还能把这方巨石冲得转动起来。李白的诗句"飞湍瀑流争喧豗，砯崖转石万壑雷"（《蜀道难》）可能就是有感于此情此景而写出来的。李白曾经多年漂泊江南，并有"诗成傲云月，佳趣满吴洲"（《与从侄杭州刺史良游天竺寺》）的感叹，在西施的故乡诸暨苎萝山，李白极尽妙思勾勒心中的浣纱西施："西施越溪女，出自苎萝山。秀色掩今古，荷花羞玉颜。"（《西施》）由此可以大致判定李白到过柘林瀑，并留下了深刻的印象。

五泄瀑是西施故乡诸暨的著名瀑布，位于涵湫峰与碧云峰之间，长334米，落差80多米，瀑布在如削的峰壁间，白浪翻滚，涛声轰鸣，蛇行而下，喷珠溅玉。这五道瀑布流姿各异，人们将其描述为：一泄娟秀奇巧、二泄珠帘飘洒、三泄千姿百态、四泄烈马奔腾、五泄蛟龙出海。五泄早在一千四百多年前就已经进入了人们的审美视野，郦道元在《水经注·浙江水》中对五泄作了这样的介绍："溪广数丈，中道有两高山夹溪，造云壁立，凡有五泄。下泄悬三十余丈，广十丈；中三泄不可得至，登山远望，乃得见之，悬百余丈，水势高急，声震水外；上泄悬二百余丈，望若云垂。此是瀑布，土人号为泄也。"从文中所描述的情况可以看出，那时的五泄比今天落差更大，水势更猛，具有一种令人震撼的美。唐元和年间，五台山高僧灵默禅师云游江南，被五泄山"天作锦屏环十里"（丁宝臣《招通判沈兴宗游五泄》）的风光所吸引，于元和三年在雷鼓山谷的五泄溪畔建造五泄禅寺，禅寺建成，寺与瀑相映生辉，游客和香客纷至沓来。宋代文人陆游、杨万里、刁约、刘述、王十朋、丁宝臣、咸润，元代文人柳贯、吴莱、王艮，明代文人徐渭、徐霞客、宋濂、袁宏道、唐寅、徐祯卿、祝枝山、文徵明、陈洪绶，清代文人周师濂、刘墉等都曾游览五泄，吟诗作画，题词撰文，留下了无数描绘和赞美五泄盛景的优秀作品。像"万叠云山从地涌，双源瀑布自天流"（廖虞弼《五泄山寺》）；"凿径破崖来木杪，驾泉鸣竹落槺题"（周镛《诸暨五泄山》）等诗句对五泄的描摹都十分生动。另外特别要提一下的是宋代诗人刘述的《游五泄山》诗，诗云："翠屏千叠水潺潺，一簇青鸳杳霭间。惜是晚年逢此境，悔将前眼看他山。瀑飞萝磴终难画，龙蛰岩云只暂闲。薄宦劳人无计住，可嗟归去又尘寰。"这首诗不仅对五泄瀑的姿态作了精彩描绘，而且指出五泄乃山水相配的绝境，遗憾的是直到晚年才有观五泄之幸，后悔以前不该在他山浪费精力和时间，同时又为自己不能常驻此间而伤感。

在诸暨地区还流传着明代五泄紫阆村贤士徐澄邀吴中四才子唐寅、文徵明、徐祯卿、祝允明等游览五泄并在此赛诗的佳话，像"九曲苍松悬屋角，五重飞瀑落长空"（唐寅）；"五重白练悬门口，千户人家据太空"（祝枝山）等诗句都是此次赛诗的成果。在 20 世纪 80 年代重修五泄禅寺时，主事者向社会广泛征集楹联，收获一大批具有独特魅力的好联。如"碧玉杨枝，洒一溪花雨；涵漱竹叶，消千壑劫尘"（观音殿联）；"听瀑象鸣狮吼，五洩风光五岳外；参禅晨钟暮鼓，三圣雨露三界中"（天王殿联）等都是其中的精品。今人朱再康、陆晓军等收录历代名人有关五泄的游记五十余篇、诗词赋七百余首、史述四十余篇，辑成《五泄诗文选》一书，2001 年由作家出版社出版，这是对保存五泄文化精华而做的一件很有意义的事情。

温州雁荡山誉满天下，尤以灵奇著称，造成雁荡灵奇风格的因素首先在于其姿态万千的山峰，这是无可争议的，但这并不能否认其瀑布的重要作用，众多的瀑布可以说是塑造雁荡之灵奇的第二要素，如大龙湫、小龙湫、中折瀑、梅雨瀑、西石梁瀑等都是雁荡山的精彩之处。近代文人余绍宋的《五瀑咏》诗对这几个瀑布都有生动的描绘，其中大龙湫水大体长，最为壮观，诗人称赞说："伟哉大龙湫，百仞悬空流；风日互相激，眩目疑蜃楼。"一次诗人有机会在大风中一睹大龙湫的风采："中秋月甚明。翌晨忽雨，旋霁，阳光射瀑发异彩，大风陡起，泉水空中飞舞，奇幻不可名状。"（《中秋后一日观大龙湫瀑布序》）于是诗人竭尽其语言天赋，努力将大龙湫的壮观的景象展现给世人："忽如散珠玑，忽如开芙蓉，忽如起烟雾，忽如飞虹龙，忽如走群仙，忽如耸奇峰，忽如曳素练，忽如横长虹。疑断已复续，飘洒迷西东。羲和复弭节，折光弄青红。激荡进异彩，缤纷炫玲珑。"虽然词采甚丽，但诗人还是觉得没有穷尽其美，故言"技止嗟词穷"。在雁荡山石柱门左侧的梅雨瀑也很有特色，瀑布从北崖悬空下泄，与半崖横出的崖石相撞，碎玉飞溅，状若花雨，诗云："岩上飞泉高百尺，岩前碎玉击寒石。青萝湿处少人来，满地莓苔鹿豕迹。"（梁祉《梅雨岩》）虽然今天的"鹿豕迹"已经变成无数的人迹，但"碎玉击寒石"的风采尤在，尚可达古人意，解古人语。

在湖南德夯苗寨的九龙溪源头有一个落差高达216米的流纱瀑布，其流姿随着季节的变化而变幻。丰水期，溪流在高山峡谷间奔流，时分时合，若神龙见首不见尾，悬崖处滚滚流水飞落深潭，犹如九龙翻波，吞云吐雾，声若巨雷，震撼山谷。枯水时节，流水飘下悬崖，时而如轻纱拂面，时而似珠帘悬挂，宛如白纱荡涤绿潭，漾起层层涟漪。在湖南周洛村有一个比九龙溪瀑布落差更大的北斗庵瀑布，其落差达 260 米，瀑布的命名因于瀑布上七块石头的排列形状及由之而生成的一个美丽传说。相传王母娘娘带着七个女儿到人间体察民情，王母看到人间丰衣足食，一派幸福图景，十分高兴，便开怀畅饮，结果大醉而眠。这时人间正是夏暑时节，天气炎热，七位仙女受不了，就趁王母酣睡之时，溜到这条美丽的小溪中去洗澡。仙女们在清澈明净的水中一边玩耍一边唱歌，歌声引得小溪跳起舞来，于是溪流便化成了瀑布，仙女身上的香味化成了桂花，所以瀑布所在的峡谷附近漫山遍野都是野桂花树，有丹桂、金桂、银桂等，每到八月，桂花香气袭人，而仙女们丢下的星星则化成了一大六小状如一把勺子的七块石头，故名北斗庵瀑布。由于北斗庵瀑布和九龙溪瀑布位于非常偏僻的山区，在过去没有引起社会的关注，因而除了一些原始素朴的神话传说外，并没有形成多少有较大审美价值的文化产品，但是，随着人们审美视野的拓展和自然审美资源的相对减少，这些瀑布的地位必将越来越重要，在中国审美文化发展中的作用也一定会越来越大。

（五）水车

《后汉书·张让传》称水车为东汉毕岚发明，后经三国时马钧改进应用于农业。《三国志·魏书·杜夔传》裴松之注云："时有扶风马钧，巧思绝世……居京都，城内有地，可以为园，患无水以灌之，乃作翻车，令童儿转之，而灌水自覆。更入更出，其巧百倍于常。"水车出现后，作为一种先进的生产工具迅速在全国推广，江南地区独特的地理环境与丰富的水利资源为水车的开发与利用提供了良好的条件，所以江南的水车不仅种类多，样式奇，而且具有丰富的审美文化内涵。苏轼《无锡道中赋水车》一诗对长三角地区水车使用的情况有这样的描述："翻翻联联衔尾鸦，荤荤确确蜕骨蛇。分畦翠浪走云阵，刺水绿针抽稻芽。"从诗的内容可以看出，苏轼见到的是一种最普通的为稻田灌水的汲水筒车。

在两湖地区，水车的使用也颇具规模，北宋张孝祥游潇湘，看到处处有竹车激水的场面，很是壮观动人，遂赋诗云："象龙唤不应，竹龙起行雨。连绵十车幅，伊轧百舟撸。转此大法轮，救汝早岁苦。横江锁巨石，溅瀑叠成鼓。神机日夜运，甘泽高下普。老农用不知，瞬息 3 千亩。抱孙带黄犊，但看翠浪舞。"（《湖湘以竹车激水，粳稻如云，书此能仁院壁》）从张孝祥的描述来看，这些水车应该是从江中提水的大型多轮筒车。由于江南地区溪流多在山间，水流落差大而奔猛，故水车以利用自然水力的筒车为主，如诗云："江南水轮不假人，智者创物真大巧。"（李处权《士贵要予赋水轮因广之幸率介卿同作兼呈郭宰》）在宁波一带，由于置办水车是农家大事，所以很受重视，水车做成后，要请当地有名望的人为其撰写字号，这些字号多为通俗易懂对水车及其流水形式、功用进行赞美的语言，如"深山老木化作龙，一出池塘雨水通。身似龙声如凤，云未施雨先至，禾菽无忧，皆汝之功"；"舞之歌之，歌之舞之。龙游姚江，分水四明，常熟余姚"。水车在农家心中是无须行云也能施雨，且会载歌载舞的龙。千百年来，水车屹立在江河畔、溪流边、圩田旁、小园中，旋转着，把清清的溪水汲到岸上，水顺着小沟轻快地流进庭院中的菜畦、沿河两岸的层层梯田，浇灌禾苗，造福于人。

筒车昼夜不停地咿咿呀呀，仿佛在拨动着情思悠悠的古琴，又像是在诉说农家祖祖辈辈的悠闲与宁静。今天在江南的乡村里仍然能不时见到"接缕垂芳饵，连筒灌小园。已添无数鸟，争浴故相喧"（杜甫《春水》）的景象。在人类进入工业文明之前，转动在广袤的自然之中的水车曾经让人感到无限自豪和骄傲，因为那是人类智慧和先进生产力的象征，在今天高度现代化的江南，依然咿呀转动的水车似乎成了一种人们刻意保留下来的历史遗物，为的是让人从这遗物上去怀想那已经消逝的历史生活，去体悟那天人相合的真实意味与精神。

（六）江南运河

江南运河以苏州为中心，向北达镇江和扬州，向南至杭州，全长三百三十多公里，沟通长江和钱塘江两大水系。江南运河的历史可以追溯到春秋时期，大约在公元前 5 世纪初，吴王阖闾、夫差为了运粮方便，开凿了一条从苏州经常州、无锡入长江而抵广陵（今江苏扬州蜀岗）的运河。随后又在海宁境内开"百尺渎"，向南达钱塘江，将苏州与杭州相连。《越绝书·吴地传》载："百尺渎，奏江，吴以达粮。"古江南河和百尺渎乃江南运河的前身。《越绝书·吴地传》还称："秦始皇造通陵南可通陵道，到由拳塞，同起马塘，湛以为陂，治陵水道，致钱唐越地，通浙江，秦始皇发会稽适戍卒，治通陵高以南陵道，县相属。"秦始皇南巡时，由于江南地区多沼泽，不利于大队人马通行，便在嘉兴至杭州开凿"陵水道"，也有传说秦始皇开凿运河的目的是为了挖断杭州的王气。

隋炀帝时，通过对古江南河、百尺渎、陵水道的拓宽、疏浚、顺直，使江南运河基本定型。《资治通鉴》载，大业六年冬十二月，"敕穿江南河，自京口至余杭，八百余里，广十余丈，使可通龙舟，并置驿宫、草顿，欲东巡会稽。"（卷 181）江南运河的贯通不仅为江南经济迅速崛起奠定了基础，而且为铸就江南文化的辉煌做出了重要贡献。唐代诗人皮日休诗云："尽道隋亡为此河，至今千里赖通波。若无水殿龙舟事，共禹论功不较多。"（《汴河怀古》）传说扬州有个美丽的姑娘叫芍药，又有株美丽的花树叫琼花，消息传遍大江南北，也传进了皇宫，隋炀帝听到后，既想选美又想看花，于是决定平地开河，千里载舟下扬州。

在下扬州的路上，杨广做了许多祸害百姓的荒淫之事，皮日休认为，如果不谈杨广作恶，单论修运河这件事，隋炀帝应该是功载千秋的。

运河流过了半个中国，也流出了半部中国审美文化史，运河沿岸的城市如扬州、镇江、苏州、杭州等，都因为运河的贯通而迅速崛起，成为古代中国人文荟萃和审美文化最发达的地方。在这些城市的审美文化中，单与运河有关的诗文就不计其数。先说扬州，自吴国修邗沟沟通江淮以来，扬州便成了"重江复关之隩，四会五达之庄"（鲍照《芜城赋》）。当年隋炀帝乘龙舟来到扬州，实现了自己多年的夙愿，非常激动，写下了"借问扬州在何处，淮南江北海西头。六辔聊停御百丈，暂罢开山歌棹讴"的诗句，表达了自己对运河风光的迷恋和对名扬天下的扬州的渴念与崇敬。刘禹锡也为前去扬州的女婿赋诗赠言："落花逐流水，共到茱萸湾。"（《送子婿崔真甫、李穆往扬州四首》其二）茱萸湾是刘禹锡十分向往的地方，同时由于刘禹锡的诗句，茱萸湾更有了一种让天下文人渴慕的光荣。再说镇江，镇江对岸是古瓜洲渡，镇江因瓜洲渡而闻名。瓜洲古渡是京杭大运河入长江的要道，其重要性如古人所述："瓜洲虽弹丸，然瞰京口、接建康，际沧海、襟大江，实七省咽喉，全扬保障也。且每岁漕艘数百万浮江而至，百州贸易，迁涉之人，往还络绎，必停泊于是。其为南北之利，讵可忽哉。"（《五志·江都县志》）唐代诗人白居易的一曲"汴水流，泗水流，流到瓜洲古渡头，吴山点点愁"（《长相思》），让天下人一咏含悲，再吟落泪。其他有关瓜洲的诗如"京口瓜洲一水间"（王安石《泊船瓜洲》）；"睡到瓜洲始渡江"（萨都剌《过江后书寄成居竹》）；"楼船夜雪瓜洲渡"（陆游《书愤》）；"三更月落瓜洲渡"（任大椿《宿瓜洲》）等，这些诗句几乎都是人们耳熟能详的。

此外，瓜洲古渡还是唐代高僧鉴真东渡日本的起航地，民间传说"杜十娘怒沉百宝箱"的故事也发生在瓜洲渡附近。清代康熙、乾隆二帝下江南均光顾瓜洲渡，他们于此欷歔感叹并留下墨宝。一个小小渡头竟有如此辉煌的文化成果载入史册，可见运河对于中华民族审美文化塑造有着怎样的意义。在运河与长江的交汇处，文人们途经此处无不豪情满怀。在扬子江畔，望着在滔滔江流中竞渡的龙舟，骆宾王兴致勃勃，脱口成吟："夏日江干，驾言临眺。于时桂舟始泛，兰棹初游。鼓吹咽江山，绮罗蔽云日。嫋娟舞袖，向渌水以频低；飘扬歌声，得清风而更远。是以临波笑脸，艳出浦之轻莲；映渚蛾眉，丽穿波之半月。"（《扬州看竞渡序》）运河与长江的交汇是人文与自然的天作之合，在这伟大的交汇点上，山水是展现人之美的舞台，笑脸于轻莲侧畔更显生动，蛾眉与波之半月相映更见清秀，人在山水中方才风采无限。刘禹锡在扬子津与白居易不期而遇，兴奋之余，思理绵绵，信笔写下了"沉舟侧畔千帆过，病树前头万木春。今日听君歌一曲，暂凭杯酒长精神"（《酬乐天扬州初逢席上见赠》）的千古名句。这个人文与自然的交汇点所形成的众多的审美文化现象一再证明，优秀的人类文化成果从来都是大自然开出的圣洁之花。

在江南运河的南段，水网纵横，形成了运河众多的支流，这些河流沿岸的风光同样充满诗情画意，引得历代文人们争相吟咏赞叹。如运河在杭州段入城的支流东运河，从断河头至艮山水门，八里长的河段上竟有桥十二座，因为宋时居民很多，菜市繁荣故又称菜市河。沿河风光旖旎，碧瓦红檐，有人曾这样描写道："一水通波，长虹跨影，其间舶郎之橹、浣女之砧互相应和，过之者如闻水调歌矣。"（吴锡麒《东河棹歌·叙》）苏东坡也有诗云："云烟湖寺家家境，灯火沙河夜夜春。"（《次韵述古过周长官夜饮》）清晨的运河让人激动，浅红的朝阳下，杨柳纤细的枝条在微风中飘摇着，婀娜多姿，无限绰约，就像一个踏青的少女。夕阳里的运河同样美得让人不能自已，准备歇息的舟船开始集结到岸边，夕阳的余晖洒落在水面和船头，空气中飘来桂子的清香，小桥渐渐昏暗的身影标示着一个温馨夜晚的降临，如同一个孤独而恬静的诗人。今天的运河仍然航运繁忙，虽然早已失去了昔日举足轻重的交通地位，但毕竟"湖墅八景"（夹城夜月、陡门春涨、半道春红、西山晚翠、花圃啼莺、皋亭积雪、江桥暮雨、白荡烟村）还在，每当身临其境，远山近水绵长的韵味仍令人渺然而生怀古之思。

江南运河在我国东南膏腴之壤蜿蜒流淌，见证了千古兴亡的悲叹，承载过黎民百姓的辛酸，演绎出无数动人的故事、诗文和画卷，成为我们民族审美文化的重要组成部分。2006年，陈术主编的《杭州运河丛书》[①]由杭州出版社出版，这是对江南运河文化进行收集和整理而形成的重要成果，它为我们进一步研究江南运河博大的审美文化建立了多种链接途径，提供了十分丰富的参考资料。

（七）秦淮河

秦淮河发源于宝华山和东庐山，由东向西横贯南京城，然后注入长江。秦淮河古称淮水，《丹阳记》载："建康有淮，源出华山入江。"（《太平御览》卷65，《秦淮水》）传说秦始皇巡游会稽时听风水家说"五百年后金陵有天子气"（《景定建康志》卷18，《山川志》），乃命人凿石硺山西，改淮水道，贯通金陵，"以断其

---

① 此丛书包括《杭州运河历史研究》、《杭州运河文献》（上、下册）、《杭州运河风俗》、《京杭大运河图说》、《杭州运河古诗词选评》、《杭州运河桥船码头》、《杭州运河遗韵》共八本。

气"(《舆地记》),故后人称之为"秦淮"。秦淮河从它形成的那一天起就带上了一层神秘而不祥的色彩。秦淮两岸特别是其与长江交汇处自古以来就是金陵最繁华的地段,《吴都赋》云:"横塘查下,邑屋隆夸,楼台之胜,天下无比。"(《肇域志》卷3)六朝时秦淮内河更是名门望族聚居之地,王导、谢尚、纪瞻、顾恺之、陆机、陶宏景等都曾在这里建有自己豪华的宅第。明朝定都金陵,朱元璋为了把秦淮河两岸的繁华区域都纳入城中,不惜打破传统都城的方形布局而使金陵呈南北狭长结构。由于秦淮河流经当时中国政治、经济和文化的中心区域,所以发生于秦淮河两岸的故事就特别多。如在秦淮、青溪相接处流传着关于"邀笛步"的故事:"《晋书》云,桓伊善乐,尽一时之妙,为江左第一。有蔡邕柯亭笛,常自吹之。王徽之赴召京师,泊舟青溪侧。伊素不与徽之相识,自岸上过,客称伊小字曰,此桓野王也。徽之令人语之曰:胜闻君善吹笛,为我一奏。伊是时贵显,素闻徽之名,便下车踞胡床,为作三调,弄毕便上车去,客主不交一言。"(《六朝事迹编类》卷上,《邀迪步》)秦淮河畔名士如鲫,他们中的绝大多数具备良好的艺术素养和坦荡、放旷、磊落的胸怀,在人际交往中他们以文会友,以艺相知,往往不拘小节,表现出一种儒雅的君子风度。

类似的情节也曾经出现在吴敬梓的《儒林外史》中:"荆元自己抱了琴来到园里,于老者已焚下一炉好香在那里等候。彼此见了,又说了几句话。于老者替荆元把琴安放在石凳上。荆元席地坐下,于老者也坐在旁边。荆元慢慢的和了弦,弹起来,铿铿锵锵,声振林木,那些鸟雀闻之,都栖息枝间窃听。弹了一会,忽作变徵之音,凄清宛转。于老者听到深微之处,不觉凄然泪下。"(《儒林外史》第55回)。秦淮河是名利场,也是伤心地,秦淮河的流水成就了少数文人的功名,也消磨了无数文士的锋芒。在梦笔驿，江淹曾因梦郭璞索笔而才尽，而在秦淮水亭，吴敬梓却才思奋飞，完成了那部"于是说部中乃有足称讽刺之书"[①] 的伟大作品《儒林外史》，并引得当时春风得意，被誉为"乾隆三大家"之一的袁枚非常嫉妒，扬言要口诛笔伐这位落魄的"秦淮寓客"。在秦淮口桃叶渡有关于王献之迎送爱妾的故事："桃叶者，王献之爱妾名也。其妹曰桃根。献之诗曰：'桃叶复桃叶，渡江不用楫，但渡无所苦，我自迎接汝。'不用楫者，谓横波急也，尝临此渡歌送之。"（《六朝事迹编类》卷上，《桃叶渡》）美丽、动听而感人的《桃叶歌》展现了中国古代文士的温柔、体贴、优雅和风流，一代又一代文士们视其为绝唱，并在秦淮河畔续写着桃叶新篇："桃根桃叶画楼多，秋水秋山唤奈何。几曲小阑明月底，有人曾此别横波"（周在浚《金陵古迹诗》其九）；"试问近来桃叶渡，可能桃叶胜桃花"（余宾硕《桃叶渡》）；"六朝多少销沉事，桃根桃叶说到今"（钱露《秦淮竹枝词》其二）。秦淮河见证了世间最纯洁、最真挚、最浪漫的爱情和友谊，并将它们传之后世，感动天下所有的有情人。

秦淮河上最靓丽而多见的要算游船了，在这里曾经出现过的游船加起来差不多就是中国的游船大全了，什么灯船、楼船、局船、火食船、摸黑船、佛事船、歌船、围棋船、私烟船、卖唱船、小卖船等，可谓应有尽有。这些游船具体功能各不相同，不用细说，顾名思义便可知其大概。其中楼船有大小之分，大楼船又称大边港，是一种集餐饮、娱乐、休息、洗浴、观景于一体的多功能游船，中型楼船又称小边港，可供一个家庭竟日清游，小型的楼船称漆板，其特点是"篷式精巧，缭以绢帷，下列藤椅二、茶几一"（夏仁虎《秦淮志·游船志》），主要是供作雅游或

---

① 鲁迅：《鲁迅全集》（第 9 卷），人民文学出版社 2005 年版，第 228 页。

供偷情幽会者使用，"或欢宴未阑，眉语心会，相携过船。舟子解事，打桨径渡复成桥北。天水空阔，游迹渐稀，觅朗园、鉴园之高柳下，回船对月，而停泊焉。舟人话言登岸烹茶，放身高卧，非呼唤不至也。于时凉蟾坠波，露赞啼月，绵绵清话，芰泽微闻。此一叶扁舟，不啻渡河之仙槎，订情之宝筏云"（夏仁虎《秦淮志·游船志》）。

秦淮河的游船记载着秦淮河的盛衰和世道人心的冷暖，因此那"风丝雨片，烟波画船"总能牵动人的情思，唤醒人们对历史的记忆，想起秦淮八艳的风采。明末清初秦淮河畔八位临河而居的青楼女子马湘兰、顾横波、董小宛、卞玉京、李香君、寇白门、柳如是、陈圆圆等，时人称为"秦淮八艳"。秦淮八艳是中国娼妓制度的缩影，是中国颓废文化的典型，由于以她们为代表的大批妓女的存在，使秦淮河成为一条艳情河、脂粉河，然而，明末清初又是中国社会天崩地裂、生灵涂炭的时期，在那个大动荡、大变革的年代，秦淮八艳以她们横溢的才华、出众的容貌、高尚的气节和勇敢的献身精神谱写了一曲曲动人的乐章，多方位地展现了巾帼英雄的风采，因此正如秦淮河一样，秦淮八艳既有其颓废、消沉的一面，也有其涤人心灵的积极意义。由于尝够了被人玩弄的滋味，厌烦了逢场作戏的身体交易，所以秦淮八艳虽然身在青楼，却十分向往自由、平等、忠贞的爱情，如马湘兰和王稚登三十余年相知相爱，虽未结为夫妻，却留下一段催人泪下的爱情佳话。柳如是为了钱谦益的名节而愿与其慷慨赴死，虽然钱谦益贪生怕死，却掩不住一个国色天香的佳人反抗强权、保守贞操和为爱情献出一切的决心和勇气。顾横波嫁与龚鼎孳后立即改头换面，不仅改掉了昔日浓妆艳抹的装束，而且改掉了姓名，自名徐善持，表达了自己要尽到一个普通妻子责任与义务的愿望，婚后的顾横波在龚鼎孳为她画的小像上题了一首小诗："识尽飘零苦,而今始得家;灯煤知妾喜,特著两头花。"(《冷庐杂识》卷7,《顾横波小像》)这首诗虽小,却让天下人分享了她作为一个获得真挚爱情的良家妇女的幸福感受。董小宛在嫁与冒襄后,以其对丈夫的爱和对家人的无私奉献精神赢得全家老少的喜爱,在全家逃难的路上,温婉善良的董小宛竟然担当起了开路先锋,表现出了一种惊天地、泣鬼神的豪气。从文化贡献上看,秦淮八艳不仅琴棋书画、诗词歌赋、吹拉弹唱样样擅长,而且个个都有自己的绝活,如马湘兰的兰花图冠绝一代,在中国绘画史上占有一席之地,现代《辞海》有专条介绍,北京故宫博物院、上海博物馆、苏州博物馆、日本东京博物馆等都收有她的作品。顾横波最擅长南曲,被誉为"南曲第一"。董小宛擅长烹饪,她制作的菜被名之曰"董菜",钱谦益赞其"珍肴品味千碗诀,巧夺天工万种情"[1]。秦淮八艳在文化上的贡献不仅表现在她们自己的创造上,而且由于当时与她们交往甚密的多是社会名流,文化旗手,如钱谦益、吴梅村、陈子龙、冒襄、龚鼎孳、侯方域等都在文坛上大名鼎鼎,因而秦淮八艳的倾向、爱好和风格直接或间接地影响到明清之际文化发展的走向。尤其不能忽视的是,秦淮八艳在整个清代乃至今日都受到文人的敬慕和爱戴,她们的诗词、以她们的经历为素材的故事、小说、戏剧、绘画、电影、电视等更是汇成了审美文化的滔滔洪流,奔腾不息。

秦淮河孕育了灿烂的秦淮审美文化,它兴于东吴,盛于六朝,在后来的朝代交替中虽然有枯有荣,但其作为一个整体却是不断地被充实和丰富着,成为整个中国古典审美文化的重镇。王献之的《桃叶歌》让人陶醉于秦淮纯情,刘禹锡的《乌衣巷》让人慨叹历史的变迁,杜牧的《泊秦淮》使人忧思,孔尚任的《桃

---

① 赵霞、向洪主编:《正说秦淮八艳》,哈尔滨出版社 2006 年版,第 206 页。

花扇》催人泪下，秦淮八艳的故事则把人带入无限的感伤之中。千百年来，时代在变，秦淮河也在变，今天虽然它依然画舫凌波，华灯灿烂，乌衣巷边、朱雀桥畔、桃叶渡头虽然依旧游人如织，但秦淮河里的水似乎老了，再也无力兴起波澜，它的青春的美丽对于今天的人来说可能只是一个梦幻："透过这烟霭，在黯黯的水波里，又逗起缕缕的明漪。在这薄霭和微漪里，听着那悠然的间歇的桨声，谁能不被引入他的美梦去呢？……我们这时模模糊糊的谈着明末的秦淮河的艳迹，如《桃花扇》及《板桥杂记》里所载的。我们真神往了。我们仿佛亲见那时华灯映水，画舫凌波的光景了。"（朱自清《桨声灯影里的秦淮河》）今天的秦淮河好像已经成为一个抽象的文化符号，她曾经鲜活的生命早已向人世作了最后的道别。不过，这也许是一件好事，说明我们今天的审美文化健康而充满活力，真正走出了那个感伤的时代。

（八）富春江与钱塘潮

富春江是钱塘江的一段，其风光在古代以"山青、水清、史悠、境幽"四绝闻名，并因南朝文人吴均的《与朱元思书》而得"奇山异水，天下独绝"的美誉。富春江有山皆翠，有水皆绿，在它两岸，山脉连绵不断，植被茂密，森林覆盖率达百分之九十五左右，是当今富春江国家森林公园的主体。凡游过富春江的人无不为其无处不在的醉人的翠绿所感染，清代诗人纪昀诗云："浓似春云淡似烟，参差绿到大江边。斜阳流水推篷坐，翠色随人欲上船。"（《富春到严陵山水甚佳》其二）人类在其漫长的进化过程中，始终依赖于山林溪水，所以对绿水青山有了一种本能的爱，进入文明社会以后，人虽然走出了大山，但是每当再次置身于大自然中，面对浩瀚林海时，仍然会产生那种原始性的快乐与安适感。关于富春江的自然景观，民国年间的《建德县志》是这样写的："两山夹峙，一江如带，中流鼓棹，帆驶若飞，兼以江水澄清，锦鳞游泳，时有渔歌欸乃，山谷相应。"青山、绿水、白帆、渔歌，再加上蓝天、白云，共同构成了一幅壮美的江山行舟图。

富春江的下游为钱塘江，钱塘江入海处有大名鼎鼎的钱塘潮，钱塘潮以其汹涌澎湃的雄姿让世人感受到温婉的江南山水中还蕴涵着一种雄伟的气势和力量。苏东坡誉之为"壮观天下无"，宋代文人周密十分具体而生动地描写了钱塘潮的这种雄伟与壮阔："浙江之潮，天下之伟观也。自既望以至十八日为最盛。方其远出海门，仅如银线；既而渐近，则玉城雪岭，际天而来，大声如雷霆，震撼激射，吞天沃日，势极雄豪。杨诚斋诗云'海阔银为郭，江横玉系腰'者是。"（《武林旧事》卷3，《观潮》）自古以来，钱江潮就以其磅礴的气势和壮阔的景象闻名于世，成为人们世世代代争相观瞻的自然景观。钱江观潮始于唐，盛于宋。古之观潮以杭州江干三郎庙一带为最盛。但宋朝以后，由于河道的变迁，观潮点逐渐东移至海宁境内，在海宁四百多年的观潮历史中，人们筛选出三处各有特色的最佳观潮点，即大缺口"碰头潮"、盐观宝塔"一线潮"和老盐仓"回头潮"。由于海宁观潮的优越地理条件和日益扩大的影响，钱江潮也被称为海宁潮。

人们根据钱江潮在不同江段的表现形态赋予了颇能显现其特征的名号，并凭借智慧而热情的想象创作了不少相关的美丽的故事和传说。如回头潮，传说当年吴王夫差听信谗言，赐伍子胥一把"属镂"剑令其自杀，伍子胥对他儿子说："我死后你挖我的眼睛挂在南门，我要看着越兵从这里打进来。你用鲐鱼皮裹着我的尸体扔进钱塘江，我要朝暮来潮看着吴国的灭亡。"伍子胥于农历八月十八日自杀，死后尸体被抛入江中，这时只见江面突然白浪翻滚，形成汹涌澎湃的钱江潮。九年之后，越王也听信谗言，逼文种自刎，尸体埋于绍兴的龙山。文种死后第一年的农历八月十八日，伍子胥发起大潮，直扑龙山，冲山毁穴，卷走了文种的尸骨。从此这两个钱塘江南北敌国的功臣，死后同恨相怜。一对忠魂乘着素车白马共驭大潮，潮水之前扬波者伍子胥，后激水者文种，他们为复仇而怒吼奔腾，形成惊心动魄的钱江怒潮，世人谓之"扬波雪愤"。此后，当地人把伍子胥、文种封为潮神，而农历八月十八则被视为潮神生日。

　　汹涌澎湃的钱江大潮让人心驰神荡，然而受佛教和道家思想浸润多年的苏东坡却被大潮荡出了一种宁静："海上乘槎侣，仙人萼绿华。飞升元不用丹砂。住在潮头来处、渺天涯。雷辊夫差国，云翻海若家。坐中安得弄琴牙？写取余声归向、水仙夸。"（《南柯子·八月十八日观潮》）在苏东坡的眼中，滚动的潮水涌起于大海深处的宁静，宁静是对涌动的超越，因而他更喜爱在水仙开处，写诗弄琴，以恬淡无为之心来对待世间的荣辱盛衰："苒苒中秋过，萧萧两鬓华。寓身化世一尘沙。笑看潮来潮去、了生涯。方士三山路，渔人一叶家。早知身世两聱牙。好伴骑鲸公子、赋雄夸。"（《南柯子·再用前韵》）如佛家所言，人生如世间一飘零的尘沙，人间之事，如潮来潮去，不必放在心上，重要的是有一份心灵的自由，如骑鲸公子般归化于自然，畅游于五湖四海，不受任何风浪的限制和扰乱。

　　与犬牙交错的回头潮不同，一线潮的最大特点是"齐"。潮水到达占鳌塔附近时一改原来断断续续的状态，自然连成一条直线。传说"占鳌塔"是伍子胥检阅"一线潮"的看台。话说潮神伍子胥自和海龙王共同掌管钱塘潮后，便决定在潮神生日那天搞一次大阅兵。正午时分，龙王一声令下，众水族兵将个个意气风发，一起跃上潮头向西进发。时至午时三刻，潮头准时推进盐官"占鳌塔"下，江面上出现一堵一字形摆开的数十丈高的水上长城，千军呐喊，山崩地裂，看到这壮观的气势，观潮者无不赞叹称奇。阅兵大检成功，"占鳌塔下一线潮"也由此得名[①]。钱江潮的壮观和它有规律的活动方式使古临安出现了一种曾经持续数百年的弄潮戏，即八月观潮期间，由少年百十人组成一群，执旗泅于水上。金代文学家任询《浙江亭观潮》中对其有十分精彩的描写："海门东向沧溟阔，潮来怒卷千寻雪。浙江亭下击飞霆，蛟蜃争驰奋髯鬣。巨鹿之战百万集，呼声响震坤轴立。昆阳夜出雨悬河，剑戟奔冲溃寻邑。吴侬稚时学弄潮，形色沮濡心胆豪。青旗出没波涛里，一掷性命轻鸿毛。须臾风送潮头息，乱山稠叠伤心碧。西兴浦口又斜辉，相望会稽云半赤。诗家谁有坡仙笔？称与江山作劲敌。援毫三叫句不成，但觉云涛满胸臆。"许许多多附丽于钱江大潮上的传说，既有人们因为科学知识有限，无法解释涌潮这一自然现象而不得不求助于神话的客观因素，也有人们刻意将自然现象人格化的主观原因，但不管哪一种原因，它们几乎都产生了相同的审美效果，就是使得气势磅礴的钱江大潮多了一份凄美和柔婉，而对于整个江南审美文化而言，则增加了其奇诡、神秘和复杂多样性。

江南的流水流了千万年，它究竟流出了什么？在自然之眼中一切都很平凡，不管是奔腾的江潮还是潺潺的溪流，不管是奄奄一息的秦淮河还是朝气蓬勃的富春江，一切似乎都无须言说，然而在"诗眼"中，它们却都灵性十足，意蕴非凡。也许对于整个世界而言也是一样，这个世界究竟是个什么样子，它给予了人类什么，我们要对它说些什么，这不仅取决于这个世界中有些什么，还要看我们长了一双什么样的眼睛。

---

① 郭成：《话说嘉兴》，西泠印社出版社 2000 年版，第 210—213 页。

三　人家：人类的家园之歌

在古人的"身"、"家"、"天下"价值体系中，"家"至关重要，它不仅为"身"之所系，而且"正家而天下定矣"（《周易·家人卦》）。在"家"之中，人是最重要的，所以称"人家"或"家人"。在一个家庭的所有成员中，家庭主妇是最为关键的，故《周易·家人卦》云："家人：利女贞。"意思是说，女子的品质是决定家庭幸福的主导因素。在中国传统观念中，女属阴，女人的自然品性是温柔，所以女子的"贞"就是柔顺温逊而又严格有威信。一个在女人主导下的幸福家庭必然是温情脉脉，和谐有序。在探讨江南山水社会价值的过程中，我们越来越强烈地感受到，其实江南山水最大的价值就在于它撑起了无数个温情脉脉的家，一个幸福家庭应有的温柔格调与江南山水的迤逦可爱是那样地有天造地设之合。"山下孤烟渔市远，柳边疏雨酒家深。"（王琪《望江南》）在大江南，到处可以看到一片片青黛隐入淡淡云水、霭霭远山之中，构成一幅幅超凡脱俗的图画，湖中帆影与丝丝细雨映衬着热闹的渔市，清幽的宅院中偶尔会走出一位头戴蓝印花布头巾的少妇，浓郁的生活气息和世外桃源的清幽安顿下无数自由的生灵，在每一个生命的心中都在咏唱着欢乐的家园之歌："以乐吾家，喜尔宾客。恬怡鼓之，夙暮不忒。"（《越王钟诗》）

（一）宅院

江南大型古宅建筑在总体格局上与北方古建筑秉承同样的理念，即依据"父义，母慈，兄友，弟恭，子孝"（《史记·五帝本纪》）的传统伦理价值观，以适于日常起居为主，同时考虑便于实践男女有别、长幼有序的日常生活行为规范，它的独特处则在于对江南山水的巧妙借用。大户豪宅大多沿中轴线一进一进地延伸：前厅、前天井、中厅、后天井、楼厅，两侧对称有厢房、附房等。如浙江东阳卢宅，占地达五百余亩，其中肃雍堂为九进院落，纵深达三百二十多米。卢宅规模之大，雕饰之丽，世所罕见，有民间故宫之称。卢宅的总体布局设计显然是充分考虑了与周边山水环境的配合。在卢宅南面是三峰相连的笔架山，卢宅肃雍堂堂主卢溶认为笔架山是卢氏家族文脉所在，所以必须把笔架山与肃雍堂融为一体。为了达到这个目的，保持卢氏家族文脉相传，肃雍堂在设计时使中轴线偏西 35 度角，以正对笔架山，并且在正门前修建了三道递次升高的风水墙，站在正门下的风水石上向南展望，笔架山三个连续起伏的山峰正好位于风水墙的峰线上，恰如把一幅巨大的天然笔架收入宅院之中。这种独具匠心的设计虽然带有很浓的迷信色彩和狭隘的功利目的，但正是古人对大自然的拳拳敬畏之心营造了人与自然和谐的恬淡诗意。普通百姓的住宅不可能像卢宅那么讲究，但却能够以更自由的形式融入江南山水中。比如湖州南浔的百间楼，原是明代礼部尚书董份为家仆或女眷所建，开始没有那么多，后来人们逐年积累，遂形成现在的规模。"百间"并不是确数，而是虚指楼房间数众多。这些楼房沿着小河排列，前门沿街，后门临河，蜿蜒一片，人们在建造和设计这些房屋时刻意把房屋和水连在一起。"小市千家聚水滨，轻舟日日往来频"（董恂《浔溪棹歌》）、"隔江三千家，一抹烟霭间"（方回《八月十五日二十日两至南山饮潇洒亭》），诸如此类的诗句都表达了普通人家贴水而居的喜好和择水而居的自由。清人张镇有咏百间楼诗云："百间楼上倚婵娟，百间楼下水清涟。每到斜阳村色晚，板桥东泊卖花船。"（《浔溪渔唱》）不管是大户人家较为封闭的大宅院，还是普通百姓相对开放的老屋，都沐浴在一派水气之中，当夕阳西下的时候，老人和孩子在宁静的河边逗趣，怡然自乐，空气中洋溢着花香，不时传来卖花船划桨的声音，一幢幢水边老宅中，胜似婵娟的江南姑娘正把买来的鲜花插在自己的头上。

有些江南民居主要是凭山来做文章的，如位于皖南的黟县，这里的水没有苏南和浙北丰饶，但境内连绵群峰与黄山融为一体，古意盎然的民居处于青山环抱之中，粉墙黛瓦掩映在桃红柳绿之间，可谓把山的优势发挥到了极致。据说陶渊明曾游历于此，有感而发，写下了千古名篇《桃花源记》，李白也以诗赞之曰："黟县小桃源，烟霞百里间。地多灵草木，人尚古衣冠。"（《小桃源》）因此，黟县自古就有"桃花源里人家"的美称。在黟县家家户户的门、厅、壁、柱上，都有内涵丰富、寓意深刻的楹联，其中不少是表达人们对这里无限山色的丰富感受，如"瘦影在窗梅得月，凉云满地竹笼烟"[①]，这是一幅典型的南国山村夜景：皓月当空，梅花纤细的倩影映在精致的窗棂上，青翠的竹林为如烟的薄云所笼罩。又如"林籁结响泉石微韵，云霞雕色草木贲华"[②]，这副楹联勾画的是一幅南国山村晴朗的晨景：村边林木轻语，泉水与细石击节，如奏乐章，天上的云霞与地上的百花争艳，如绘丹青。总之，江南人的宅院都不脱离周围的山水，你必须把它们视为江南山水的一个重要元素。

（二）门楼

门楼是一户人家、一个园林或一个村镇的门面，是人的社会地位、文化品质和财富的象征，所以在门楼的设计和制作上，人们都费尽了心机。门楼的形式有屋宇式和贴墙式两个基本类型，大户人家一般都采用屋宇式多级多框结构，工艺精湛，看上去富丽堂皇。家庭经济状况稍差的多采用贴墙式结构，这种结构的门

---

① 倪国强：《黟县民间古楹联集粹》，中国文史出版社 2006 年版，第 10 页。
② 同上书，第 12 页。

楼与围墙平接，朴实大方。江南门楼的墙体部分一般以砖雕和石雕砌成，砖雕和石雕图案既有流行全国的龙、凤、牡丹、松柏等，也有荷莲、鱼虾、毛竹等动植物和帆船、小桥、溪流等组成的具有江南风情的景观。在浙江省江山市廿八都镇依然完好地保留着一部分明清时期的门楼，这些门楼融会了浙、徽、赣及闽北客家民居的多种风格，可谓博采江南门楼之长。在长长的廿八都街巷两侧矗立着大大小小几十个不同的门楼，它们多为楼阁式，由梁、枋、檐、椽、望板和垂莲柱构成四柱三楼，上覆黛瓦，檐角飞翘，这些梁、枋、檐、椽上都有神仙、人物、瑞兽或花鸟等精美的雕刻，这些雕刻虽有相似的题材，但都由不同的工匠完成，表现了工匠们各具特色的工艺风格和审美个性，可以说每个门楼都是一件透着灵气与匠心的艺术作品。其中福禄寿禧门楼是廿八都众多门楼中最好的一个，"福禄寿禧"是人生的梦想，是江南社会和整个中华民族对世俗生活的总体性和终极性追求。在福禄寿禧门楼的青石门框上主人用古老的篆字写下了四个不同写法的"寿"字，体现了主人对生命的热爱和以寿为本的幸福观。廿八都镇地处闽浙赣三省交界处，四周青山连绵，窑岭、仙霞岭、茶岭、小竿岭、枫岭、梨岭等群岭环绕，一条枫溪穿镇而流，走过廿八都，你会感到这些优雅门楼的造型与周边的山水环境非常协调，这些熠熠生辉的门楼就是盛开在江南山水中的人文之花。说到江南门楼不能不提一下享有"江南第一门楼"盛誉的苏州网师园万卷堂前的砖雕门楼，此门楼建于乾隆中叶，精雕细刻，美轮美奂。门楼上的砖雕有平雕、浮雕、镂空和透空等多种雕法，左侧为寓意"福寿双全"的郭子仪上寿戏文图，右侧为寓意"德贤文备"的周文王访贤戏文图，中部为刻有"藻耀高翔"的字牌，字牌下为象征家族连绵兴旺、长久吉祥的蔓草、祥云、蝙蝠、莲藕、钱币等多种图案，门楼与前方的山水错落映衬，疏朗雅适，可谓中国社会传统价值观与江南山水风情的完美结合。万卷堂中挂有著名吴中画家张辛稼书写的对联："紫荆夜湿千山雨，铁甲春生万壑雪"，对联并非专为门楼而写，但与门楼相配可带动人们的想象，以广大的意境来诠释门楼的审美价值。

（三）天井

所谓天井就是宅第中房屋与围墙所围成的露天空地，顾名思义，大概是比喻其形状像通向天空的一口井，因此当围墙内的空间大到不像一口井的时候就不叫天井而称院子了。天井的主要功能是供采光、通风、排水、洗晾衣物、家族成员之间的交往等使用。古代的大家庭院无论江南江北一般都建有天井，但江南温热多雨的气候使房屋对天井的要求更高，因而江南的天井设计和建筑也更为讲究和规范。江南的庭院，穿过门楼便是一段天井。大户人家的宅第一般布置前、中、后三个天井，前天井基本上就是一个院子，晴日里可以晒太阳、晾衣物、聊天，雨天则可以收水、透气。后天井的主要功能是存放杂物、养花种草，可以视为一个微型花园。这一方花园式小小天井并不可小视，它曾经是农业社会里中下层士人优雅度日的理想处所。"十笏茅斋，一方天井，修竹数竿，石笋数尺，其地无多，其费亦无多也。而风中雨中有声，日中月中有影，诗中酒中有情，闲中闷中有伴，非唯我爱竹石，即竹石亦爱我也。"（郑板桥《题竹石》）茅舍中的一方天井把一个落魄文人的孤寂之心化为一种闲适和安逸，以如歌的自然生机消解了沉沦中的浑浑噩噩与无聊。在三类天井中最名副其实的要算是中庭天井了，它四面都是高大的建筑，窄而深，人处其间仿佛坐井观天。"庭院深深深几许"（欧阳修《蝶恋花》其九）或许正是诗人由中庭天井而引发的感慨。陆机诗云："侧听阴沟涌，卧观天井悬。"（《挽歌》其三）在诗人的眼中，静谧的人间天井与玄奥的太空天井之间似乎有一条缥缈的路，诗人的这种奇妙想象使那些弥漫着日常生活气息的平平常常的人间天井多多少少带了些仙气和神秘。

江南天井中的地面一般用青石板或大方砖铺筑，四周屋面的水均流向天井，有"四水归一"之说。天井中常置须弥石座，石座上放置大水缸，缸内养几尾金鱼，既雅观，又利防范火险。毛泽东少年时曾作过一首咏天井诗："天井四方方，周围是高墙。清清见卵石，小鱼囿中央。只喝井里水，永远养不长。"（《五古·吟天井》）天井对一个日居其间的少年来说，可谓既熟悉又神秘，既简单又玄奥，既自由又压抑。大凡有过江南旧宅中生活经历的人都对天井有着深刻的记忆，它就如同一个镜头一般在时间推移中变幻着自己的画面。春天，花雨从天井飘落在青石或方砖铺就的地面上，漂亮；夏天，水雾笼罩，热气袅袅，乌龟和蛤蟆在绿色的青苔上爬、跳，热闹；秋天，远山的秀峰隐约可见，桂香轻飘，鸟儿在高翘的檐角上清脆鸣叫，充实而淡定；冬天，天幕灰沉，只有四周墙壁上的丹青能勾起人的一点热情，清冷又寂寥。虽然四季的感受不同，但都是一种值得回忆的经验，在那由高墙、深院、重门组成的大宅子里，在那封闭保守的时代，天井为心灵开启了一片天空，建立了心灵与自然的联系，颐养了水乡人悠然、恬静的性情。天井是人的心灵通向自然和神明的通道，借助于天井，人们向上天祈求福祉，上天则把光和水从天井洒向温馨的人家，赐给人们温暖与活力。天井保留了一份小户人家的隐私，也唤起了人们融入大世界的希望。

（四）石窗

石窗就是用石材雕刻成的窗户，又称石花窗、石漏窗，"花"字显其审美性，"漏"字取其实用性。从实用性来看，石窗既能透风、采光，又具有防盗功能；从审美性上看，石窗是石雕艺术的一种形式，可以点缀庭院环境。有研究者认为，石窗在先秦时就已经存在了，以明清时为最盛。早在唐代就有诗人开始歌咏石窗，如"窗开自真宰，四达见苍涯。苔染浑成绮，云漫便当纱。棂中空吐月，扉际不扃霞。未会通何处，应怜玉女家。"（皮日休《奉和鲁望四明山九题·石窗》）在诗人的想象中，石窗能够在人与自然之间形成良好的沟通，青苔、薄雾、皓月、烟霞等自然之友不请自来，它们在石窗外并通过石窗与房子的主人亲切交谈，石窗之内隐约是一个多才多艺、含情脉脉的玉女，温柔、善良的她有些寂寞，正期待着从远方归来的丈夫。诗中所言石窗是浙江余姚的四窗岩石窗，四窗岩是四明山区大俞山巅的一座高约三十米，长约六十米的长方形悬崖，崖的腰部一连排着四个洞穴，洞中青石嶙峋，视若窗网，四个洞穴宛如四扇石窗，四窗岩由此而得名。传说东汉时，剡县人刘晨、阮肇上天台山采药，在一条溪水边遇见两位仙女，并与其结为夫妻，住在了石窗岩。半年后刘、阮二人回乡探亲，没有找到一个熟人，却见到了本家的七世孙，七世孙说祖上传言有先辈上山采药再也没有回来。刘、阮二人无奈，只好返回山中。这个神话传说在南朝宋刘义庆的《幽明录》和宋人编的《太平广记》里都有记载。唐代诗人曹唐曾根据这个传说写有组诗五首：《刘晨阮肇游天台》、《刘阮洞中遇仙子》、《仙子送刘阮出洞》、《仙子洞中有怀刘阮》和《刘阮再到天台不复见仙子》。诗中写道："碧沙洞里乾坤别，红树枝前日月长"；"笙歌冥漠闭深洞，云鹤萧条绝旧邻"；"桃花流水依然在，不见当时劝酒人。"这些诗句都表达了诗人对这一段人仙之恋的无限向往和对人仙不能恩爱到永远的怅惘之情。关于大俞山石窗的传说使人们对石窗有了一种神秘奇幻的感觉，即使人造石窗也似乎因为这样的传说而具备那种使人心灵飞动，浮想联翩的功能。

石窗广见于湖北、江西、安徽、江苏、浙江、福建、台湾等地，尤以江南浙东地区最为典型。这主要是因为，第一，浙东地区盛产做石窗的优质青石并具有悠久的石雕历史，其中绍兴新昌的青石质地最好，这种石头纹路稠密，色泽光鲜，遇水浸润即绿，似碧玉，故又称碧石，有"江南第一石"的美誉，同时，悠久的石雕历史使浙东地区储备有大量石雕技艺精湛的工匠，这就使得新昌生产出第一流的石窗成为可能。第二，浙东属于沿海地区，多雨、多台风，一般的木质窗户极易腐烂变质，石窗在避雨防腐方面有着木窗不可企及的优势。另外，石窗既具备木窗的装饰、透气和采光的功能，又具有比木窗更好的防火、防盗功能，因此石窗在浙东地区有广泛的社会需求。第三，浙江是明清时期中国经济、文化最繁荣的地区之一，商贾云集、人文荟萃，所以，不仅能生产出质地最好、人文意蕴丰富的石窗，而且有能力将它们顺利地销往全国各地，从而带动石窗生产的进一步发展。

江南石窗雕刻艺术的题材丰富多样，有的取自神话故事，如"八仙过海"、"刘海戏蟾"、"和合双仙"等，有的取自历史典故，如"渔、樵、耕、读"，还有的取自日常生活场景或市井故事，如生动活泼、情趣盎然的"婴戏"。石窗图案变化多端，有几何纹样（如直条纹、横条纹、格纹、点线纹、圆圈纹、水波纹、回纹等）、吉祥字符（如福、禄、寿、喜、卍、状元及第、三星在户、寿考维祺等）、器物纹样（如暗八仙、八宝、杂宝、古钱等）、组合纹样等，最常见的图案纹样是用横条和竖条组合起来，又嵌以简单雕饰的"步步锦"纹。石窗工艺融会了浅浮雕、深雕、丰圆雕、圆雕、透雕等多种艺术手法，并结合石材特质形成了镂挖、起地、刻线、钻眼、打磨等技术。石窗艺人运用线刻、浮雕等手法，使人物生动、花草鲜活、器物逼真。石窗往往是一窗一景，景景不同，它们被镶嵌在建筑物上，像是一幅彩画挂在墙壁上，给平板的墙壁带来了生气。石窗中心雕刻的形状也有很多变化，如方形、圆形、扇形、瓶形、多角形等，不一而足。在浙江前童古镇，至今还保存有手工打制、图案精美、绝无雷同且意蕴丰富的两百余块石花窗。在走马塘村，有的石窗融门、窗为一体，能开启关闭，可谓石窗艺术的精华。在高楼遍地、时尚建筑满眼的今天，石花窗依然有其独特的审美价值，特别是透过其精雕细琢显现出来的醇厚的江南古韵。

（五）木雕

江南盛产木质坚硬、适宜雕刻的木材，如樟木、黄杨、花梨、山白杨、紫檀等，这也许是江南木雕艺术历史悠久而精湛的主要原因。东阳木雕、黄杨木雕、龙眼木雕和潮州木雕被誉为中国四大木雕，而江南居其三，东阳木雕居其首。江南人喜爱木雕，即使在普通人家，也能看到箱、橱、柜、凳、椅、台、几等工艺精美的木雕产品。江南人家还把木雕工艺广泛应用于房屋建筑中，如梁、枋、斗、拱等都精雕细刻，装饰着人物、灵兽、百鸟、回纹等，布局严谨，造型优美。木梁上大多刻有戏文、戏剧场景、百兽图、风采牡丹等，而墙壁上的浮雕则多为一些有情节、故事性强的内容，如昭君出塞、贵妃醉酒等。在横梁与立柱交叉处一般都雕有牛腿，牛腿图案除了各地常见的龙首、狮头外，还有武士骑象、慈母怜子等栩栩如生的人物和动物透雕。除此之外，以江南山水为素材的木雕数量也相当可观，如游鱼戏莲、湖边品茶、河边垂钓、黄山松涛、白岳飞云、子胥野渡、七里扬帆、双桥夜月、屯清归帆等。在这些作品中，自然山水往往根据木质与木雕艺术自身的表现特点而被大胆抽象，与人的生活活动组合成为一种自然、风趣、恬淡的场面，散发着浓郁的水乡气息。如一清代樟木浮雕作品，右侧山形似笔架，中间水波如花，左坡岸像梯状重叠的菇片，一对老年夫妻正将小船划到自己的屋前，整幅作品构图简洁明朗，意趣生动，让人产生一种水乡暮归的亲切感。另一清代榉木浮雕作品，左上方为卷云，形状有点像梵高《星月夜》中的云，右边是从水中突出的三个小山峰，中间宽阔的水面上一渔夫正把一条小帆船划向一个墙基延入水中的门楼，在云与水之间是一派群莺乱飞的景象，整个构图景致阔远，生机勃勃，用唐代诗人吴融的诗句"水送山迎入富春，一川如画晚晴新。云低远渡帆来重，潮落寒沙鸟下频"（《富春》）来形容十分恰当。

在故宫珍藏的木雕作品中，有一件乾隆年间所制的紫檀木雕插屏，屏面以东晋王羲之、王献之、谢安等人在会稽兰亭聚会为题材，将兰亭的崇山峻岭、茂林修竹、曲水流觞和人们赋诗题词的场面雕刻得栩栩如生，这便是东阳的作品。当代木雕艺术家也十分注重在作品中表现江南山水意趣和生活风情，如姚正华的木雕挂屏《牧鹅》，以深浮雕加镂空雕的雕法表现两个孩子牧鹅的生动场景：一片柳荫，数枝石榴，在丰美水草间有几只结伴觅食的白鹅。又如东阳木雕大师陆正光的木雕挂屏《雨中借伞》，以深、浅浮雕结合镂空雕法表现雨中借伞场景：风雨飘摇中，正当两位古代淑女在江边渡头无所适从时，一男子从船上下来，将一把雨伞送到女子手中，既表现出一种江南生活风情，又展现了中国古代男士的优雅风度。凡此种种，通过工匠们的精雕细凿，江南山水的纯净与质朴、妖丽与轻柔和江南人温馨的渔耕织读生活都以一种别样的姿态展现在人们面前，江南山水通过木雕进入了人们的生活，也丰富了人们的生活。

（六）花园

江南的温湿气候非常适宜花草树木的生长，江南人的天性中又多爱花的成分，于是花园便成为古代江南宅院的重要组成部分。比较典型的如浙江诸葛八卦村的私人花园，由于村子属于保留完整的明清建筑群，所以古式家庭花园随处可见。这些花园并没有统一的模式，有的人家除了在花园中养花外，还养上一两头梅花鹿，有的则养上几箱蜜蜂，更讲究一点的则巧妙地利用地势堆成假山。另一组颇有江南特色的家庭花园是浙江兰溪市兰花村的家庭花园，兰花村建于明正德年间，村中除了有小桥流水、舞榭歌台外，村民的房前屋后还遍植兰花。兰花因其叶飘逸潇洒，其花清香幽悠，其性高洁典雅，赏之令人心旷神怡，自古以来为文人墨客所钟爱。

兰溪人养花还有欢娱女性的目的，李渔云："富贵之家，如得丽人，则当遍访名花，植于闺内，使之旦夕相亲，珠围翠绕之荣不足道也。晨起簪花，听其自择，喜红则红，爱紫则紫，随心插戴，自然合宜，所谓两相欢也。寒素之家，如得美妇，屋旁稍有隙地，亦当种树栽花，以备点缀云鬟之用。他事可俭，此事独不可俭。"（《闲情偶寄·治服第三》）在李渔看来，女性青春短暂，应当格外珍惜，以名花娱其心养其颜乃男人分内之事，否则就是暴殄天物，况且在江南这样的环境中侍养兰花并不会给男人造成负担，何乐而不为呢？李渔这种观点在兰溪一带很有影响，今天人们仍然秉承着这种思想，广植兰花，当你徜徉在兰花村中，或者随意走进农家院落时，都会有进入兰花大观园的感觉。古代江南一些大户人家规模较大的私人花园后来多成为公共环境资源，比如温州的怡园，清人郭钟岳《瓯江小记》记之曰："园中花石点染，颇有可观。最胜者桂花屏，以丛桂屈曲为之。初秋盛开，游人赏玩，踵接于门。温风：家有园亭，不能禁游人来往，亦同乐之意也。"众多私家花园的开放和公共化使江南人有更多机会在花的世界中陶冶人生。

（七）衣着

我国最早的工艺学著作《考工记》中讲道："天有时，地有气，材有美，工有巧，合此四者，然后可以为良。"《考工记》基于天人相合的理念，特别强调了自然环境对工艺设计和产品制作的重大影响，服装作为一种工艺性很强的审美文化形态，也毫无例外地根植于特定的时代、社会生活和自然环境，因而我们完全可以从设计理念、形式结构上清楚地看到江南山水环境对古代江南服饰的深刻影响。首先，江南的山水环境决定了江南地区的"稻作"生产方式，这种生产方式直接影响了人们对服装形式的需求与设计。比如苏州、常州一带农村妇女的装束，其中梯形包头巾是其首服主体，一般是青白两色或青白黑三色相间，并有拼角，三色者多有绣花，戴在头上状如卷曲待展的荷叶。这种包头巾是为适应江南水乡劳动而设计和制作的，当妇女们在稻田中插秧时，散发很容易垂落前额而遮蒙双眼，而此时双手沾有泥水，撩拢很不方便，使用包头巾就可避免头发前垂，同时，包头巾拖角较长，风天可以挡风，晴天可以保护低头时直露的后颈。诗云："青袱蒙头作野妆，轻移莲步水云乡"（戴九灵《插秧妇》）；"雨落儿童拖草屦，晴乾嫂子戴乌兜"（褚稼轩《坚瓠集》引沈石田诗）。青白相间的包头巾在江南水乡就如同碧水中激起的朵朵浪花，朴实中透着俏丽和浪漫，可以说是农耕时代江南山水与其特有的生产劳动方式共同作用的产物，既具有特定的实用价值，又表现着江南生活的审美情调，正所谓"夫岂外饰，盖自然耳"（《文心雕龙·原道》）。

其次，江南的山水环境也影响了江南地区的商业经营与社会交流活动，进而对人们的服装形式和审美品质提出了相应的要求。如温州地区山多、水多，耕地少，因而百姓农活较少而对外商业应酬多，在商业应酬活动中，一个人的衣着打扮和言行举止往往会影响到生意的效果，所以浙东一带的人们，衣着很讲究时尚、新潮，即使家中经济拮据，也要衣冠楚楚。清人纳兰常安讲到温州人的生活习俗时指出："温限山阻海，土地不宜粟、麦，而事鱼、盐，务桑、麻，织席贩木，得利颇饶，地称殷富焉。然其俗务外饰而好游观，宴会必丰腆，嫁女必盛装奁，优伶是尚，歌舞相矜。"（纳兰常安《受宜堂宦游笔记》卷28）江南地区经济发达，山水富饶，除了谋生的商业活动外，人们还获得了相对较多的出游、宴饮、歌舞等多种公共交往的机会，这也在更高的程度上向人们提出了美化自我形象的要求。如苏州、常州的妇女为了展现自己的清雅秀丽，常常以薄纱作眉勒（额巾），诗云："新妆巧样画双蛾，漫裹常州透额罗。"（元稹《赠刘采春》）薄纱作眉勒可以使白皙的额头隐约可见，从而产生一种女性特有的典雅和朦胧美。

广泛的社会交往和相对开放的社会心态使江南社会比中原地区更容易受到外来文化的影响，这种情况也反映在服饰文化方面。南宋初有大臣上书皇帝曰："临安府风俗，自十数年来，服饰乱常，习为边装……而东南之民，乃反效于异方之习而不自知，甚可痛也！今都人静夜十百为群，吹鹧鸪，拨洋琴，使一人黑衣而舞，众人拍手和之，伤风败俗，不可不惩。"（《续资治统鉴》卷140）可以看出，自古以来，江南人的服饰文化中就体现着一种崇尚自然与自由的精神，尽管它不断受到中原礼法文化的压制和打击，但涌动在江南山水中的自由气息总是能赋予生活在这里的人们以冲破阻力的勇气和信心。

（八）龙舟竞渡

龙舟就是一种狭长、细窄，装龙头饰龙尾刻鳞甲的船，长度从十五米到三十米不等。龙舟在先秦时就已经出现了，如《穆天子传》（卷五）云："天子乘鸟舟、龙舟，浮于大沼。"《九歌·湘君》中写道："驾飞龙兮北征，邅吾道兮洞庭。"龙舟竞渡是我国江南地区一项历史悠久的民俗活动，一般在初夏端午进行，不过各地又略有差异，古越地在寒食、清明间举办，当地人一般认为这项活动起源于越王勾践操练水军，宋代诗人严有翼在《艺苑雌黄·竞渡与粽筒》中说："相传以为始于越王勾践，盖断发文身之俗，习水而好战者也。"但在古楚地却流行纪念屈原的说法，《荆楚岁时记》云："五月五日竞渡，俗为屈原投汨罗日，伤其死，故并命舟楫以拯之。"刘禹锡也持这种看法，有诗为证："沅江五月平堤流，邑人相将浮彩舟。灵均何年歌已矣，哀谣振楫从此起。"（《竞渡曲》）据生活常识来推断，前一种说法的可能性似乎更大一些，不过，在交通不便信息不通的社会条件下，同一种习俗完全可能在不同的地区起源于不同的事件。

如果从自然环境方面来找原因的话，那么龙舟竞渡这种风俗能够在江南地区成为一种经久不衰的风俗，恐怕主因在于江南地区多水的自然环境具备开展竞渡的条件，并推动社会产生了相应的审美与娱乐的需要，所以，即使没有上述两种理由这一风俗也是会形成的。苏辙《竞渡》诗云："父老不知招屈恨，少年争作弄潮游。"苏辙虽有替屈原打抱不平之意，但也表明对于后人来说，龙舟竞渡的起因已经无关紧要，重要的在于参与，享受其中的快乐。每年春暖花开之后，大多数江南人都会参与到乘龙舟娱乐的活动中来，《淮南子·本经训》载："龙舟鹢首，浮吹以娱。"吴自牧《梦粱录》中在谈到南宋时杭州西湖的龙舟娱乐活动时亦云："龙舟六只，戏于湖中。"清人孙同元曾这样描述浙江永嘉地区的百姓在清明前后乘船野游的情况："清明扫墓，必广邀戚友宴集舟中，击鼓铿金，声闻数里。故每二、三月，南河一带，画船箫鼓，络绎不绝，从旧例也。"（孙同元、徐希勉《永嘉闻见录补遗》）可见龙舟娱乐是一种系列活动，而龙舟竞渡或者说赛龙舟只是这种系列娱乐活动中的一个高潮而已。赛龙舟时，舟上桡手少则十余人，多则上百人，齐声呐喊，锣鼓喧天，旗帜飘扬，甚为壮观。清人郭钟岳记述温州龙舟竞渡的盛况时称："龙舟竞渡，带水城郭皆有之。温则异于他处，舟须数十人曳缆以行，舟上设秋千，扮剧文，彩旗绣，光辉夺目……草龙则似寻常小舟，加龙头于其上，每舟十余人、二十人不等。摇旗击鼓，竞渡于南塘，周旋游泳，以竞先后。舟中置一栲栳，内设土偶一，不能先人，则持土偶以鞭之；竞渡后，则演剧以酬之。"（《瓯江小记》）在青山碧水间展开的龙舟竞渡扣人心弦，动人情思，引得无数诗人赋诗讴赞："龙头舴艋吴儿竞，笋柱秋千游女并"（张先《木兰花·乙卯吴兴寒食》）；"鼓声三下红旗开，两龙跃出浮水来。棹影干波飞万剑，鼓声劈浪鸣千雷。鼓声渐急标将近，两龙望标目如瞬。坡上人呼霹雳惊，竿头彩挂虹霓晕。前船抢水已得标，后船失势空挥挠"（张建封《竞渡歌》）；"铙鼓喧天渡口过，秋千上下疾于梭。惊红骇碧如飞燕，险绝还疑堕绿波"（陈春晓《东河龙舟词》其一）。

　　龙舟竞渡的题材也出现在绘画中，如元人王振鹏所绘《龙池竞渡图卷》使我们看到了古代豪华龙舟的风采，又如近代中国最早的旬刊画报《点石斋画报》中刊载的《追踪屈子》、《虔祀曹娥》则使我们欣赏到了江苏芜湖与浙江会稽一带的龙舟古风。人们在划龙船时一般要唱歌助兴，从而产生了一批优秀的龙船歌。如前面提到的张建封写的《竞渡歌》就十分精彩，此外南宋进士黄公绍写的《潇湘歌》（又称《端午竞渡棹歌》）也非常生动："望湖天，望湖天，绿杨深处鼓鼟鼟。好是年年三二月，湖边日日看划船"；"斗轻桡，斗轻桡，雪中花卷棹声摇。天与玻璃三万顷，尽教看得几吴舠"；"看龙舟，看龙舟，两堤未斗水悠悠。一片笙歌催闹晚，忽然鼓棹起中流"；"棹如飞，棹如飞，水中万鼓起潜螭。最是玉莲堂上好，跃来夺锦看吴儿"。龙船竞渡时，在一片鼓声、锣声、桨声、波涛声中又响起激越的歌声，它们共同组成一曲壮阔激昂的龙船调，鼓舞人们万众一心、奋力向前。

由于龙舟竞渡耗资甚巨，而且容易聚众生事，所以封建时代的政府并不十分支持，甚至还曾下令禁止过，"端阳节竞渡龙舟，好事者争先恐后，时有坠足灭顶之祸。官厅虽悬为厉禁，终不能梗众议。恶习移人，良堪浩叹！"（孙同元、徐希勉《永嘉闻见录补遗》）龙舟竞渡之所以禁而弗止，是因为这种活动与江南人的生活息息相关，具有广泛的社会生活基础，群众热情高涨，再则，江南水域广阔，人们不用费力就能找到理想的活动场所，如果不是给群众造成较重的经济负担，也就绝不是什么"恶习"，所以自这项活动开展以来，经久不衰，虽然今天已难见"倾城人海压重围，临水家家尽启扉"（陈春晓《东河龙舟词》其二）的壮观景象，但参与群众数量仍然相当可观。

（九）励志图强的人文精神

于青山环抱之中栖居的江南人家，给人最直接的感受是悠然、闲适、与世无争。然而，这只是它的一面，如果走进这些江南人家的心灵深处，你一定会发现，在这看似世外桃源的淡泊与宁静之中隐藏着经天纬地之志，活跃着治国安邦之魂，萦绕着兴旺发达之梦，富庶安逸的生活中并不缺乏自强不息的精神。如"有江山之胜，水陆之饶"的浙江宁波走马塘村，在整个封建时代，从这里曾经走出过七十六位进士，被称为"中国进士第一村"。这个"第一"的获得绝非偶然，而是与这个小小塘村始终注重培育争上游的精神有着必然的联系。在村子的一些老屋上，人们至今仍然可以看到保存完好的刻有"第一"字样的石雕文字窗，它的意思是鼓励后人凡做事要争先夺魁，绝不能甘居人后，碌碌无为。还有一些石雕文字窗上刻有"乾坤"二字，其意是希望后人胸怀博大，志存高远，而不斤斤计较于眼前得失和蝇头小利。

　　位于太湖之滨的苏州陆巷村是个不足百户的小山村，在明清两代曾出过一名状元、一名探花、十一名进士和四十六名举人，还有近代和当代的 3 名中科院院士、近百名教授和部军级干部。这种成就的取得同样与江南山水孕育出来的追求卓越的人文精神息息相关，在陆巷村的古街上，已然矗立着上面分别刻有"探花"、"会元"、"解元"的三座古牌楼，这是人们为纪念明代成化年间陆巷人王鏊在科举考试中连中三元而修建的，王鏊凭自己的聪颖和才学不仅能连中三元，而且官至内阁大学士，但他并不热衷于功名，而是胸怀大志，怜念天下苍生，疾恶如仇，不屑于和刘瑾一类的恶宦共事，在任时尽力保护正直有为的官员，无奈时洁身勇退，归隐太湖，著作为娱，人赞其"高风劲节，前辉后映"；"凤凰翔于千仞之上"（贺灿然《震泽长语·序》）。这种德清志洁，争做人杰的精神不仅在陆巷村是一种传统，在大江南同样也是一种涌动不息的精神。由此可见，江南的古村落并非只是小桥、流水、人家那么简单，它们是包蕴着伟大理想的世外桃源，是天地神人和谐共处又各呈其性的典范。

　　星罗棋布般坐落在江南山水中的人家本是江南山水的宾客，然而正是由于这些宾客的到来，江南山水才逐渐具有了气韵生动的"江南气象"。有人曾经这样来写它们："爱极了这样印记着沧桑的石屋。斑驳地残露着黄梅雨湿印子的墙壁，乃至一片片残墙断瓦，都透着厚重和拙朴。茂盛的大树下，古老石屋风吹日晒，有的已经风化了，泛着岩石星点白光，在青石板的衬托下，弯弯地延伸。空气中掺杂着牛粪的味道，一只摇着尾巴的大黄狗趴在主人身边，贪婪地嗅着乡村的气息，几只清闲的鸭子挪着肥大的屁股，呱呱地叫着，似乎向人们炫耀着它的肥胖的美丽。"[1] 江

---

① 　金再军：《人意山光·宁海影像》，中国摄影出版社 2006 年版，第 77 页。

南山村的人家给人的感受如同一首首和谐的组诗，它使纯自然的江南摆脱了单调，显现出一种精神的丰富与自由，正是因为那一户户人家的衬托，自然的江南才成为美丽的江南。

第二节　戏台、回廊、石板路

德国哲学家加汉斯—格奥尔格·加达默尔在谈到对历史流传物的诠释和理解时指出："如果我们一般有所理解，那么我们总是以不同的方式在理解"，而这"不同的方式"从某种意义上讲又是由"习俗和传统的连续性所填满"[①] 的时间距离赋予我们的。这意味着，我们对任何历史文化现象的有意义的阐释都是在保持传统的连续性的基础上所形成的积极的创新。对于与江南山水有关的古老的审美文化现象的诠释，我们也信守这样一种理念。比如戏台、回廊、石板路这些过去时代形成的，甚至今天人们仍然在实际生活中利用的江南地区的私人的或公共的设施，我们也是尽可能地从古人最初的建筑目的、设计理念、实际应用等方面开始说起，然后以合适的方式表达我们对它们作为审美文化现象的理解。

一　石板路：弹奏古雅的琴弦

对于天上多雨，地上多水的江南来说，在没有水泥和柏油的时代，石头大概算是这里最适宜的筑路材料了。古江南的市镇往往以花岗岩条石或卵石铺设路面，做工精致，坚固而实用，是江南人适应大自然的杰作，同时也映照出江南人民对待

---

① ［德］汉斯—格奥尔格·加达默尔：《真理与方法》（上卷），上海译文出版社1999年版，第381页。

生活的认真、求美、绝不马虎的心态。现代作家周作人在北京生活的很长时间里一直十分怀念和深爱着故乡绍兴的石板路，并声言北京和其他地方的马路与家乡的那些石板路相比，那简直就是"粗恶"（周作人《石板路》）了。周作人对于绍兴石板路的态度或许算是一种"偏爱"，但这种"偏爱"在江南人的心中多少都有一些。太湖明月湾有句民谚曰："明湾石板街，雨后穿绣鞋。"这句民谚通过赞美石板路良好的排水效果，以及它带给人们的那种生活的温馨与雅致，透露了江南百姓对石板路的珍爱之情。

位于太湖边的陆巷村有一条长约一华里的紫石街，仅数人宽，路面均由两米多长的花岗岩石条铺成，没有柏油路平整，参差不齐呈"个"字坡度，若以现代交通标准来衡量，那简直就是蹩脚的，但是，人来人往踏在石上，几百年下来已油光可鉴，古意盎然，行人走在路上不必担心汽车喇叭的烦扰和汽车尾气的污染，那种安然与闲静更是在一般柏油马路上绝难享受到的。浙江芙蓉村的主街如意街，街道也是用一色的青石和砖铺设，路面呈弧形，这是为了方便雨水向两旁沟渠分流，随着时间的推移，如今的路面已经有些凹凸不平了，但却更富于温情，如同高低起伏的音符，朴实中透着精细，沉默中孕育着律动，真是街如其名。在浙江省西塘镇有一个很有名的弄堂叫石皮弄，其名称源于整个弄堂的路面用一百六十六块条石铺成，每一块条石的厚度三厘米，如同石皮，故谓之石皮弄。想一想那些厚厚的花岗石被凿得如此之薄，不说具体工作多么困难，单就人们对生活用度如此考究的态度而言就是一件让人叹服的事情。在西塘镇的河埠头，只见石板一阶阶地渐入水中，人们沿着石阶到河里洗洗涮涮，或者跨上自己的小舟，到市场去购物，或到村外的水田去劳作，水乡的人们对此习以为常，认为生活本就如此，但那些来自干旱山区和大平原上的人们看着这些渐入水中的石阶，却会产生一种自然的与水的亲近感和对水乡人的羡慕，因为这些与水相连的石板路不仅起着人与水相融的中介作用，而且其渐次入水的形式能够激活人的完形心理功能，把人类亲近水的本能转化为一种美好的想象。

由于青石成本较高，一些村落中的小街小巷会用卵石铺设，但其自然清爽的品质并不亚于石板路，而且这种卵石路还有一个更大的好处，就是古人多穿布鞋，每次雨后，雨水将路面冲洗干净，并很快从卵石与卵石之间的缝隙流入排水沟中，避免了路面积水，不容易沾湿鞋子。同时，江南多卵石，许多小溪中都盛产这种被冲洗得干干净净的卵石，所以修建卵石路取材十分方便。从审美角度看，石板路与卵石路代表了一种优美的格调、一种闲雅的情趣，它们以这样的姿态进入艺术家的视野中，出现在质感厚重的油画里、印象朦胧的摄影中、斑驳陆离的园林竹径上，给人以质朴、自然、淡泊、宁静的感觉。石板路与卵石路既是一种现实，也是一种记忆。作为一种现实，今天的这些古朴、温润的石板路与卵石路仍然在尽着自己供人行走的职责。作为一种记忆，它们出现在儿歌中，象征着那种闲散与惬意的生活："知了喳喳叫，石板两头翘，懒惰女客困旰觉。"（周作人《石板路》）它们出现在诗人的咏赞中，代表了一种审美地对待生活物象的态度：

　　　　迈着轻盈的步伐
　　　　慢慢量度着雨水洗过的石板路
　　　　抬头环顾四周
　　　　品味着那些飞檐走角的含意
　　　　……

　　我依然独自走在这青青的石板路上

　　徜徉在这潇潇的秋雨中

　　脚下的石板路

　　一直延伸到小镇的深处……

（蓝果《青青石板路》）

　　诗人笔下的石板路是值得怀恋的旧物，既是一种淡泊的情绪，又是一种对未来的喻示，并"在灿烂阳光下，演绎着发人深省的哲理"（董仲全《鹅卵石》）。

二　走马回廊：通向审美之窗的路

　　走马回廊简称回廊，为江南特有的建筑，其形式多种多样，有的临街而建，为街道式，有的用来连接相邻的建筑，为走廊式，有的环楼而建，为阳台式。回廊其实就是有篷顶的路，主要功能是避雨、遮阳，但许多回廊因为位置特殊而具有了观景、休闲、娱乐的功能，像"走马回廊旷，辉楼古匾悬"（《南雁荡山古今诗抄》二）之类的诗句正是对走马回廊观景功能的描绘。走马回廊作为一种公用或公共建筑与一般的房屋相比更强调外观的审美品质，俗语云："小桥流水五花石，走马回廊七彩云。"走马回廊如江南的小桥一样是大自然呼唤出来的一道亮丽的人文景观，同时它又象征着人们从日常生活关注到审美关注的一种心灵的转折。回廊是一条通道，它可以把人们带回到锅碗瓢盆、柴米油盐组成的日常生活场景中，也可以引导人们走向那扇徐徐打开的审美之窗。透过这扇审美之窗，人们仰望天空，体味宇宙之道，展现自己的形而上天性；透过这扇审美之窗，人们感受阳光雨露、闻听鸟语花香，确认自己作为自然之子的身份。可以说，走马回廊是一条江南人通向审美之窗的路。

（一）西塘长廊

浙江嘉善西塘镇的长廊是江南地区现存的最为著名的长廊之一，是街道式长廊的代表。长廊沿河道绵延，一侧靠着铺面楼底，一侧倾出街沿，撑以木柱，上面铺了屋瓦，成为店铺门面的延伸，属于半公共空间。类似的廊棚在其他古镇上也有，但常常是一家一户自己做的，因而高低不同，大小不一，形式各异，远不如西塘的长廊整齐有序。这主要是因为在西塘历史上，地方政府曾进行过统一管理，联建成片，使大小高低不同的廊棚基本统一起来，从而形成了西塘镇绵延千米的颇有些壮观的廊棚。在这里，雨天的景致很有情趣，眼前是哗哗的雨水洒在河中，而自己却可以悠然地逛街、购物而不用撑伞，雨离你那么近，却没有一点妨碍，你可以自由地欣赏它的丽姿与媚态。如果说人与自然之间要形成审美关系也需要一种审美距离的话，那么由这些廊棚确立的这个距离就是非常恰当的。长廊中有供人休憩的亭廊，或是台廊，从建筑美学的角度看，这些亭廊和台廊打破了线条的单调，增加了变化，增强了节奏感，从实用的角度看，它更适合人们围坐啜茶、用餐、谈天，增加了生活的闲适与惬意。廊的对岸是一簇簇高翘的马头墙，一家家临河逐级入水的水埠头和这边略显平直的廊棚相映衬，造成了视觉变化的美妙节奏：一虚一实、一高一低、一黑一白。中间的河道把她们联系又分隔，小船在水中游弋，静的房屋和游动的小船，一动一静，淳朴而又温文尔雅。总之，这千米长廊与周边环境的配合如同以虚实、黑白、动静等为音符而演奏的一段生活乐曲，十分动人。

（二）岩头丽水街

浙江岩头村丽水街也是一条街道式长廊，长廊全部是古朴典雅的木质结构，长三百多米，街的一边是店铺，另一边是娴静的丽水湖。古时这里为温州通往缙云、仙居的必经之路，脚夫们从雁荡山东面的乐清湾把盐挑到缙云、仙居一带出售，走累了，便在这丽水街坐坐歇歇，喝一捧丽水湖的清水，"咬两口夹着青葱的大饼，美滋滋地抽袋旱烟，眺望这一带青绿的长湖风荷，算是漫漫旅程中难得的享受了"（《楠溪古村图卷》）。随着这条温州通向内陆商路的繁荣，不少达官显贵、巨商富贾也经常光顾此地，于是长廊越建越好，时间久了，便形成了这条著名的商业街。街廊上有一副对联："萍风碧漾观鱼栏，柳浪翠泛闻莺廊。"这副对联意境隽永，与实景相比却并无过度夸张之嫌。恬静的丽水街与远处嘈杂的闹市区相比，真有隔世之别。在那个无污染、无汽车噪声，到处是鸟语花香的农耕时代，丽水街岂不是一种人类生活的完足的理想？也许从社会整体上看我们可以说今非昔比，社会永远是在进步着，但我们不能否认，在每一个社会阶段中都会在局部地区存在着一种后来社会无法超越的生活的极致，丽水街或许就曾经是这样一种极致。

（三）堂里村仁本堂"滴水檐"

太湖西山有一个古村叫堂里，据说是因村中厅堂众多而得名，村中至今仍存厅堂二十余处，其中以徐氏家族的仁本、容德、心远三堂最为著名。仁本堂人称西山雕花楼，是一座秉承着"以仁为本"建筑主题并具有很大审美价值的清代建筑群，据考证，徐氏家族的子孙无论从政还是经商，始终秉承着这座古建筑的主题精神，并为其增光添彩，可惜这座精致的雕花楼今天只剩下了转楼以及部分附房。在残存的附房中有一个长约一百六十米的走廊式回廊"滴水檐"。"滴水檐"在整个建筑中起着连接贯通其他建筑的作用，沿廊共有六十四扇木雕大花窗，雕刻式样无一雷同，无论人物、花鸟还是山水景物都精巧、轻灵、雅秀、飘逸俊俏，其建筑风格和目的也都考虑到了江南多雨的气候特点，采用细磨清水砖镶嵌，既挡雨防腐又具凌空架构之美，充分展现了清代江南建筑的精湛技艺。"滴水檐"除了在整个建筑中起连贯作用外，还有十分重要的赏景功能，站在回廊上可以远眺太湖第一峰——缥缈峰，正所谓："浮沉岛屿飞涛外，断续汀洲落照边。"（申时行《缥缈峰》）从"滴水檐"放眼四望，不管是湖中的岛还是湖外的山，都是青青流翠，令人醒酣皆醉。

　　清代女作家陈端生在其弹词小说《再生缘》中有一段关于走马回廊的生动描绘，对于我们了解江南走马回廊在古代实际生活中的功能有一定的帮助，书中写道："走马回廊四面连，纤尘不染水磨椽。一架围屏装八宝，花梨椅并桌香楠。阑干朱漆玲珑巧，长窗雕桶近房檐。周回粉壁如霜雪，遍挂单条与对联。侧面一只东坡桌，文房四宝尽完全。天然几摆金狮鼎，花瓶白玉架奇楠。几箭幽兰香霭霭，官窑盆子供香橼。围棋罐藏黑白子，双陆牙牌摆在盘。銮箫凤笛双悬璧，锦袱包藏琴七弦。湘妃榻上盘笼垫，锦褥铺陈靠枕全。"（第78回）从书中描写可以看出，这种超级奢华的走马回廊是一个大家族的公共文化娱乐活动场所，各种娱乐活动如下棋、打牌、吹箫、弹琴、读书、写字和休憩等所需设备一应俱全。同时，这种走马回廊自身也有很高的审美价值，它的做工相当考究，且不说那些玲珑的朱漆栏杆、八宝屏风，即使像桌椅板凳茶几这些日常用具也件件是宝，这些木质家具不只均以花梨、紫檀、香楠等名贵木材制作，而且还配有兰花、玉瓶、金鼎等高贵的装饰品。这样的回廊在今天的江南已经难得一见，或许是过于夸张了，不过，在如今的甪直、西塘、安昌、周庄、乌镇等地的走马回廊上仍然可以见到一些书中描写的影子。法国诗人梵乐希写过一本书《优班尼殴斯威论建筑》，书中写到一位建筑师对着自己建造的一座精致小教堂深情地说："它为我活着。我寄寓于它的，它回赐给我。"① 中国古人就像这位建筑师一样将自己的人格、生命和对生活的理解寓于自己的建筑中，并特意建造了一个可以在其中对自己的寄寓进行感受和回味的回廊，在回廊中漫步，是古人对过去时光的一种回忆，对未来生活的展望，更是一种对自己心灵的新歌和对大自然的无限乐章进行倾听的方式。

三　戏台：山水齐舞、人神共感之地

宋代衣冠南渡对江南文化产生的重要影响之一是诞生了南戏。南戏是宋元时代流行在我国江南地区的用南曲演唱的戏曲艺术，俗称戏文，因为它起源于浙江温州、永嘉一带，所以又称温州杂剧、永嘉杂剧。其中《赵贞女》、《王魁》为首创，而《琵琶记》最为著名。南戏原本是载歌载舞的民间小戏，角色不过三四人，连接若干首民歌加以歌唱，结构简单、形式活泼自由。后南宋王朝偏安临安，宋高宗迁太庙于温州，温州的经济和文化都得到了极大的促进和发展，南戏也在此形势下迅速发展和成熟起来，成为一种角色众多，融会了诸宫调、唱赚、词调、杂剧等多种艺术形式的表现方法和演出技巧的大戏。南戏在民间颇受欢迎，"至咸淳，永嘉戏曲出，泼少年化之，而后淫哇盛，正音歇"。（刘埙《水云村稿》卷4，《词人吴用章传》）南戏从温州传播到杭州，到南宋末年，江西南丰等地也开始流行南戏了。为了上演南戏，江南各地相继建起了不同档次的戏台。近代浙东学者薛钟斗《戏言校记》中指出，南戏要求戏易而景异，也就是说，不同的戏目需要使用不同的戏台景观，如"《蜃中楼》之景不能用之于《比目鱼》也"。南戏的这一特征对戏台的造景功能提出了较高的要求，尽管事实上一个戏台建成后并非只用于上演南

---

① 　胡经之：《文艺美学》，北京大学出版社1999年版，第322页。

戏，但在相当长的时期内，南戏一直是江南地区戏台上占主导地位的剧种。在南戏带动下修建起来的绝大多数江南戏台往往成为一个地方的标志性建筑和一道亮丽的风景。这些戏台为了满足南戏对戏台造景功能的特殊要求，在建造时都尽可能利用当地的山水环境或与之融为一体，这样，江南的戏台也就成为一个人与山水共舞，感人又感神的地方。

（一）周庄戏台

周庄古戏台是今天江南地区保存较为完整、规模最大，同时也是最有代表性的古戏台之一。周庄古戏台实际上是以舞台、观演楼为主体的一个建筑群，戏台占地七亩，建筑面积为二千五百平方米，木质结构，三面有包厢，中央是由四百二十只木雕凤凰组成的"凤凰藻井"，这些木雕不仅看上去富丽堂皇，而且具有良好的音响效果。戏台正面两根立柱上书有楹联曰："泽曰南湖誉满摇城二千年；腔称水磨风靡昆山六百春。"古朴幽雅而又颇具水乡神韵。

周庄能建起如此豪华的戏台缘于明清时期昆曲的流行和周庄人对昆曲的喜爱，在今人的一篇小说中对清代周庄人演戏及看戏的场面作了这样的介绍："每年三月间，乡董、士绅们就与商界商定节汛事宜。捐资摊款，到处邀请艺班伶员。每年也就是从廿七起三天内，四乡数十里内的万众乡民们都到周庄'扎念八汛'。全镇人多得很热闹，八条大街都旗幡绚烂，井字形市河上舟楫拥簇，那个首尾相接，堵的水泄不通。就连那个急水港的江面上也都帆樯如林，篙橹对峙。尤其是晚上的时候，灯火缭绕的，整个周庄镇就像一个海市蜃楼。"① 小说中描写的江南人看戏的盛况

---

① 抒情王子：《情系周庄》（第 15 章第 4 节），http://novel. hongxiu. com/a/54733/640125. shtml。

可以在古代的一些相关文献中得到进一步的印证，如袁宏道描述苏州虎丘中秋夜听戏的盛况云："每至是日，倾城阖户，连臂而至，衣冠士女，下迨蔀屋，莫不靓妆丽服，重茵累席，置酒交衢间。从千人石上至山门，栉比如鳞，檀板丘积，尊罍云泻，远而望之，如雁落平沙，霞铺江上，雷辊电霍，无得而状。布席之初，唱者千百，声若聚蚊，不可辨识。分曹部署，竞以歌喉相斗，雅俗既陈，妍媸自别。未几而摇头顿足者，得数十人而已。已而明月浮空，石光如练，一切瓦釜，寂然停声，属而和者，才三四辈。一箫，一寸管，一人缓板而歌，竹肉相发，清声亮彻，听者魂销。"（《锦帆集》之二，《虎丘》）张岱在谈到《冰山》一戏的演出情况时也说："城隍庙扬台，观者数万人，台址鳞比，挤至大门外。一人上，白曰：'某杨涟。'口口诇嚓曰：'杨涟！杨涟！'声达处，如潮涌，人人皆如之。杖范元白，逼死裕妃，怒气忿涌，噤断嗔喑。至颜佩伟击杀缇骑，嗥呼跳蹴，汹汹崩屋。"（《陶庵梦忆·冰山记》）通过这些资料我们可以看出，明清社会对戏曲歌舞的狂热一点也不亚于今天青年人的追星，这就使得操持这一行业的人们很容易筹集到足够的建筑高档戏台所需的资金。

（二）卢山戏台

临安市板桥乡卢山村的卢山戏台始建于清代，戏台坐落在半山腰上，演戏台坐南朝北，观戏厅坐北朝南，山间古道穿过其间。越剧的著名演员筱丹桂、周宝奎、张湘卿等都曾在这座老戏台上唱过戏，现在戏台已经被搬迁到临安八百里风情岛。老戏台靠山，搬迁后的新戏台临水，格调已经大不相同了，不过，新戏台在表演台和看台之间被一条小河隔开，有点儿像兰溪李渔芥子园中的戏台，更多了一份江南古戏台台前见水的清雅。表演台明间两金柱上有一副楹联云："此曲只应天上有，斯人莫道此间无。"此联上句取杜甫《赠花卿》诗句，下句反杜诗之意而用之，表现了人们对戏曲的热爱以及卢山人对生活的满足和对家乡的自豪感。观戏厅里也有两副楹联，一副为："寒塘渡月飞新曲，玉露衔晨抱彩霞。"另一副是："一湾流水一弯月，半垛乡风半朵云。"从对联到戏台的位置与建筑格局，我们都可以真切地感受到江南人的艺术品位以及江南山水在培养人的清雅艺趣方面发挥的重要作用。

（三）东岳庙戏台

东岳庙古戏台始建于清代的"康乾盛世"，民国八年（1919年）重建，是杭州城区仅存的一座古戏台。古戏台是旧时吴山举办庙会时演戏的重要场所。戏台上下二层，坐北朝南，上为戏台，下为走道，建筑面积一百二十六平方米，台顶天花板上彩绘盘龙，屈曲盘旋，生动之极。在历史上，吴山庙会是西湖规模最大、举办时间最长的庙会。庙会期间，吴山上下遍布算命、看相、香烛、手工制品、字画等各种摊位，还有民间艺人在路边变戏法、耍杂技、斗鸡等，形成独具特色的庙会集市，热闹非凡，是名副其实的民间文化博览会。而在东岳庙古戏台上演庙戏，则是其中重要的一项内容。演出的时候，台上鼓乐笙歌，艺人华服浓妆，各献绝技；台下人头攒动，群情激昂，不时爆发出阵阵喝彩，响彻山谷。[1] 真可谓山水伴舞、人神共感。

（四）水上戏台

江南古村中比较正规的戏台一般建在祠堂里，体现了古人对祖上的敬重，但也有不少戏台建在走马回廊的对面，这是为了看戏方便，不过，隔水看戏似乎也是江南人特意调制的一种情调，这样不仅造成了恰当的审美距离，增加了舞台形象的朦胧感，而

---

① 马时雍：《杭州的古建筑》，杭州出版社 2004 年版，第 157 页。

且台词和音乐也因隔了水而更加动听。旧时的绍兴有许多这样的戏台，从鲁迅《社戏》中的相关描写我们可以约略体会到一点这种隔水看戏的好处："回望戏台在灯火光中，却又如初来未到时候一般，又漂渺得像一座仙山楼阁，满被红霞罩着了。吹到耳边来的又是横笛，很悠扬。"在戏剧大师李渔的芥子园内，李渔设计的戏台也是以水与观众席隔开，水中有荷花游鱼，岸上有桌椅、茶水，远处有连绵青山，近处有红妆玉人，确是一片匠心独运的艺术天地。

除了较为正规的戏台外，还有无数临时搭建的戏台，找一块空地，用毛竹、木板一架，戏台就成了，甚至有时人们演戏根本就不用戏台，桥边、船头、河埠头、湖岸、茶馆本身就是戏台，《儒林外史》中有一段写莫愁湖高会时士绅们请几十名唱旦在湖亭上出戏的情况："诸名士看这湖亭时，轩窗四起，一转都是湖水围绕，微微有点熏风，吹得波纹如縠。亭子外一条板桥，戏子装扮了进来，都从这桥上过。"看戏的人兴趣很高，甚至自己出戏，以至于一直持续到第二天天亮："少刻，摆上酒席，打动锣鼓，一个人上来做一出戏。也有做'请宴'的，也有做'窥醉'的，也有做'借茶'的，也有做'刺虎'的，纷纷不一。后来王留歌做了一出'思凡'。到晚上，点起几百盏明角灯来，高高下下，照耀如同白日；歌声缥缈，直入云霄。城里那些做衙门的、开行的、开字号店的有钱的人，听见莫愁湖大会，都来雇了湖中打鱼的船，搭了凉篷，挂了灯，都撑到湖中左右来看。看到高兴的时候，一个个齐声喝采，直闹到天明才散。那时城门已开，各自进城去了。"（《儒林外史》第30回）这里且不说戏演得质量怎样，单是看戏的方式和场景就很吸引人。在欢乐的节日里，莫愁湖上灯火辉煌，游人如织，歌声缥缈，即使不看戏，只坐上几个时辰也是一种享受。对于江南人来说，演戏并非一定要戏台，因为戏是一种生活，一种在江南山水中发生的戏剧人生。即使是在今天的西湖边上仍然能够碰上这样的情景，几个人临时一凑就是一出"黛玉葬花"或"十八相送"，往往是几个爱戏的人先说戏，不过瘾，便加上了走场，有板有眼地唱将起来，旁边看热闹的有时也会抵制不住诱惑欣然加入，虽然他们并非专业演员，却能够演得缠绵悱恻，如泣如诉。

今天，游走在江南的古村镇上，暮色降临时，仍时有机会看到隔岸的戏台上灯火辉煌，上演着越剧或昆腔，只是听戏的不如看景的人多，那轻歌曼舞、飘飘长袖以及它所倾诉的恩恩怨怨似乎只是那个江南小镇一道不起眼的风景，但是没有哪一个游人不希望自己能在这江南小镇上扮演一个角色。

第 八 章

江南山水的保护及其现实意义

　　人的生存状态决定了作为它的反映的文化的状态，当然文化精神也有其自身传承的逻辑和动力，所以不能否认文化代代相传对其自身建设的意义，但是可以肯定这种传承的效果远不如现实生活环境的影响更为巨大。古代江南审美文化之所以能够成为一种诗性文化，首要的原因在于江南具有生态优良的自然与人文环境，古人不仅从这种环境中得到物质保障，丰衣足食，而且培养了自己追求和谐与浪漫的文化性格，这种文化性格表现在各种文化形式中，便形成了具有民族特色的诗性文化。进入现代社会以来，人类仍然把诗意化生存作为一种理想来追求和宣扬，试图使现代文化保持那一份从远古时代传承下来的诗意，然而，现实却在向相反的方向发展，现代工业文明正在扫荡着一切古代遗风，肆意践踏着作为诗性文化产生基础的自然环境。比如，作为我国诗性文化产生基础的江南山水，由于江南地区的高速工业化、城市化，山体被切割、挖掘的情况比比皆是，河流、湖泊被污染的程度和范围越来越大，工业、交通、旅游、开采等都在破坏着江南山水的自然风貌。迟子建的长篇小说《额尔古纳河右岸》中的老酋长曾经绝望地说道："我就像守着一片碱场的猎手，可我等来的不是那些竖着美丽犄角的鹿，而是裹挟着沙尘的狂风。"江南山水恶化的状况更甚于"额尔古纳河右岸",工业文明和当代社会的急功近利正在使人们的诗意追求和期待显得不切实际和十分幼稚,取而代之的是人们内心的焦虑与失落。

我们必须努力改变这种现实,保护曾经山清水秀的生活家园。当然,为了保护江南山水而中断江南地区的工业化进程是不可能的,但我们所追求的诗意生存又必须以保护江南山水为前提,因此,我们只能使工业化与保护环境同步进行,这虽然非常困难,但我们别无选择,只能以百倍的努力使二者协调统一起来。如果为了工业化而不顾环境,如果行政决策中仍然缺乏正确的生态均衡与生态审美理念,如果江南山水原始的自然风貌对人类的生存意义和审美意义仍然不能够被全社会充分认识和重视,那么"诗画江南"只能渐行渐远,我们孜孜以求的诗意生存的理想就只能是一种空想,中国未来的审美文化也终将沦为一种空幻无力的畸形文化。

第一节　江南山水的保护

今人津津乐道的"绿色"主要是指大自然的本色,即天蓝、气清、山青、水秀,不过,在今天,绿色还有一种重要的扩展意义,就是人类在各种生活活动和社会实践中所尊重的自然精神和遵循的自然原则,于是便有了绿色环境、绿色经济与绿色文化以及绿色文明等称谓。中国古代农业文明是典型的绿色文明,这种绿色文明全面反映在古人天人相合的生存态度和生存实践上,如建筑上他们提出了阴阳风水理论,医学上奉行五行相生相克的原则,农业生产上完全遵守四时变化的规律等。虽然古人对自然规律的认识有极大的局限性,甚至有时是荒谬和错误的,但其所坚持的基本方向是正确的。从总体效果上看,古人在利用与开发自然资源的同时能够使自然得到相应的修复与养护，保持了人与自然的和谐关系。这种和谐关系决定了中国古代审美文化必然是一种和谐的绿色生态审美文化。然而，近代工业文明彻底改变了这种和谐关系，在一些地区，强烈的现代化需求、密集的人类开发活动、大规模的基础设施建设和高物耗、高能耗、高污染型的产业发展，给区域生态系统造成了强烈的破坏，环境的退化和恶化令人触目惊心。经济发展了，人类生存的根基却被动摇了。作为中国古代审美文化高度发达的江南地区，其山清水秀的自然环境也正经历着一场巨大的劫难。

一 满目疮痍的江南

今天的江南用满目疮痍一词来形容一点也不夸张，让我们先从太湖的蓝藻说起吧。蓝藻是一种原始而古老的藻类原核生物，常于夏季大量繁殖，腐败死亡后在水面形成一层蓝中带绿且有腥臭味的浮沫，又被称为水华。太湖广阔湖区周边的凹槽水湾，水体流动性差且富营养化，为蓝藻多发地带。一般情况下，太湖蓝藻会在 5 月底至 6 月初爆发，然而，在 2007 年，从 4 月 25 日起，太湖的梅梁湾就出现了大规模的蓝藻，比往年提前了近一个月。5 月 7 日，太湖蓝藻大规模爆发，无锡市的水源被污染，从 5 月 29 日开始，无锡市大批城区居民家中自来水水质出现严重问题，气味难闻，无法正常饮用，超市中的纯净水被抢购一空。无锡市自来水公司的分析显示，连续高温高热，导致太湖蓝藻在短期内急剧增加，水源水质迅速恶化，最终影响到了居民用水。近年蓝藻之所以情况特别严重，直接原因是水情与天气变化所致，水量小、气温高、水中营养盐成分大引发藻类快速繁殖。而蓝藻频繁爆发的根本原因，则是太湖富营养水平持续增高。2006年，太湖湖心区平均氮、磷的含量分别比 1996 年增加了 2 倍和

1.5 倍。2007 年 5 月，太湖大部分水域藻类叶绿素的含量高达每升 230 多微克，这就为藻类生长提供了最为适宜的物质条件，于是太湖呈现出全湖性富营养化趋势。

太湖水富营养化发端于 20 世纪 80 年代初期乡镇工业之兴起。以太湖流域的长兴县为例，这个县在短短二十多年的时间里建起了近两百家耐火材料企业，造成了一百多座燃煤倒焰窑污染，此外，还有一百七十多家蓄电池及相关企业每年排放多达十余吨的铅污染物。这些企业的聚集区，正是长兴通向太湖河道的源头地带。1998 年太湖设一百七十个污染监测断面，四类、五类水质已占 70%。如果严格执行国家饮用水标准，十年前的太湖水已不适合人畜饮用。1998 年的调查数据显示，太湖湖面二千二百平方公里，总蓄水量四十四亿立方米，可就在那一年排入太湖的生产生活废水业已达四十五亿立方米，也就是说，十年前，太湖已成长三角核心区域内最大的污水池。90 年代中期后，长三角经济起飞，流域内城市（镇）化进程加速，外加两千多万外来人口进入太湖流域定居，以及作为太湖调蓄水源的长江的持续污染，使得太湖水质在十五年间快速恶化。"太湖美，美就美在太湖水"，这句传遍祖国大江南北的歌词在今天却成了对太湖的讽刺。在中国审美文化生成过程中曾作出过重要贡献的太湖，如今几乎成为一潭死水和臭水，长三角的经济腾飞了，而太湖却失去了它往日的灵性与神韵。更可怕的是太湖的污染与毁坏并不是孤立的个案，事实上，江南山水被污染与毁坏是总体性的，空前的，而且很多污染具有不可恢复性。2007 年 6 月，中国气象局国家卫星气象中心的卫星监测发现，巢湖西北部也出现明显的蓝藻信息。早在 2005 年 6 月，浙江人民的母亲河钱塘江上游由于化工厂排污而出现大面积的死鱼，据杭州市渔政总站的调查，由于水域污染、流域大规模采沙、非法滥捕等原因，钱塘江的土著鱼种已基本消失，如果容忍污染继续下去，美丽的钱塘江可能会成为一条死亡之江。

环境的恶化反映在审美文化当中让人深深地感到了那种人与自然之间的紧张关系。在新中国的现代化进程中，由于种种复杂的原因，人的主体性过度张扬，甚至把人与自然对立起来，相信人将是这场对立冲突中的最后胜利者，这种精神在山水审美方面也体现了出来。比如在毛泽东的山水诗中，祖国山河的美丽与壮阔就成为一种显示人之伟大的媒介，"更立西江石壁，截断巫山云雨，高峡出平湖"（《水调歌头·游泳》）；"红雨随心翻作浪，青山着意化为桥。天连五岭银锄落，地动三河铁臂摇"（《送瘟神》）；"可上九天揽月，可下五洋捉鳖，谈笑凯歌还"（《重上井冈山》）等，充满了人主宰自然、操纵自然的信心与豪迈。就其作为表现革命浪漫主义情怀、激发人民进取心的方式来说，其积极意义是毋庸置疑的，但是，这里几乎完全抛弃了古人的"折腰"或"齐物"精神，更缺乏现代生态整体意识，自然山水因人心太大而显得渺小起来，大自然作为人类导师的地位被动摇了，它的审美启蒙价值似乎已经微不足道，更难以承载起人类的终极关怀。这种自然观念的缺陷最终铸成了大错和灾难：山体崩摧，林木滥伐，溪流干涸，江河污染，旱年灌溉无水，涝季溪湖漫溢，田禾淹没。

类似的生态危机在清代就曾经出现过，早在顺治元年，清政府即制订了招徕流民开垦荒田的条例，在朝廷和地方政府的支持和鼓励下，福建、四川、安徽等地大量流民涌入江浙一带，掀起了一场土地开发的热潮。由于江浙平原地区很少的耕地已由原籍土家人耕种，所以流民主要是开垦山地陡坡。这种对山地丘陵的大规模开垦在带来短期经济效益的同时，也埋下了生态失衡的隐患。这种隐患到清朝中后期便演变成为现实的灾难：水土流失、山洪频发。清代诗人王志沂曾这样描写人类与大自然争夺资源的结果："山中有客民，乃与造物争。利之所在何轻生，悬崖峭壁事耘耕。有土即可施犁锄，人力所至天无功。我闻故老言，思之令人羡。在昔山田未开时，处处烟峦皆奇幻。伐木焚林数十年，山川顿使失真面。山灵笑我来何迟，我笑山灵较我痴。神力不如人力好，对景徘徊空叹息。"（王志沂《栈道山田》）人类对大自然的贪婪索取在导致自然灾害频生的同时，也使"处处烟峦皆奇幻"的动人景象离人而去。不过，清代的生态恶化毕竟是局部的和可恢复的，因而其影响也很有限，诗人在讥讽时总有一种改善的希望留存于心。但今天的生态环境恶化却是全国乃至全球性的，而且因为污染多是工业污染和化学污染，恢复起来相当艰难，甚至是不可能的，所以其危害性与过去时代的生态失衡相比，不仅规模上不可同日而语，而且已经发生了质的变化。这就导致在审美批判上，艺术家们绝不会再满足于王志沂式的讥刺，而是以传统山水审美的异化形态，展现他们对生存的极度忧患和对环境改善的绝望。一位诗人写道："沙枣花的香气和蜜糖／已被雨水冲到远方／混合着羊粪牛屎和卡车司机的野尿／它们将形成下一个绿洲和未来世纪／经典的养料。"（北野《天山北麓的一场大雨》）另一位诗人写道："他听到空中催促的声响。他看见出血的秋山在死去。事物的马蹄已踏弯了灵魂，而黄昏的斜坡上站满了骨头。"（陈东东《秋歌十五》其一）如果说第一位诗人表达的只是一种对环境垃圾化的温柔谴责，那么在第二位诗人那里表达的则是对环境恶化的绝望，那是一种让人不寒而栗的绝望。在这类诗中，传统山水诗所具有的美感荡然无存。从表面上看，这些后现代式的诗歌写作似乎是有意在与传统的诗歌写作作对，要革优雅与意境的命，事实上它们只不过是诗人们对我们这个时代感受的真实表达，是诗人对环境恶化的强烈不满和对人类前途的极度担忧在其作品中的反映。翻开一部部中国当代新诗史，令人遗憾的是，我们找不到山水诗的位置，这可能与新诗史学家们对待当代山水诗的态度有关，就是说他们对当代山水诗不感兴趣，但不可能所有的新诗史学家都这样藐视当代山水诗，或许真正的原因在于如一位年轻诗人所写得那样，找一个"有一汪清泉，荡净心际尘埃，云朵滑过脸颊，纷繁的思绪在海天飞翔"（尚琳《我想找一片属于自己的地方》）的地方已经很不容易，像"花的墙，花的院，花的小径。整个山坞都睡了，月色，梨花，是它的梦"（严阵《山坞》）这样的诗句，对于污染严重的环境来说，已经成为一种令人伤心的讥讽。

在绘画方面，一些当代山水画家把浅淡的山水背景与各种物像相组合，以制造"野、怪、乱、黑"①的感觉效果刺激人的神经，引人深思，追问宇宙间生命与物质的内在关联。以刘子键为代表的"实验性水墨"，以胡又笨为代表的"抽象山水"等，几乎完全以异化的终极关怀主题取代了审美启蒙，或者说终极关怀与审美启蒙处于对立的状态。不少人对这类山水艺术作品的精神价值持否定态度，认为其总的特征就是"失魂落魄"，在这类作品中，工业化人文环境取代了山水自然环境，多元化喧嚣取代了人与自然的二元"和谐"，已经完全背叛了传统意义上的山水审美文化。还有一部分山水画家试图以当代的生活视野、胸襟、气度、观察山水的条件和更为先进的绘画技法来托起传统山水审美文化的琼楼玉宇，拓展古秀劲挺、典雅润泽的意境。如活跃在当代画坛上的新金陵画派、长安画派、新浙派等，对于这些艺术

① 这本是"文化大革命"前批判画家石鲁时给他戴的帽子，但后来石鲁承认这也正是他自觉的艺术追求。参见陈孝信《20世纪水墨艺术问题》，许江主编《人文艺术》，中国美术学院出版社2002年版，第142页。

家，我们丝毫不怀疑他们在山水画创作上的才气和能力，然而，无论他们有怎样的天才和努力，都不可能完全脱离"师造化"的路子，而现实却是优质的山水审美资源正在急剧减少，这可能使他们的创作成为无源之水，无本之木，因而也难以改变当代山水审美文化的"衰敝"趋势和被边缘化的现实。

二 留住江南：责任、方法和措施

虽然说现代工业与化学污染对于自然生态环境造成的危害越来越大，但是毕竟有些地区还没有被污染，即使已经被污染的地区也存在着污染程度上的差别，轻度污染的地区尚有可能修复，没有被污染的地区还有可能得到保护，因此我们还没有走到绝境，如果政府措施得力，社会大众早日觉醒，依然有可能在很大程度上使江南山水再现往日的生机与神韵。或许这只是一种幼稚的幻想，然而我们应该认识到，保护环境的意义绝不亚于打赢一场关系到我们民族生存的反侵略战争，对江南山水深厚的感情和我们的社会良心要求我们为保护江南山水去尽自己的绵薄之力，尽管"侵略者"十分强大，但为了生存，我们必须奋力拼搏。从江南山水遭受污染与破坏的现状与当前江南地区社会经济发展的特点来看，要使其自然生态得到修复与保护，必须由政府组织，全民参与，科学规划，持续努力。

（一）由政府制定直接而有力的环境保护措施，强制正在进行的各种破坏生态环境的行为立即停止，避免已经十分脆弱的生态环境遭受进一步的破坏。在这方面有些地方政府已经取得了较好的绩效，其经验值得借鉴和推广。如杭州市政府为了保护在西湖过冬的候鸟，扩大了西湖水鸟保护区范围，而且用木桩为水鸟保护区定了界限，这些木桩每隔十几米钉一个，在原来浮标范围外围成一圈。木桩经过工作人员特别处理，很适合鸟儿在上面落脚休憩。此外，政府还要求西湖上的游船尽可能地避开水鸟保护区。这样，西湖水鸟就有了属于自己的一片天地，这不仅有利于现有的鸟儿在这里生存繁衍，而且还有可能吸引更多数量和种类的水鸟出现在美丽的西湖上。大凡到过日内瓦湖的人都会对那里的水留下深刻的印象，因为日内瓦湖的最大魅力就在于它清澈见底的一湖碧水，相比之下，西湖的山水配合要比日内瓦湖美妙得多，但却无法与日内瓦湖的水相比，这不能不说是一大憾事。在西湖水鸟保护区出现的鸟儿种类很多，常见的有鸳鸯、鸬鹚、野鸭、秋沙鸭，还有红嘴蓝鹊、银鸥、红头长尾山雀、白鹇翎、鹊鸲、大山雀等①，这也比日内瓦湖的鸥、鹭、水鸭等数量虽多而种类较少的现象显现出更为丰富的自然意蕴，如果政府能够采取进一步的环保措施，使西湖的水像日内瓦湖的水一样清澈，相信那时西湖的鸟儿会更多，与人更亲近，西湖也将成为人类更为理想的栖居地。2006 年，浙江省环保局根据省科技厅组织的"钱塘江流域水环境容量研究"课题成果，颁布了《钱塘江流域重点水污染物排放总量控制实施方案（试行）》，在钱塘江流域的萧山、东阳、义乌、永康、浦江等县市实行 CODcr（化学需氧量）和氨氮总量控制制度，使钱塘江的污染受到了扼制。不过，政府绝不能满足于这种暂时性的控制，而应该把彻底消除对钱塘江的污染当作自己的工作目标。

（二）废除畸形的国民生产总值衡量标准，确立和谐、均衡、可持续发展的行政理念，将环保纳入政绩评价机制。一个地区的国民生产总值在很长一段时期内成了我国衡量一级政府政绩的最重要的指标，在很多地方甚至成为考核政府政绩的唯一指标，由

---

① 娄炜栋：《西湖水鸟保护区悄悄"扩容"》，《钱江晚报》，2008 年 11 月 9 日，A4 版。

于国民生产总值并不涉及生态、环境和人民的生活质量等因素，因此以国民生产总值作为主要政绩衡量标准是很不科学的，可以说国民生产总值至上的政府评价机制是一种受畸形社会发展观支配的政绩衡量机制。多年的经验教训已经使党和政府认识到这种政绩评价机制给环境带来的灾难和危害，开始着手对其进行重大调整，把生态与环境保护绩效列为政绩评价的重要指标。这种调整在江南地区的许多市、县、乡镇和村等各级政府机关工作中见到了初步的效果。比如，自2005年始，浙江省德清县开始对县域西部地区实施生态补偿，即县政府对西部乡镇实行财政收入补偿、目标考核补偿（降低干部考核中工业及招商引资考核比例，大幅提高保护生态环境考核比例）、发展空间补偿等。生态补偿机制有效协调了各方利益，激发了西部乡镇主动保护生态环境的积极性。三年来，德清县西部乡镇依法关闭八十五家小笋厂和对河口水库上游三座萤石矿，迁移四十余家工业企业。同时，西部乡镇又新建一百五十余个环保项目，环保基础设施大为改善。目前，该县水质良好，环境清幽，经济也在稳步发展。但是，不少地方政府领导并不具备自觉的环保意识，在短期的、局部的经济利益驱使下，对危害环境的各种经济活动仍然采取放任态度，甚至以环保的名义庇护那些危害环境的企业。现实经验告诉我们，环保是一场没有硝烟的残酷的战争，在这场利益博弈中，各方甚至会以命相搏，要使得最广大人民的利益得到保障，使人民成为这场战争的胜利者，就必须让和谐、均衡、可持续发展的行政理念成为各级行政机关干部的一种信念，加强环保绩效在政绩评价机制中的分量，并使其得到完全的落实。

（三）调整产业政策，使其最大限度地有利于生态和环境保护。产业政策对环境的影响是很复杂的，有些产业政策对环境的影响很难在短时间内看得出来，"有些旨在发展经济，促进产业发展的产业政策在客观上却可能给环境带来灾难性的影响"①，如美国的农产品补贴政策刺激农民排干沼泽，喷洒农药，除草种粮，结果导致大量野生动物失去了栖居地。鉴于此，政府在产业政策的调整上应特别注意其科学性、综合效果和持久的生态与环保效果。比如，在农业方面，积极推广无公害农产品、绿色食品和有机食品的生产；在工业方面，加快产业结构调整步伐，大力推行国际通行的 ISO14000 环境管理体系认证，发展以低消耗、无污染或少污染、高产出、循环型为特征的生态工业；在娱乐旅游方面，发展以休闲、健身、观光和陶冶情操为特征的观光农园、休闲农场、森林公园、民俗旅游等。

　　这种产业政策的调整，在最近几年已经显露出良好的效果。如安吉县依靠地理与气候优势发展以笋竹、名茶、草食动物为主的种养殖业，建设生态农业基地（如笋竹基地、蔬菜基地、野生白茶基地）等。1999 年，又推出"黄浦江源旅游战略"，开发了"竹"主题的生态旅游，建成一百八十平方公里的竹乡国家森林公园、举世无双的大竹海等。又如长兴县曾因铅酸蓄电池行业而被定为省级"环境保护重点监管区"，经过调整，在 2006 年底赢得了中国电池工业协会授予的"中国绿色动力能源中心"称号。美国印第安纳大学教授、环保专家乔恩·希尔来长兴考察后说："来前我认为，像中国这样的发展中国家，会走工业化国家曾经走过的弯路，但事实并不是这么回事，长兴这样的县能有保护得这么好的生态，出乎我的想象。"②"西塞山前白鹭飞，桃花流水鳜鱼肥"这是唐代诗人张志和描写湖州一带水乡春汛时节的著名

①　孙黎明、赵旭：《制度创新：环境管理的新方向》，《科技进步与对策》，2004年1月号。

②　叶福明：《浙江长兴：白鹭飞处"断腕"治污》，《光明日报》，2007年7月26日第5版。

诗句。白鹭是一种对水与空气特别敏感的候鸟。过去，因为太湖水被污染曾多年不见踪影，今天，由于环境的好转，它们又随着春天的脚步飞来了。

（四）坚持群众路线，唤醒人民的环境意识，激发人民参与环保的积极性，使人民群众成为环保的基本力量。人民群众既可能是环境最大的破坏力量，也可能成为最强大的保护环境的力量，关键在于政府对人民群众的引导、教育和建立合理的利益分配制度。

（1）通过各种渠道宣传生态文明，在人民群众中营造一种人与自然和谐相处的氛围是调动社会环保力量的重要途径。在浙江安吉，当地政府充分利用新闻媒体反复宣传保护生态环境，引导人们选择健康、文明、绿色的生活方式，确立人与自然协调发展的观念。每年在生态环境精品区、示范区展示生态建设阶段性成果，培养和发展人们利用自然、保护自然、与自然和谐相处的能力。在全县中小学校，开展以生态文明为主题的教研比赛、征文和科学考察活动等。在环保气氛日益浓厚的安吉，不仅出现了很多生态示范村，而且还涌现出一批民间环保组织。"'吃山'不毁林，添绿又致富"、"要绿色消费，不要消费绿色"已逐步成为广大农民自觉的道德准则和行为规范。这种由政府主导、人民群众广泛参与的新型的以环保为特色的移风易俗教育和宣传，极大地强化了群众的环保意识，并最终转化为群众现实的环保行动。如浙江报福镇统里村得山溪中有许多被溪流长年累月"打磨"得很光滑的石头，上海一家单位愿出二十五万元购买其中一块约三十吨重的石头去"装点"公园，村里人却担心破坏自然风貌而婉拒。这里的群众还成立了专门的山林管护队伍，五百余名专（兼）职管护人员常年在山区巡查，以加强对生态公益林的管护。

（2）在调动农民积极性方面，除了深入宣传教育外，更应当致力于解决农民的现实生活问题。长久以来，农民最关心的问题一直是如何在短期内解决温饱和改善生活，他们是否愿意接受和参与生态建设，往往是从短期的经济效益出发，看能否即时增加收入。因此，政府在具体规划上，应兼顾长期效益项目与短期效益项目，做到以短养长、长短结合，并在不损害现有环境的原则下，优先考虑发展一些能够增加农民收入、提高人民生活水平的有即时效果的项目，逐步调动农民参与生态建设的积极性和创造性。当温饱问题尚难以解决的时候，绿色消费是一句空话；当"居者有其屋"只是遥不可及的理想时，绿色建筑、绿色装潢，以及营造优美的家居环境就不可能成为时尚。只有在农民群众的温饱问题和基本住房得到解决后，他们才会进一步提出环境与文化上更高的要求，也只有在这种情况下，人民群众保护环境的积极性才能真正被调动起来，并最终成为营造绿色环境的主力。事实上，江南一些富裕起来的地区，人们已经在强烈呼唤清新的空气、高质量的饮用水和无污染、少污染的绿色产品了。在浙江省第九届人民代表大会第五次会议上，嘉兴地区的十一位省人大代表提出了建设"绿色浙江"的建议，认为"富裕起来的浙江人民，应该有一个安全的、优良的生存环境。"此外，杭州、宁波、衢州、丽水等地的代表在讨论中也都提出进一步加强生态环境建设与保护的建议和要求。这都表明人民群众中的环保意识正在觉醒，环保的潜力正在聚集，政府的责任是让这种意识和潜力转化为一种强大的现实的环保力量。

（五）完善监督机制，形成高效的政府监督与广泛的社会监督。目前，我国环境保护的监督机制还存在很大的缺陷，主要表现在普通百姓、消费者和企业只是环保制度的被动的制约对象，人们倾向于认为环境监督与保护是国家和政府的事，缺乏遵守环保制度的内在自觉性和主动性，甚至一旦制度出现了漏洞或监管不力，还会纷纷伺机钻政策的空子，谋取私利。例如，一些排污企业与监管部门玩"捉迷藏"游戏，这一方面说明企业缺乏环境保护的自觉性，另一方面也说明现行环保监管机制乏力。众多类似的事件告诉我们，不能单纯靠环保局对环境进行监管，也不能笼统地把环保责任推向社会，而是要真正让民众获得充分的、可以落实的监督权与对不作为或渎职官员的罢免权。当对官员的任免权真正回到民众手中时，环保才可能不再是一场场风暴，而成为一种持久地发生效力的机制。

第二节　江南山水与当下的审美生存

台湾女作家罗兰在《中国人与山水》一文中指出，中国古代文人对待山水"态度是谦和的，心情是轻松的，出发点是爱与诚服的"①，绝无一丝西方人的那种要"征服"而后快的敌意，不仅文人如此，即使是那些武林大侠，他们也以自然为宗师，志节高蹈，在山水中过着典雅悠闲的生活。而培养中国古人那种独特的对待自然的亲和态度的最重要的根据，如我们前面一再强调的那样，正是江南山水。今天，不少人依然秉承着古人对待山水的纯然欣赏的态度，冥想着那种"三竺钟声催落月，六桥柳色带栖鸦。绿窗睡觉闻啼鸟，绮阁妆残唤卖花"（聂大年《苏堤春晓》）的悠然自在的生活，因此，江南山水无论是对于今人的生活理想还是对于当下的生活质量，都依然具有重大而深远的意义。那么，我们今天应该怎样利用江南山水来改善生存的质量，实现诗意的生存理想呢？

---

① 黎先耀、袁鹰主编：《百年人文随笔·中国卷》，第1126页。

一 关于江南"生态城市"建设的几点设想

早在 1935 年，英国生态学家坦斯利就提出了生态系统的概念，指的是在一定的空间和时间范围内，各种生物之间以及生物群落与其无机环境之间，通过能量流动和物质循环而形成一个相互作用的统一整体。20 世纪 70 年代，联合国教科文组织在其"人与生物圈计划"中又提出了"生态城市"的概念，认为生态城市是一个经济高度发达、社会繁荣昌盛、人民安居乐业、生态良性循环四者保持高度和谐，城市环境及人居环境清洁、优美、舒适、安全，失业率低、社会保障体系完善，高新技术占主导地位，技术与自然达到充分融合，最大限度地发挥人的创造力和生产力，有利于提高城市文明程度的稳定、协调、持续发展的人工复合生态系统。

生态城市概念的提出是人类从灰色的传统工业文明走向绿色文明的伟大创新，是城市从唯经济增长模式走向经济、社会、生态有机融合的复合发展模式的标志。生态城市的发展目标是和谐，即要实现人与人的和谐、人与自然的和谐、自然系统的和谐。其中，自然系统和谐、人与自然和谐是基础和条件，而人与人和谐是生态城市的目的和宗旨。有关专家认为，21 世纪是生态世纪，从某种意义上讲，下一轮的国际竞争实际上是生态环境的竞争。就城市而言，哪个城市生态环境好，就能更好地吸引人才、资金和物资，处于竞争的有利地位，因此，建设生态城市必将成为未来城市竞争的焦点。下面就江南地区的生态城市建设阐述一下自己的观点。

（一）保持山水自然风貌，构建园林化城市

园林实质上就是城市（镇）中的山水，江南的许多城市（镇）都是依山而建，傍水而立，所以只要略加改造就是一座精美园林。但是，在城市（镇）建设实践中，不少地方政府对民族审美风格和特色缺乏理解和自信，一味仿效西方园林建筑中讲究对称、几何分割、平整等特点，抛弃了江南古典园林构建中借山理水、曲径通幽的理念，将婀娜多姿的小山铲平，然后再挖坑造湖，不仅浪费大量人力物力，也使本来十分显著的自然优势丧失殆尽，既没有了地方特色，也失去了民族个性。杭州萧山区对湘湖的开发与保护是一个值得借鉴的成功范例，其成功经验归纳起来主要在于以下五个方面：第一，政府在开发与保护上确立了因循自然的指导思想，着力恢复湖体，培育周边植被，湖区引进的生物种群完全是原先在本地区生长良好的种群，包括原有的各种鱼类、水生植物、陆生植物，等等。这些做法与某些旅游地种植经济林或发展水产养殖业以追求经济效益不同，它以稳定整个地区的生态系统为宗旨，一旦生态系统稳定了，湘湖在历史上曾经拥有的自然华章是完全可能恢复和重现的。第二，湘湖在开发规划中尽力将人文景观控制在最小的范围。开发资源难免留下人工痕迹，比如道路、桥梁等基础设施，这些设施无论从生态还是从审美考虑，都是越少越好，所以设计者在尽可能减少人工设施的同时还努力不使其破坏环境的整体形象。湘湖的道路建设采用内外圈设计，内圈为人行道，外圈为车行道，中间有宽度三米左右种植密度较大的绿化带阻隔，并且形成外高内低的地势差。内圈人行道为石板路，外圈车行道则是进出湘湖的交通主线。这样的设计一方面为游客提供了便捷的交通，另一方面在视觉上做了巧妙的隐藏。由于地势差加上绿化带的阻隔，游客在内圈步行欣赏湘湖风光的时候视线不会接触到外圈的车行道，而外圈的车行道上只能望见较远处的湖面风光与山景，游客乘坐观光车欣赏远景不会与步行赏景发生冲突或相互干扰。第三，湘湖的开发充分考虑到了湖区与周边环境的配合问题。湘湖处在萧山城区范围内，如果周边地区建造许多高楼大厦必然会对整个园林区造成压迫感，所以政府对湘湖周边的建筑高度和密度都做了合理的安排，建筑的样式、色彩、风格也都以清新、简约为主，以便与湘湖的素雅风格相协调。第四，在产业上，湘湖周边的产业也以文化类行业为主，尽量避免餐饮业或者其他大型娱乐设施进入湘湖，以免造成空气、水体、噪声等污染。第五，对湘湖历史文化遗产以保护原貌为主。以城山为例，该山位于湘湖西北，虽然没有巍峨的山形，但是颇有曲径通幽的雅致。山上植被茂密，林间有泉，池中有鱼，山顶还有一大块平地，既可休憩，又可远眺，自然景体之间达到了高度和谐，构成了一幅有声有色的美图。这座山还是春秋时期越国屯兵抗吴的军事城堡遗址，山上有城垣、勾践祠、洗马池、佛眼泉、马门等古迹，是目前我国保存最完好的春秋末期城堡遗址。对于这样一个景点，开发者坚持最大限度地保护原貌，应该说是很有眼光的。

生态环境既然是呈系统性的，那么对自然环境的保护与开发就必须有系统性的考量与计划，避免早期开发中单纯的经济视角。如杭州西湖园林的拓展就不能把目光仅仅局限于6.38平方公里的湖泊一区，因为杭州除了西湖这个城市湖泊外，还同时拥有大片湿地和森林（如西溪、下沙），它们与西湖唇齿相依，所以杭州的园林构建必须将西湖与周边湿地统筹安排。过去，古人对此即有考虑，如清代翰林朱祖谋有诗曰："溪水何缘也姓西？淡妆浓抹更相宜。"（《强村语业·浣溪沙十八首》其十四）将西溪与西湖视为一个系统，这是古人的慧眼。在南京，城市边缘地带也有较为广阔的浅水水域构成的湿地系统，它们对于改善水质、抵御洪水、调节径流、控制污染、保存生物多样性和调节气候都有着不可替代的作用，所以，南京市在康复自己的"肾"和"肺"方面也有重大责任。需要特别强调的是，这份系统性地保护与开发环境的责任主要在政府，因为只有政府才有能力承担这一责任。如南京市政府可以结合国家建设长江中下游湿地保护示范工程的计划，把长江、滁河、秦淮河等沿岸及石臼湖、固城湖和金牛湖等湿地作为重点保护区域，以恢复城市湿地、改善湿地的生态环境和景观状况。同时南京市政府还需要设立专门的城市湿地保护机构，严格控制各种工程对湿地的侵蚀，加强对湿地系统进行综合治理，这样南京作为一个江南大都市才可能充分地呈现出江南的自然韵味，少一些嘈杂，多一份安宁。

（二）借用古代风水理论，以人补天

"补风水"是中国古代单体建筑和建筑群获得好风水的重要途径之一。中国古代村落特别讲求形局完美，对某些在形局或格局上不太完备的村基，往往要采取一定的补救措施，具体做法有：引水、植树、建塔等。如江西《芳溪熊氏青云塔志》记载，芳溪四面皆山，只有东南角水口处山势平远，风水家认为水口处宜有高峰耸峙，否则不利于聚财、兴运，于是"自雍正乙卯岁依形家之理于洪源、长塍二水交汇之际特起文阁以镇之，又得万年桥笼其秀，万述桥砥其流，于是财源之茂、人文之举，连绵科甲。"[1] 风水学以天人相通为前提，在人事与自然之间进行同理推证，注重人与自然的有机联系及交互感应，能够就人与自然之间的种种关系进行综合分析与把握，即进行整体思维，虽然往往有失粗略，却不乏天才直觉，形成了与当代生物圈理论、生态学等相契合的观点。如风水学在建筑选址上确立的三面或四周山峦环护，地势北高南低，背阴向阳的内敛型盆"穴"，被认为能藏风聚气，即"内气萌生，外气成形，内外相乘，风水自成"，"内气萌生，言穴暖而生万物也；外气成形，言山川融结而成形象

---

① 张竞生编：《风生水起》，第108页。

也。生气萌于内，形象成于外，实相乘也。"[1]　这种整体性、协调性的生态考虑包含着显著的美学成分，具有一定的哲学深度，与现代科学理论也基本符合。风水学对于理水和植树的看法也有其合理性，风水学认为水可以"阴地脉，养真气"（林牧《阳宅会心集·开塘说》），并且把水看作是财富的象征，《水龙经》云："后有河兜，荣华之宅；前逢池沼，富贵之家；左右环抱有情，堆金积玉。"风水学将自然环境取譬于人体，把山视作人体骨骼，将水视为人体中的血管。人体的生长、衰老取决于血管的状况。当血液循环顺流畅通时，则人体健康强壮，反之，则身罹疾病或死亡。这是人生的自然法则，无一人可例外。这条法则运用于建筑布局就要求水路流向正确、山脉位置得当，以便构成吉祥地。[2]　实践证明，水好则人气旺，人气旺则财富丰，穷山恶水岂有富贵人生。植树方面，风水学也不是简单地提倡植树，而是主张合理植树，如《阳宅会心集》"种树说"中指出，周围形局太窄的情况下，不可多种树，否则会助其阴，"惟于背后左右之处有疏旷者，则密植以障其空"。树木的合理种植可起到挡风聚气的功效，既可维护小环境的生态，也可使村落在形态上更完整，在景观上显得内容丰富而有生机，其合理性不言自明。

　　风水学中的许多思想都是古人对千百年来与大自然打交道的宝贵经验的总结和提炼，若能和现代科学相结合，一定能够为我们建设"生态城市"发挥重要作用。当年武汉大学建校时在李四光、叶雅各的主持下，就是坚持以人补天的原则来规划校园格局，学校以珞珈山为依托，依山就势，巧于因借，不管是群组还是单体建筑都与湖光山色相配合，既满足了学校的各项功能需

---

① 张竞生编：《风生水起》，第191页。
② 同上书，第35页。

求，又充分体现了"天地人和"的传统审美理念，因此它在今天仍然能形神具丰，成为众口交誉的"中国最美丽的大学"，也成为整个武汉市最幽雅的园林风光。

（三）保护文化遗产，开发第二自然

纯粹的自然是很难评判其审美价值的，只有当自然事物和人的审美意识结合起来的时候才可能见出其丰富的审美意蕴，正如黑格尔所指出的那样，"自然美只是为其它对象而美，这就是说，为我们，为审美的意识而美。"① 人的审美意识不是一种孤立的存在，而是深深地扎根于社会与历史文化之中，这就意味着我们对自然的美感在很大程度上来源于与之结合在一起的历史文化，没有历史文化的自然是空洞乏味的。不过，历史文化与自然的结合并非由现代人决定，而是在历史上自然而然形成的，也就是说它们带有"自然"的性质，因此我们不妨称之为"第二自然"。

"第二自然"并非由我们创造，但却需要由我们来保护，就像保护真正的自然那样，却又比保护真正的自然更为艰难，因为那些留存于大自然中的文化遗产绝大多数是不具有再生性的，一旦毁损，将成为人类文明不可弥补的损失和永久的遗憾。从当前的社会现实而言，这种保护也面临着巨大的挑战，曾担任美国总统经济顾问委员会主席的阿瑟·奥肯指出，我们的社会要发展就需要商业化市场，但是我们的社会要健康地发展就必须约束市场，也就是说，商业之外的各种价值都必须得到保护，以免受到金钱尺度这个潜在暴君的侵犯。目前我国正处于市场化的快速发展期，这时最容易忽视对市场的约束而对商业以外的文化价值构成巨大威胁，所以对于我们这个有着丰富传统文化的国家来说，文化保护的责任是巨大的。根据《国家"十一五"时期文化发展

_____

① ［德］黑格尔：《美学》第一卷，第160页。

规划纲要·民族文化保护》中提出的"确定 10 个国家级民族民间文化生态保护区"的要求，目前已经建设了闽南、徽州、热贡等三个国家级文化生态保护区，这对于民族民间文化保护来说是积极而有意义的。

此外，一些地方政府也对地方文化采取了许多保护措施，拿杭州来说，其文化遗产众多，光市区就有国家级文物保护单位十四个，省级文物保护单位三十八个，市级文物保护单位一百零二个，还有两项正在准备向联合国申报人类文化遗产。又如有"中国廊桥之乡"美誉的浙江泰顺县，三十三座廊桥分布在十六个乡镇，它于 2008 年 10 月成立了专门的泗溪廊桥保护管理站，这不仅使有"世界最美廊桥"之称的北涧桥、溪东桥有了正式的保护管理机构，而且这个管理站还将积极致力于当地廊桥的保护和宣传工作，密切关注人为和自然力等因素对廊桥的影响①。由政府建立的文化保护单位和机构不仅要承担文化保护的职责，而且还应当通过宣传和推广古代山水文化来增强人民群众与大自然的情感联系，提升全社会的自然与文化审美品质，因为保护传统文化的最终目的不是仅仅让其作为一种物质实体或历史幽灵存在于我们的视野中，而且要通过一种新的诠释使其存活于当代生活与审美文化中。

加达默尔曾经指出，对历史流传物的理解"按其本性乃是一种效果历史事件"②，就是说对文化传统的继承并不是接住历史抛给我们的一个东西，而是要通过与它攀谈来形成我们新的文化视野。这就意味着我们对文化遗产的保护应该是开发性的保护，

---

① 林小勇、张晓燕：《泰顺成立专门机构保护最美廊桥》，《钱江晚报》，2008年 10 月 29 日，A9 版。

② ［德］汉斯—格奥尔格·加达默尔：《真理与方法》（上卷），上海译文出版社1999 年版，第 385 页。

是创造性的保护，只有这种活性保护才有利于文化生态的综合平衡。比如杭州的文物古迹大多是一些与周边环境及城市脉络相脱离的零落散珠，因缺乏与现代视阈的融合而丧失了其应有的美丽与含义。倘若能够使其融入今天的城市园林之中，那么它们不但能装点城市，而且将是市民们生态休闲、文化教育及环境教育的极佳材料。不仅杭州如此，南京、武汉、重庆、苏州、扬州等也都是历史脉络清晰、文化底蕴深厚的城市，因此它们都面临着一个以文化遗产来培育城市精神，丰富城市内涵，美化城市形貌的重大课题。正如有的学者所指出的那样，国际化、西方化致使今日江南逐渐模糊了她的东方之美。这确实是使国人汗颜，让世界惋惜的事情，不过我们相信，只要从现在开始致力于对这些文化遗产的保护和创造性利用，那么江南山水和它的千年文脉依然能够为整个人类提供取之不尽的精神营养和审美资源。

二 走进江南山水，培育林泉之心

宗炳在《画山水序》中就山水审美问题提出了三个概念，即"应目"、"会心"、"畅神"，后人借以发挥，将其视为自然审美的三个不同层次，虽与原意殊异，倒也推敲成理。人们登临山水时的感受与山水自身的审美特征有关，但在面对大致相似的山水环境时，感受上的差异显然就取决于登临者的素养和状态了。今日登临山水者止于"应目"者居多，正如一句顺口溜所说的那样："上车睡觉，下车尿尿，到景点拍照，回到家全忘掉。"造成这种状况的原因很多，也比较复杂，但主要在于以下三个方面：第一，现代生活节奏匆促，使人无暇像古人那样栖丘饮谷、澄怀味象，这样就难以形成类似于古人的那种对自然山水丰富的审美经验以及对它的深切的关爱；第二，由于整个社会对山水审美文化的忽视，当代人缺少山水文化的浸濡；第三，我国名山大川、风景园林往往人满为患，缺少审美氛围和情调。改革开放以来人们在物质生活上改善了许多，但精神上尚未富裕起来，当人们有精力、闲暇和经济能力走出家门去旅游的时候，心态上仍然是浮躁、粗率、功利的，同时由于山水文化素养低下，根本无法形成古人所谓的"林泉之心"。郭熙云："看山水亦有体，以林泉之心临之则价高，以骄侈之目临之则价低。"（《林泉高致·山水训》）在高度发达的技术时代，现代人张扬起来的是对技术的崇拜心理，失掉的是对自然的敬畏之情，自然在被技术蹂躏的同时也受到精神的蔑视，人们出游山水时多把山水当作满足自己娱乐需要的媒介或工具，这种肤浅而有害的思想会严重妨碍人们潜心山水，"憩遥情于八遐"（陶渊明《闲情赋》）。魏源云："游山浅，见山肤泽；游山深，见山魂魄。"（《游山吟》）那么怎样才能"以林泉之心临之"，并"见山魂魄"呢？以古人的经验结合今天的实际，笔者以为以下几个方面值得注意：

（一）留心于山水的姿态变幻，会心于大自然的清净妙流

如果走马观花，那么各处的山水似乎都差不多，但如果细心地去品，我们会发现江南山水姿态万千，每一处都有其精妙的旋律与节奏。如温州雁荡山，处处巨石岿然挺立，峭拔险怪，世所罕见，并且"为深谷林莽所蔽"（《梦溪笔谈·雁荡山》），从外面很难见其形貌，以至于当年几乎游遍永嘉山水的谢灵运竟然没有发现它的存在。江西三清山的奇峰怪石、古树名花、流泉飞瀑、云海雾涛使游者心清，观者心静，成就了特色鲜明的三清境界。而武夷山脉，横亘千里，宛如一条绿色的长龙蜿蜒于闽、浙、赣、粤四省，山中保留着完整的中亚热带森林生态系统，是为武夷之别样处。位于长江三角洲太湖流域的宜兴是在当代生态和谐理念指导下打造的生态江南。茶园依山就坡，一望无际。除了茶，还有毛竹，这里的太华山区，翠竹连岗接坡，挺拔茂密，层

峦叠翠。山风过处，竹影婆娑，绿浪起伏，是为宜兴之胜绝处。能够领略每一山的奇异，会心于每一水的灵妙，这才能常游常新，而不会因感觉单调而产生心理疲劳。

（二）淡泊世事，安心享受大自然的馈赠

江南物产丰饶，特别是在大山深处或临江沿海村镇，常可见到丰富多样的地方特产。如宁波的黄鱼，不仅营养丰富，含多种氨基酸，而且肉嫩味鲜少骨，清蒸、干炸、红烧、炙烤、腌制等都很可口。竹笋在江南山区十分常见，杭嘉湖地区的天目山、莫干山所产竹笋质地尤为上乘。鲜笋、笋干均清香味美，可与多种食品配制成菜，如冬笋火锅、春笋冬菇汤、干烧春笋、鲫鱼春笋汤、鸡味春笋条、春笋清粥、五彩笋丝、春笋鱼片、鸡茸金丝笋、排骨炖鲜笋等。竹笋不仅味美，而且低脂肪、高纤维，蛋白质和糖含量适中，十分有益于人体健康。其他如绍兴的臭豆腐、梅干菜，南昌的酱鸭、酸枣糕，临川菜梗等，都久负盛名。江南山水赠与我们如此丰厚的礼物，我们理应以一颗感恩的心十分满足，赶走一切世事的烦扰，在尽情欣赏大自然美丽风光的同时，坦然品味各种美味佳肴。你可以在竹海、茶洲中悠游，身心倦累时随便选一家土菜馆，炖一只土鸡，叫几样野菜，饭饱后再以宜兴紫砂壶泡上一壶杭州龙井、苏州碧螺春或阳羡紫笋茶，那种品茶的感觉一定妙不可言。

（三）以文化养神，在山水中与古人交心

江南山水能够拨动人的心弦绝非仅仅是靠了它的外在风貌，而是因为它的形貌之中蕴涵了卓越的文化品质。江南名山多为文化"博物馆"，如三清山有"露天道教博物馆"之称，其他如黄山、庐山、峨眉山、天台山、天目山等无不是儒、道、佛鼎足而立，各家各派都努力在其间争得一席之地。江南的秀水之际同样是历代文化精英驻足的地方，如绍兴的鉴湖被毛泽东称为"越台名士乡"，与之有缘的名士不可胜数，梳理鉴湖水系的马臻自不必说，书圣王羲之、晋代名士嵇康、唐代诗人贺知章、南宋诗人陆游、明代"第一才子"徐渭，晚清的革命志士秋瑾、徐锡麟、陶成章、蔡元培等都曾在鉴湖留下自己的身影。中国古代山水文化是古人对自然精神的体悟和表达，通过古人所创造的光辉灿烂的山水文化今人可以更深刻地理解自然的精神，获得欣赏自然山水的广大的视野和多维的角度，形成更丰富的自然智慧和对自然的亲密感情。如当代摄影家袁培德所言："从古到今有多少文人墨客把江南美景颂之以绝句，绘之以丹青……如今的江南是历史文化与现代文明的交响和汇聚，它是一部厚重的处处透着民族精神和文化走向的史书，而这部书是我永远也演绎、续写和释读不完的创作源泉！"[①] 人在自然中进化，自然在人的进化中拥有了文化，时至今日，江南山水已经与文化成为一体，没有文化的江南山水已经难以想象。在江南的名山秀水中徜徉，必须要了解它的文化，否则就不能真正地理解它，而了解它的文化，不仅可以获得丰富的知识，而且可以与古代名士进行超时空的对话，这同样是人生的一种快乐，一种恬淡、纯净而持久的快乐，是一种推动我们去创造新生活的快乐。

（四）享受的极致：创造

在创造中感受江南，这才是享受江南山水的极致状态。这里所谓的创造，不是指那种为了谋生而从事的艰苦劳作，而是指人类那种创造天性的自然表现。你可以带个照相机，随意捕捉让自己动心的断桥的婉约、飞来峰的灵异、鉴湖的宁静，当然，你也可以长途跋涉去捕捉黄山日出、婺源晨雾、鄱阳湖湿地候鸟的奋

----

① 袁培德：《回眸江南烟雨中》，http：//www. ppyn. cn/kmyt/PicNew/product. php? proid＝57151。

飞。热爱音乐的朋友可以带上自己心爱的乐器，在幽静的自然怀抱中演奏，有松涛回应，有蝴蝶伴舞，可以在"杏花疏影里，吹笛到天明"（陈与义《临江仙·忆昔午桥》），也可以在黎明时起身，用口琴去唤醒雾气萦萦的梦中水乡。在江南山水中，最易于发挥的才艺恐怕要数绘画了，那里是画家的天堂。陈逸飞描绘周庄双桥的一幅画《故乡的回忆》，被美国权威杂志《艺术新闻》刊载，认为它是在"向西方潮流大胆挑战"，或许是西方评论家太过于敏感了，因为那只是画家对家乡、对江南小桥流水的一种最诚挚的诠释而已。

江南处处游弋着诗的精灵，江南的山水风露、雨雪云雁、酒荷画船上都可以飘荡起诗句，它可以是闲逸的、感伤的、悲凉的、凄美的，随你的心意把语词放飞，都注定是美的。有人问道："我诗中的江南，梦中的江南。此时，你可是桃红柳绿，芳菲渐长，蝶恋蜂迷？你可是执一把油伞，披一肩凄迷，看二十四桥无月夜在澄净的绿波里悠悠的荡漾，将心事半掩？你可是那撑着乌篷船的采莲女，偶尔涉过我湖心？你可是那隔窗抚琴的女子，初闻惊鸿，再闻惊心的余音绕梁，三月不绝？你可是昨夜梦中悄悄搁浅在我心湖的那只渡船，载起今日的思忆万许，涟漪万千？"（夜空下的风铃《烟雨三月忆江南》）这是关于江南的想象，也是江南的现实，是江南的今天，也是江南的历史，在现实与想象、历史与今天的交融中，江南走进语言的节律，又活生生地呈现在我们的面前。

八百多年前，李清照客居浙江金华，日日与婺江相伴，婺江之水与她的泪水共流，"风住尘香花已尽，日晚倦梳头。物是人非事事休，欲语泪先流。闻说双溪春尚好，也拟泛轻舟。只恐双溪舴艋舟，载不动、许多愁。"（《武陵春》）在东阳江与武义江的交汇处，家国之愁聚敛如峰，让清清的婺江水无法携走，但这并不能阻碍这位多情女子对南国山水的钟情："千古风流八咏楼，江山留与后人愁。水通南国三千里，气压江城十四州。"（《题八咏楼》）1996 年 12 月，费孝通登八咏楼，也欣然赋诗："婺水悠悠江上楼，易安飘泊不胜愁，万里江水今胜昔，八咏声韵倾神州。"悠悠婺江没有黄河、长江的磅礴气势，却流出了古往今来人们最柔弱凄美的情怀。今天，面对江南山水人们仍然在抒写着自己感动的心："忆昔襄阳城上望，山光水色空濛。一江云影一江风，白鸥斜舞处，犹有两三峰。傍柳随花闲问取，古来些个英雄。当时袖手立茕茕，夕阳扶瘦影，踏向浪花中！"（濯缨《临江仙·登襄阳古城墙》）江南是可以写出来的，所以才有了无数的诗人，江南又是写不尽的，所以才有一代又一代人的续写。在人文景观和文物古迹异常丰富的中国江南，山水就是历史，一部既凝固又活生生的中国审美文化史，它以我们民族创造的特有的审美文化形式彰显着中国文化的精神和灵魂。我们每一个人，都有可能为这部伟大的审美文化史写上精彩一笔。

第三节　"江南"形象的当代审美形态

以彰显江南山水神韵为主旨的中国现当代文艺创作是中国现当代审美文化的重要组成部分，但是，对此学术界也有不同看法，有不少学者认为现代艺术所追求的已经不是和谐的美，而是展现阴冷、暴力、卑鄙等对立冲突的丑，整个现代艺术支撑的是一种处处张扬丑的精神的美学，因此，那些表现和追求和谐意趣的山水艺术在今天已经没有什么价值和意义了。比如关于吴冠中的山水画，有人就认为它虽然能把一种内心意绪移入江南山川之中，有神韵、有骨法，也展现了江南灵山秀水的温润清雅、蓊郁华滋，但从当代美学的大视野上看，充其量不过是一种病态的优美，是对传统的迷恋，在艺术上没有什么创新。但是，依照我的理解，这种观点是用西方现代审美理念和艺术标准来衡量中国本土艺术得出的结论，它轻视或藐视中国传统审美文化的独特意义及其坚实的自然基础，他们看不到，不管现代和后现代艺术如何甚嚣尘上，有一种信念在国人的心中是不会改变的，那就是对江南山水由衷的热爱，这种爱保证了那些以江南山水为题材，展现其自然灵性与历史文化风韵的优秀艺术作品永远也不会过时。

从全球范围来看，人们对现代化及现代文化的态度也在发生变化，对那种以现代取代古代，以现代文化排斥古代文化的态度日益反感，并且正在形成一种对古代文化具有最大兼容性的当代审美文化态度。反观欧洲，我们会发现虽然他们在现代文化创造上做出了巨大贡献，但骨子里却保留着对古代文化的高度崇敬。在罗马，人们不仅能看到一个由汽车、高楼组成的现代化罗马，还会看到一个与之并存的由古代斗兽场、西班牙广场、凯旋门、古罗马柱等一处处残损的历史遗迹所构成的历史博物馆式的古罗马。不仅罗马是这样，就连现代化最彻底的巴黎也是一样，卢浮宫、凡尔赛宫、巴黎圣母院、拉雪兹公墓等都得到了很好的保护。这些城市以其辉煌的古典元素保持着自己的历史记忆，向全世界展示着自己无限的魅力。相比之下，我们的许多城市都成了失忆的城市，由于对现代化的误解和狂热，人们拆毁了过去的一切，以至于自己的历史只能保存在可怜的几行文字符号中。在中国当代审美文化建设中，我们绝不能再重复城市建设上的错误，必须充分重视和肯定古典的和本土的文化元素，并使其充分地融入当代文化系统中。可喜的是，在江南的许多地区，人们接受的越来越多的现代观念并没有使传统文化精神受到完全的排斥，人们甚至仍然居住着祖上的老屋，秉承着祖上的文化信念，或许这才是真正的"现代"。像周庄、西塘、乌镇、南浔、角直以及南溪江沿岸的古村落群比较完整的保存仍然能使我们切身感受到我们民族历史在现实中的流动，在当地人民的精神气质中也仍然能够窥见到那种质朴的古典意趣。拿嘉兴人来说，今天的嘉兴人仍然像和平鸽一样，温和中带一点贵族气，上海人喜欢把嘉兴人称为"乡下大少爷"，意思是说，比杭州人洋气，比上海人大气，可以没有积蓄，但仍然要吃得讲究、穿得时尚，保持住生活的审美品质。在生活语汇上，嘉兴人也注重审美情趣的涵养，比如那些被报纸上称为"拳头"产品的东西，嘉兴人却不喜欢听，觉得这太武腔，而宁愿将它们称作"名旦"。有人曾经把嘉兴的三样土特产，粽子、南湖菱和文虎（火）酱鸭比喻为嘉兴人的性格。粽子，裹得紧，有凝聚力；南湖菱，和谐而充满生机；文虎（火）酱鸭，虽不旺，但不会焦，慢慢烧，却是可持续发展。总之，文化的现代化不应该是消灭传统或割裂传统，而是需要包容传统，成就传统，这样才能使自己最终也成为传统的一部分。

一　当代造型艺术中的江南古韵

山水画和人物画一样与时代精神息息相关，因而山水画的命运也在很大程度上取决于时代审美风尚和精神。比如山水画在近代开始形成了笔墨山水与油画山水的分野，笔墨山水因为代表了纯粹的传统的美学品格和精神，所以与整个传统文化的命运一样，在近现代社会中痛遭贬斥。1917 年，康有为在《万木草堂藏画目》序文中提出，"以形神为主而不取写意，以着色界画为正而以墨笔粗简者为别派。"① 康有为的这种主张得到了刘海粟、徐悲鸿等许多著名画家的响应，更有新文化运动的主要人物陈独

---

① 参见郑工《演进与运动：中国美术的现代化（1875—1976）》，广西美术出版社 2002 年版，第 40 页。

秀等人在大的文化层面上推波助澜的支持，同时，白话诗的勃兴又极大地冲击了古典诗词，这无疑是瓦解了传统绘画的盟友，使传统绘画的命运如雪上加霜。五四时期、抗战初期、20世纪50至80年代，先后有"中国画落后"、"中国画不能为抗战服务"、"中国画不科学"、"中国画不能反映现实"、"中国画是封建主义"、"中国画没有现代性，不能走向世界"、"笔墨等于零"等反对和否定国画的论调与主张流行。如果说五四时期和抗战时期对笔墨山水是一种起诉和审判的话，那么工业革命与"文化大革命"可以说是对笔墨山水进行了一次真正的放逐。相比较而言，油画山水由于身上的洋味和新味而受到了现代社会的推崇，并获得了长足的发展，像张大千、吴湖帆、谢稚柳、林风眠、刘海粟、黄宾虹、陆俨少等人都是在油画山水方面成就非常突出的画家。

随着人们对"文化大革命"的否定和对工业革命批判意识的增强，随着后工业时代的到来，人们重新认识到了自己与大自然不可分离的依存关系，更加亲近和向往大自然。同时，改革开放以来，中国的艺术家们广泛地接触和了解了世界各民族艺术和优秀文化，通过对比和研究，对民族文化艺术拥有了更多的信心。于是，曾经激烈的笔墨山水与油画山水之争趋于平息，人们开始倾向于探寻其共同的艺术品格和精神内涵。如吴冠中指出，油画风景和水墨山水其实是嫡亲姊妹，均系大自然的嫡传。黄宾虹也认为："画家千古以业，画目常变，而精神不变。"[1] 黄宾虹所说的不变的精神尤指千百年来人们描绘江南、歌唱江南、热爱江南的情怀。在同样的江河湖海面前，风景画和山水画当一见如故，心心相印。这两种艺术真正的威胁实际上来自于人类对自然的破

---

[1] 王鲁湘：《黄宾虹》，河北教育出版社2000年版，第202页。

坏，因为它们都建立在现实山水丰实可爱的基础上，山水画中的生机盎然的精神正源于自然山水，如果江南山水遭受污染与破坏，丧失其神韵，那么无论画界具有怎样强烈的山水精神也无法改变中国山水画创作的厄运。

在表现江南山水的神韵方面，程十发可谓独步当代，他的作品《云深不可测》、《高山流水》表现的是江南山水特有的清润苍茫，而《秋山图》表现的则是大江南雄浑的气势。程十发的山水画风骨劲拔，与宋元画意息息相连，其韵致则与江南山水血脉相通，草木华滋，烟岚幻化，一片生机。江南在程十发笔下不只是一个地理概念，更是一种文化精神，一种朴茂、精致与悠远的气文化的形象展现。中国哲学中的"气"本质上指的是宇宙间无处不在的生命力，程十发的山水画处处弥漫着"气"，总是给人一种达于至境的"气韵生动"之感。已步入夕阳岁月的画家李元勋，也是江南山水古韵的传承者，他画中的江南山明水洁，含情脉脉。如《百丈山涧来》、《天清远峰出》、《悠然居山村》、《婺源尽古韵》、《春耕在山间》等江南乡风画中，茂密的近树远峦，岩间的飞瀑小溪，杂以村舍行人，烟云缥缈，悠然淡逸，在精湛的淡墨技法渲染下，一幅幅秀致中见骨力、苍润中显温情。一年中李元勋总是要挤出时间游历名山大川，富春江、湘西、三峡、黄山、婺源、三清山等都是他"搜妙创真"[①]的根据地。

20世纪60年代初崛起的江苏画家中，以傅抱石、钱松函、亚明、宋文治、魏紫熙等为代表，这一批画家将现代生活与传统文化相结合，融会西方画法与民族特色，形成了富有时代气息的新金陵画派。江苏籍画家高寅是新金陵画派的当代传人，他继承

---

① 恽甫铭：《林外观林：走进书画家续篇》，上海教育出版社2006年版，第202页。

了新金陵画派师辈们清秀明艳、典雅润泽、文气甚浓的画风，把清新的生活气息与灵动的笔墨气韵相交融，寓刚健于婀娜之中，寄雄放于秀润之内，创造了将传统韵味渗透于现实生活的江南山水新意象。高寅的工笔密体山水，如《悠悠白云沉沉山》、《山静泉有声》、《雨后云瀑》、《皖南清晓图》等，笔墨古秀、劲挺，意境幽深、苍茫。他的充满写意精神的疏体山水画，如《皖山云》、《雁山晨岚》、《轻舟已过》、《奇峰人云图》等，笔墨疏朗、清新，意境淡远、开阔。画中意象以点线、墨色构成，在强调线的韵律节奏、墨色的层次氤氲的基础上，融入书法用笔的美感，以淡雅之色、清逸之笔呈露江南山水雅秀润泽的诗性之美，散发着画家身上的清逸之气。高寅笔下的每一根线、每一点墨都超越了自然本身形质的局限，体现了江南山水最精妙的生命颤动，一山一水、一石一林的笔墨表现都孕育着一种最广大、最无限的宏阔意境①。20世纪80年代后期毕业于中国美院中国画山水专业的一批中年画家是今天描绘江南山水的生力军，如何加林、张谷旻、张捷等都把自己绘画的主题投向江南的青山秀水。在张谷旻的笔下，那些在葱郁的林木、幽静的小路环抱下，弥漫着江南水气的古塔、民居、亭台楼阁等，以它们特有的历史厚重和传统文化所张扬的价值和意义对抗着现代化的钢筋水泥，表达着技术化物质社会里人们对小农经济社会的怀恋，诉说着在物质的重压下现代人近乎悲壮与凄凉的宇宙洪荒意识，山水、烟雨、苍林和村郭构建的江南风韵流淌在画面上，也流在人们玄远的想象中。如张谷旻的《秋霁》，很美，但不是那种格式化的疲弱的秀美，而是在清灵秀逸的潇洒中显出厚实和严谨，让人感受到一种美的广远与

---

① 参见贾德江主编《高寅水墨江南·当代著名画家技法解析》，北京工艺美术出版社2005年版，第3页。

深邃。

与江南山水有关的当代雕塑艺术作品也相当丰富。2000 年 11 月，在西子湖畔太子湾公园曾经举办过一个国际雕塑邀请展，展览的主题是"山、水、人"，突出的是自然的诗意。五十五位中外雕塑家，以各自不同的创作手法阐释了自己对环境、对西湖的理解。更值得一提的是我国当代工艺美术大师韩美林近年设计的作品《钱王射潮》。苏东坡诗云："安得夫差水犀手，三千强弩射潮低。"（《八月十五日看潮五绝》其五）传说古时钱塘江潮水在潮神的驱动下凶猛异常，给沿岸农业生产和人民生活带来巨大的灾难，唐末吴越王钱镠为治潮水，于八月十八（潮神生日）带万名弓箭手蓄势以待，当潮神出现时，万箭齐发，潮神落荒而逃，潮水退去，从此以后潮水得以控制。根据这个传说，韩美林设计了巨型雕塑《钱王射潮》，经过六百多人两年多的艰苦创作，2008 年 10 月 21 日在杭州滨江公园正式揭幕。"这尊雕塑，线条粗犷，磅礴气势尽显：钱王头戴战盔，直视前方，弯弓欲射，身下是波涛汹涌的钱江潮水，此时，弓箭手与百姓万箭齐发，凌波而上，怒射潮神；万箭所射之处，一条巨龙，惊慌逃走，两幅画面合为一体，完整反映了钱王射潮的全过程。"[①]《钱王射潮》与已先期竣工的青铜巨雕《钱江龙》遥相呼应，共同构成了钱塘江南岸江际线上的标志性艺术景观。

二　在山水中飞扬的江南丽曲

优秀的音乐应该是对天地正气的张扬，这是中国古典美学中一个很重要的观点。《庄子》中有"帝张《咸池》之乐于洞庭之野"（《天运》）的说法，庄子认为，音乐是人与大自然进行沟通

---

① 余小平：《钱王射潮蠢江岸》，《钱江晚报》，2008 年 10 月 22 日，A4 版。

的最重要的媒介，音乐演奏是人类所从事的一项神圣活动，音乐所建构的是人类精神活动的崇高境界，最为伟大的音乐是人与大自然合作完成的交响乐，是"充满天地，苞裹六极"（《天运》）的"天乐"，因而这样的作品应该在大自然中进行演奏。嵇康在《琴赋》中曾满怀深情地盛赞音乐乃"含天地之醇和兮，吸日月之休光"、"澹乎洋洋，萦抱山丘"。在嵇康看来，音乐超越了个体的喜怒哀乐，表现的是整个世界生生不息的进化精神，最优美的音乐存在于大自然中，人也只有在自然山水间才能真正领悟音乐的妙谛。在魏晋时期，士人们也确实在自己的生活实践与艺术实践中构筑了一个岩泽与音乐共远的世界："啸歌于川泽之间，讽咏于渑池之上，泛滥于渔父之游，偃息于卜居之下"（《梁书·张充传》）；"临池观鱼，披林听鸟，浊酒一杯，弹琴一曲"（《梁书·徐勉传》）；"提琴就竹筱，酌酒劝梧桐"（徐陵《内园逐凉》）。当潘岳的清悲之音、陶渊明的无弦琴趣、萧思话的松石间意、张充的川泽啸歌、徐勉的鱼鸟琴曲在山水间响起时，整个山川美景在音乐的氛围里显得更富于诗意，那置身山水间的人也在音乐的感染下情意缱绻、潇洒高蹈。山水与音乐一起在历史的长河中培育了人们的山水情结，这种情结如同种子一般在一代又一代音乐人的创造中潜相传递，直至今天，它仍然能够开放出奇异的美来。

在当代音乐中，如同在其他艺术形式中一样，曾经占据重要地位的山水元素显得不那么重要了，但它仍然是一种不可忽视的因素和营养，那古典的、婉约的，那被烟雨、垂柳和柔滑而潋滟的波光笼罩的风情，滋润出了当代音乐的江南风格——细腻、华丽、柔婉、妩媚，纵然是慷慨、悲壮与苍凉中也脱不了柔情似水的底子。

江南山水在当代音乐中的价值首先体现在它仍然是众多音

作品直接描绘的对象，如合唱套曲《黄山，奇美的山》（晏明词、香港屈文中曲）、器乐独奏作品《姑苏行》（江渭先曲）、交响乐《西江月》（叶小钢曲）、《云岭写生》（交响音画，李忠勇曲）、小提琴曲《峨眉山月歌》（黄虎威曲）、二胡曲《江南春色》（马熙林、林昌耀曲）、笛曲《秋湖夜月》（俞逊发、彭正元曲）、《涉江采芙蓉》（罗忠熔曲）等。其中《秋湖夜月》取南宋词人张孝祥《念奴娇·过洞庭》的词意，以特制大笛为演奏乐器，大笛深沉、浑厚的低音和飘忽、清澈的高音，把洞庭湖"素月分辉，明河共影，表里俱澄澈"的壮丽景色置入听众的幻海中，江南的千古遗韵、诗人的辽远情思与洞庭湖永不停息的波涛在大笛的抑扬起伏中铸就了"秋湖夜月"的完美意境。

其次，有些作品是在歌唱江南人民渔耕生活的过程中自然而然地融入了江南山水要素。如高胡、扬琴、古筝器乐曲《春天来了》（雷雨生曲）、葫芦丝曲《竹林深处》（杨正玺、龚全国曲）、《枫桥夜泊》（崔新、朱昌根曲）、古琴曲《三峡船歌》（李祥霆曲）、三弦曲《川江船歌》（池祥生曲）、钢琴曲《春江舟影》（储望华曲）、《川江叙事》（郭文景曲）、民乐合奏《东海渔歌》（马圣龙、顾冠仁曲）、合唱音乐《江上的歌》（放平词、郑律成曲）等。其中《春天来了》以福建民歌《采茶灯》为基本素材，表现了江南人民在春天里采茶时欢快的心情和江南山水春意盎然、生机勃勃的情景。《东海渔歌》以浙江民间音乐为素材，以浙东锣鼓为主要乐器，具有浓郁的江南特色。全曲共分四个部分，第一部分"黎明时的海洋"，展现的是大海汹涌澎湃的画面；第二部分"渔民出海捕鱼"，以颠簸激荡的音型表现了渔民愉快出海的情景：渔歌伴着海浪传向远方；第三部分"惊涛骇浪"，表现渔民们在惊涛骇浪中劳作时协调一致、齐心协力的状态，在这部分乐曲中，作者利用浙江民间大鼓——风鼓等打击乐器来模仿大海上的惊涛骇浪，并以之传达江南人民对未来生活饱满的信心；第四部分"丰收欢乐而归"，仿佛是船队在夕阳的映照下，在欢乐的歌声中满载而归，渐渐隐没的歌声象征了渔民们未来美好的时光。整部乐曲以水的动荡激波扬澜，以人的劳作定调调弦，以大江南的欢乐配制乐章，是一部大江南的欢乐颂。当代音乐人范宗沛、林海、彭靖等人将现代乐器与苏州评弹结合在一起，制作了音乐专辑《水色》。苏州评弹沉静、轻盈、舒缓，让你一听，就会在心中丝丝缕缕地牵引出一种清悠、闲雅、处处入画的水色和那"河埠洗衣，廊坊闲谈，倚窗打水，摇船小唱"；"染坊晒布，闺阁绣花，皮影高亢，丝竹悠扬"（《江南水乡》歌词）的江南水乡来，而现代乐器如小提琴、大提琴、钢琴的参与则从传统的美感中生发出强烈的现代感。风靡欧洲的作曲家史志有，以江南音乐为底色，用古老的中国民族乐器古筝、箫、琵琶等调弄出蕴蓄着山水灵气的新世纪旋律，其中《溪山行旅》被中国故宫博物院永久收藏。许多音乐人聚集到西子湖畔以音乐表达他们对江南的深情，如水蓝特意来到杭州演奏《梁山伯与祝英台》（小提琴协曲，何占豪、陈钢曲），在秀山丽水之间，让心灵穿过时光隧道，寻访知音的足迹。

当代音乐家邹毅出生于浙江嘉兴，杭嘉湖的鱼米伴随他度过了童年和少年，这就注定他一生的创作都会散发出江南糯米的清香。青年时期，北国风雪的雕琢和艰难岁月的砥砺，给他生命注入了坚硬的铁质。这种历经水的漂洗和风雪打磨的人生履历，使邹毅的词作既有小桥流水的柔美，又有金戈铁马的壮丽：

> 一个人漂泊在北方
> 艰难而孤独的生活
> 心中充满着忧伤

那段时光、那个地方

总让人难忘、难忘……

啊——那个地方、那段时光……

青春的诗太阳般炽热

至今拿出来还滚烫滚烫……

（《那个地方、那段时光》）

《广袤神奇的热土》、《白山黑水总在梦里头》、《喊山》、《采伐归来》、《伐木酒歌》、《伐木汉子》、《雪花飘飘》等唱出的是邹毅飞扬在白山黑水之上的孤独、忧伤、惆怅和迷惘，而《水乡橹歌》、《船歌》、《水乡妹子》、《爱笑的水乡妹》、《姑苏卖花女》、《问西溪》、《望浙江》、《淌金流银的钱塘江》、《一条江水富一方》等湿淋淋、水蒙蒙的歌则把邹毅窖藏在心底的江南乡情，用吴侬软语，甜甜地唱出：

山把水环抱

水将山缠绕

渔舟烟波里

蛙鸣嬉水鸟……

春山藏寺庙

秋水芦花飘

昔时十里梅

犹在画中笑。

（《重把西溪美景描》）

江南山水中生长出来的江南女孩，在邹毅的作品中是江南的灵果：

蓝头帕、花布褂

小小竹篮手中拎

过石桥、穿小巷

吴侬软语叫卖花:

"白兰花要勿、白兰花……"

姑苏城里白兰花

花白如玉谁不夸

最是好听叫卖声

伴着花香随风撒

(《姑苏卖花女》)

其他如《绍兴怀旧》、《乌镇》、《古镇西塘》、《春到桃花坞》、《最忆是杭州》、《绍兴老酒酒香浓》、《古老的石桥》、《我的父老乡亲不寻常》、《江南老农》等都是邹毅对世代生长在水乡的勤劳善良人民的倾情歌唱。

在当代音乐中,革命歌曲占据了相当大的分量,由于主要红色革命苏区,特别是中央苏区建立于江南山区,所以在反映革命斗争生活的音乐作品中江南山水成为重要角色,如《三湾来了毛委员》(山樵词,焕之、颂刚曲)、《浏阳河》(徐叔华词,湖南省文工团歌舞队改词编曲)、《渔家傲·反第一次大围剿》(田丰曲)、《西江月·井冈山》(晨耕曲)、《洪湖水浪打浪》(竹本和、杨会召词,欧阳谦叔、张敬安曲)、《十送红军》(王庸、朱正之曲)等,它们虽然有的高亢、奔放,富于战斗气势,有的深沉、悲壮,渗透着悲剧的苍凉,有的优美、隽永,充满生活的温馨,却都是朝气蓬勃,给人以奋起的力量。其中《洪湖水浪打浪》影响最广,全国人民,男女老幼几乎都能哼上几句,这样的社会效果首先要归功于电影传媒的强大功能，当电影是最现代化同时也是人们最重要的文化娱乐方式的时候，这首歌出现在电影中自然会受到人们的广泛关注。其次是因为这首歌从湖北沔阳花鼓戏和天门、沔阳、潜江一带的民间音乐素材中汲取了最富有生命力的乐汇，使强烈的乡土气息和鲜明的时代感熔于一炉，从而能够引起人民群众的强烈共鸣。再次，在这首歌中，动人的歌词、穆耳协心的乐调与洪湖那优美的画面触动了人们对人间美好生活的最真挚的爱。在电影中，风姿绰约的女游击队长韩英和年轻的赤卫队员们乘着小舟在洪湖中一边采摘菱藕一边歌唱："洪湖水浪打浪，洪湖岸边是家乡，清早船儿去撒网，晚上回来鱼满舱。四处野鸭和菱藕，秋收满帆稻谷香，人人都说天堂美，怎比我洪湖鱼米乡？"残酷的革命斗争从反面增强了词、曲、画面所表现意境的美感。在 21 世纪红色音乐作品中，根据赣南民歌《长歌》改编的电视剧《长征》的主题歌《十送红军》影响最大，这首歌不仅与波澜壮阔的长征的格调相吻合，而且具有江南民歌缠绵悱恻的特点，与直率、坦荡的信天游《红军哥哥回来了》呈现出迥然不同的格调。歌曲在悲情与凄婉中融入了人的温情、对生活的热爱、对革命坚定不移的信念，将残酷的革命斗争与生动的江南山水、温雅的江南风情组合为一首感人肺腑的红色革命赞歌。总的来说，这些革命歌曲都表现出一种史诗性、抒情性与传统山水意境相统一的当代风范。

　　以江南山水为题材的古典音乐一方面以其本色的格调为当代人所欣赏，另一方面又以改编的形式活跃在当今乐坛上。如《春江花月夜》（民乐合奏曲，秦鹏章、罗忠镕改编）、《夕阳箫鼓》（钢琴独奏曲，黎英海改编）、《荷花赞》（笛曲，王铁锤改编）、《涉江采芙蓉》（歌曲，罗忠镕据同名古诗作曲）等。其中《夕阳箫鼓》原是一首琵琶独奏曲，李芳园《李氏谱》称之为《浔阳琵琶》,1825 年前后,上海"大同乐会"将其改编为民族器乐合奏曲《春江花月夜》,黎英海于 1972 年又把它改编成钢琴独奏曲《夕阳箫鼓》。全曲通过"江楼钟鼓"、"月上东山"、"风回曲水"、"花影层叠"、"水深云际"、"渔歌唱晚"、"洄澜拍岸"、"桡鸣远濑"、"欸乃归舟"、"尾声"十个小标题[①]展现了一幅小舟泛江、水鸟翱翔、波浪击石、花影摇曳、明月穿雾、渔歌欸乃的色彩柔和、清丽淡雅的山水长卷。由于作者在改编后的作品中有意识地将现代人的激情融入其中,加大了节奏和旋律的力度和速度的对比度,从而使全曲既在一定程度上保持了原曲所具有的丝竹管弦弹连暗换之妙,又充分发挥了现代乐器的长处,使乐曲在古朴、典雅之中体现出诗乐画在当代融合发展的活力。

总体上看,江南山水仍然是构建当代音乐的重要元素,其重要性首先表现在主题提炼、旋律运用、调式选择等方面,其次还表现为在表现江南山水这个审美对象的过程中,古今中外的多种音乐质素进行了新的组合,并形成了一种融会了崭新的时代精神和传统文化血脉的音乐新质,而江南,说不尽的江南也因此能够在当代音乐中绵延不绝。

三 白话语言艺术中江南的颜色

在中国现代文学史上,仅浙江作家就占据了中国文坛的半壁江山,出现了茅盾、丰子恺、徐志摩等一大批名家。在当代作家中,江南籍同样是最大的一股力量,赵本夫、周梅森、储福金、黄蓓佳、范小青、朱苏进、夏坚勇、苏叶、苏童、叶兆言、韩东、车前子、朱文,以及随后的毕飞宇、荆歌、王大进、罗望

---

① 方岳民:《〈夕阳箫鼓〉从琵琶曲到钢琴曲的文化衍变》,《音乐探索》2006年第 2 期。

子、朱朱、祁智、朱辉、叶弥、朱文颖、魏微、庞培等都有很深的江南根底。

不过，在这个价值观、审美观多元化的时代，江南在当代作家的笔下呈现的是不同的颜色。首先，古典诗词意境中的江南在当代作家笔下依然延续着自己的生命，江南屋、江南的颜色、江南的水色等依然是作家们常用的词汇、常写的景致和精心赞美的对象，只是描绘它们的语言从对仗工整的文言变成了自由舒展的白话。如湖州作家李浔的江南乡土诗集《又见江南》①，诗集以诗的心灵和眼光，从自然、人生、历史的整体把握中去感受江南，在细腻的描摹中形成独特的节奏和韵律。如其《披着蓑衣白描江南》所云：

　　　江南的蓑衣最先披在唐朝诗人的肩上
　　　雨水打在上面
　　　惊醒了他们一脸的才气
　　　他们赏雨
　　　他们熟悉倒影中湿透的季节
　　　于是三百首唐诗有一半浸在水中②

---

①　曾燕：《李浔诗歌创作论》，《浙江作家》2005 年第 2 期。
②　20 世纪 50 年代曾轰动诗坛的李苏卿创作的新民歌《小篷船》是这样写桨声和乌篷船的：
　　小篷船，装粪来
　　橹摇歌响悠悠然
　　穿过柳树林
　　融进桃花山。
　　该诗见姜耕玉选编《20 世纪汉语诗选》（第五卷），上海教育出版社 1999 年版，第 363 页。

　　当代人对江南的爱一半是因为江南山水的自然形态，另一半是因为江南山水所散发出来的浓郁的文化气息，他们在那种强大的文化力量的感染下来欣赏江南，来思考当代人的生存状态和精神寄托。诗人在欸乃的桨声和采桑女的低吟浅唱声中成长起来，诗的天性得到了充分的滋养，又在历史审美文化的熏陶下获得了丰富的诗性智慧。在他们的诗中，乡土气息和文化底蕴能够交互渗透，形成可靠而牢固的生活与文化根基。高高的屋檐、窄窄的街、瘦瘦的乌篷船、嫩绿的桑树、炊烟缭绕的村庄，构成了江南水乡宁静、安详的乡土风情，飘逸着历史和文化的气息：

> 蓑衣和橹声同样绿得新鲜，
> 这时渔歌会响起，
> 在桑林的深处溅起一些，
> 和乡路一样弯弯曲曲的蚕歌。

（李浔《披着蓑衣白描江南》）

　　一幅幅安详、恬静的农村丰收图，一张张精美的江南水乡画尽收眼底，读来令人满心欢愉，心旷神怡。李浔的江南乡土诗构建了一个属于江南阴柔之美的意象体系，其中有各种庄稼、水中的影、桑、蚕、橹、河流、炊烟、云雨及吴语、民歌等。这些意象使李浔的诗似淡而浓，似浅而深：

> 一手的风雨
> 桑林以及嚼草的耕牛
> 匆匆而过在燕子的倒影里
> 多少的日子
> 多少无法更改的姓氏

在河边陌生……

（李浔《春天，岸上的心事》）

看似简单的语句却蕴涵着丰富的生活感慨，毕竟世易时移，外面的世界发生了太多的变化，一拨拨陌生的人群闯入了宁静的山村，那千百年来不变的景象还能延续多久，这或许是一个让人十分感伤的话题。

在当代小说中，金庸笔下的桃花岛是古典意境江南的一个影子。关于桃花岛，《射雕英雄传》是这样描写的："船将近岛，郭靖已闻到海风中夹着扑鼻花香，远远望去，岛上郁郁葱葱，一团绿、一团红、一团黄、一团紫，端的是繁花似锦。"在东南沿海，如此这般的小岛很多，如拍摄这部电视剧的外景散花峰就是其中之一，散花峰林木茂密，有青枫、红楠、枫香、香樟、桧柏、水杉、毛竹遮天蔽日，桃树、李树、柑橘和葡萄等果木连缀成片，自然生长的各色花卉随阴晴风雨变幻万千。小说中的桃花岛是中国武文化与山水审美文化相结合的产物，东邪黄药师和他天使一般的女儿黄蓉把武术化成了一种艺术，而他演绎这种艺术的背景便是桃花岛。在金庸的武侠小说中，正如人物形象被神化一样，自然环境也成为农业时代生存环境的极致，成为古典浪漫主义情调的象征。

由广西师范大学出版社出版的胡旭东的散文集《江南访古》更为直接地把江南推进了一种历史文化想象中，扬州文化、徽州文化、金陵文化等构成的水乡文化正在淡出今天的生活，而只是作为一种文化符号和精神意蕴活在人们的理念世界中。曾经诱惑了无数骚客士子的敬亭山，李白当年独酌邀月、横江赋诗的采石矶，文天祥长啸悲歌的娥眉亭，堪称千古文化驿道的南陵，被称为"江南第一村"的泾县茂林，还有姑苏城外的枫桥寒山寺等，在胡旭东的眼中，它们都成了通往古代的时光隧道，成了散落在江南大地上的片片诗页。

其次，面对着江南山水所承载的古典美的逐渐消逝，一些作家将这个时代的留恋、遗憾、无奈，甚至绝望的情绪编织成了一首首古典江南的挽歌。在这方面，林彦的散文值得一提，他的作品虽然数量不多，仅有一部散文集《门缝里的童年》，但很有代表性。在林彦笔下，几乎都是小桥流水式的江南景物，这些景物习惯上被文人用来传达一种温润、精致的情绪，原不宜承载那种孤峭、突兀、困顿、绝望的心绪，那原本会破坏古典江南在人们心中已经定型的典雅之美。把圆润婉转的江南景致和棱角分明、狷狂偏执的少年意气两种对立的因素放到一起，人们一眼就看出其中的不和谐，然而，林彦硬是能够使两种看似不相融的东西水乳交融般地结合在一起。林彦之所以能够成功地做到这一点，主要得益于他对现实环境感受的敏锐性，他以自己细致敏锐的感觉能力从江南小巧、优美、雅致的景色里，剥离出冷峻、峭拔和孤危的一面，从富有平衡性的美感里发现其中的不平衡、不和谐，然后以其冷峻、悲怆的性格加以润色，从而形成了他笔下别致的景物：

> 栖镇好像蛰伏在水墨的色调里，水是无色的白，将小镇的街织成网。街檐下小船穿梭，船篷和屋檐一律是墨迹淋漓的黑。黑白之间横着灰黯的单孔石桥，是路的过渡也是颜色的过渡。（《门缝里的童年》）
>
> 雨在江南其实是有点春秋不分的，一样的细，一样的酥，像炊烟迷茫，像无处不在的网，像廊檐下风吹来的二胡，如泣如诉牵扯不断。秋雨褪掉的只有颜色，水瘦了，芭蕉剩下寂寞的叶子，深巷的屋顶远看像乌沉一片的船，一层

层浮在空白的烟水中。(《雨蝶》)

临河只有一棵苍黑的苦楝，幽深逼仄的鹅卵石街道从岁月深处蜿蜒而来，安卧在苍茫的烟雨里。年复一年被时光撕掉的古典江南在枫桥边还残留着最后一页。(《夜别枫桥》)

林彦的笔调是冷的，他笔下的景物似乎只有黑白二色，如同水墨画，或者黑白电影，一切景物只剩下勾勒轮廓的线条，而这些线条的质感和硬度，恰恰和他峻峭的、无处不在的、伤痛的情绪相吻合。他也会写被雨淋湿的樱桃，但那黑白背景之上的一点耀眼的猩红，不是喜庆，而是凄艳。他写江南烟雨的迷离、牵扯不断，写苏州脉脉的流水，无不折射出他迷惘、无奈、充满哀愁的内心[1]。在我们这样一个拒绝诗甚至敌视诗的时代，一颗温热的诗心大概感受最强烈的就是外面世界的冷峻，在温暖的江南山水中，他想到的却是深秋的冰凉，面对明媚的江南山水，他看到的却是一个渐渐远去的模糊的印象。

再次，以江南山水为背景展开对江南文化的反省和批判，也成为众多当代作家的"爱好"。一种审美文化要具有活力就必须具有自我批判的能力，江南虽好，也毕竟不是真正的天堂，特别是以古建康、古临安为代表的几代"废都"，都给江南注入了偏安、悲观、惊惧和纵情声色的文化因子，这种与江南山水有着深刻历史渊源关系的颓废文化因子理应受到否定和批判，同时我们也相信，这种批判越是深刻、有力，那么江南文化在今天也就越能显示出其明媚、温暖的一面。在对江南文化的批判上，作为江南子民的苏童的作品可谓力透纸背。苏童笔下的江南雅致、精巧、缠绵："正是雀背驮着夕阳的黄昏，和尚桥古老而优美地卧

---

[1]　李东华：《林彦散文：文思如星珠串天》，《文艺报》，2008 年 2 月 23 日。

于河上，状如玉虾，每块青石都放射出一种神奇的暖色。而桥壁缝里长出的小扫帚树，绿色的，在风中轻轻摇曳。"（《南方的堕落》）类似于和尚桥的江南景物，如枫杨树、桂花树、罂粟花、小溪、青石、竹林、青粽叶等都会在特定的语境下透露出故乡的温暖，它激发青春的活力与梦想，让心灵产生一种无法抗拒的依恋。然而，与雅致、精巧、缠绵相伴而生的是忧郁、脆弱、阴冷、腐朽的没落气息，它与气候和环境相一致，又扎根于千年文化糟粕之中，破旧丑陋的排房、苍蝇飞来飞去且带有霉菌味的空气、体型矮小面容萎缩出没在黑洞洞的窗口里的街坊、阴险毒辣饮人精血的财主等让人厌恶和诅咒。在这类形象中，"梅家茶馆"的象征意义最为丰富："茶馆很容易让一个少年联想到凶杀、秘密电台、偷匿黄金等诸如此类的罪恶。我的印象中茶馆楼上是一个神秘阴暗的所在。我记得一个暮春的傍晚，当我倚在桥上胡思乱想的时候，那排楼窗突然颤动了一下，许多灰尘从窗根上纷纷舞动起来。吱呀一声，面对我的一扇窗子沉重地推开了，一个男人出现在幽暗的窗边，我记得他的苍白浮肿的脸，记得他戴着一只毛茸茸的耳朵套子，滑稽而不合时令。桥与茶馆紧挨着，所以我的僵傻的身体也与他的一只手离得很近，我看见了他的手，一只干瘦的长满疤瘢的手，像石笋一样毫无血色，抠着窗框，每根手指都在艰难地颤动。"（《南方的堕落》）这种与古老的苏州相伴的罪恶与腐朽在苏童的心中造成了太深的印象，所以苏童有时会对江南产生莫名其妙的敌意，好像是对苦涩的中药的那种感情，如他自己所云："所有的人与故乡之意都是有亲和力的，而我感到的则是我与故乡之间一种对立的情绪，很尖锐。"（《南方精神》）苏童生于苏州，长于苏州，对江南别有一种爱恋，虽然在作品中经常流露出厌恶的情绪，但这却是爱之深、恋之切，是面对一个腐败而充满魅力的事物时所具有的那种"哀怒"之情。江南在苏童的小说世界中幻化为两个主要地理标志：枫杨树村和香椿树街。两者都是作家虚构的故乡，围绕这两个地理坐标又形成了各自的小说系列。尽管有一些作品不是以这两个地方为背景，但是依然没有超出"南方"这个国度。

对江南的感情，潘维与苏童颇多相似之处，不过，潘维对江南既陶醉又恐惧的复杂感受中更多了些来自于现代丑恶势力的压抑感和危机意识，把江南山水与人性、幻美、道德、暴力、权力和历史等糅合在一起，用诗的语言进行了一种百科全书式的批注。在《遗言》中，潘维曾充满诗情画意地描述自己归宿太湖的心愿：

> 我将消失于江南的雨水中
> 我将消失于一个萤火之夜……
> 我将带走一个青涩的吻
> 和一位非法少女……
> 如一对玉镯，做完尘世的绿梦，在江南碎骨……
>
> （潘维《遗言》）

在江南碎骨，被雨水冲进泥土中，让自己的魂永驻江南，与太湖共存。这是对江南怎样的爱呀？然而，在这种深爱中又似乎总是隐藏着一种不安：

> 我的情人，我称她为玻璃俘虏
> 透明的恐惧和宁静的火反复交替出现
> 像金环蛇和银环蛇结成的锁链
>
> （潘维《遗言》）

美丽的太湖不仅是情人，而且是棺材，是空旷的广场，是溃逃者的后门，是气象万千、机关算尽的繁荣，是散成碎片的线装书。江南是诗人甜蜜依恋的幻美对象，是水，是梦，是镜子与精神的国土，又是诗人反讽与自我消解的平台，是冷酷，是罪孽，是邪恶，是残暴与耻辱灵魂的荒原。总之，由于现代审丑精神的全面渗透，在当代诗人和作家的笔下，江南已经不再是一个像古典时代那样被倾情赞美的对象，而成为一个呈现着多重色彩的多棱体和有着迷宫一般结构的"立体交叉花园"（沈健《液体江南：汉诗地图中的一个陆标》）。

四　影视传媒释"江南"

现代传媒在构建当代审美文化的过程中全面介入和渗透，江南山水作为支撑当代江南审美文化的重要因素自然不会为现代传媒所忽视，在今日的文化市场上经常可以看到影视传媒与江南山水相结合再现江南历史和社会生活情景，反思江南传统文化，重塑江南形象和阐释江南现代意蕴的审美文化产品。

意境"江南"：由诗人杨晓民撰稿，洪眉和周亚平执导的文化系列电视片《江南》把构建完美的意境作为自己最基本的艺术手法和审美追求。《江南》电视片把如诗的解说词与优美真实的画面相结合，将抒情、叙事与思辨融为一体，从生活到艺术，从自然到人文，全方位、多角度地展现了江南的意境魅力。《江南》电视片共十集：在水一方、水源木本、人景壶天、莲叶田田、烟雨青山、民间故事、吴歌越调、青梅煮酒、桨声灯影、朝花夕拾。且不说影片中那一个个生动的画面是怎样的美妙，单从每一集的命名观众就可以约略窥见其纯粹的文化品质和卓越不凡的审美意趣，它们就像一粒粒宝石，被连缀成串，宝光四射。片中的解说词不愧出自诗家手笔，有诗有思，诗思丰盈，娓娓动听。解说者好像不是在解说画面，而是要用当代话语把从古到今歌咏江南的诗词重新解读一遍："水流在水里，风淡淡地吹着风"；"在朴实无华中超凡脱俗，在超凡脱俗中返璞归真，这水做的江南，这江南的流水啊"；"怡然自乐的徽州人啊，日出而作，日落而息。行到水穷处，坐看云起时"。面对江南，诗人似乎打开了自己寻找多年的语言宝库，尽情挥洒情感，奢侈地消费词语，而观众对此竟毫无怨言，因为在人们的心中有一个共同的声音："爱死你了，江南！就让这爱的语言在江南的天地里尽情地舞蹈吧。"

　　江南的一切都是美的。自然是美的，从西湖到太湖，从钱塘江到长江，从庐山、吴山到九华山，镜头在不停地转换，每到一处便是一片诗情，这片片诗情最后叠积成一首抒怀的巨制长篇。人是美的，从落寞凄凉的西施到红极一时的"秦淮八艳"，从落魄的"秦淮寓客"吴敬梓到领袖文坛的袁枚，还有白居易、苏东坡、徐渭、唐伯虎、黄飞鸿这些浪漫才子，构成了一道道绮丽的江南人文奇观。物是美的，从名不见经传的茶馆、老街到象征江南文明的宁波藏书楼天一阁、大名鼎鼎的鲁迅故居，从戴望舒笔下的"雨巷"到童谣中的"外婆桥"，从乌镇的"拷花布"到绍兴的紫黄老酒，无不体现出江南的古朴、轻柔与优雅。在江南，甚至连战火的燃烧，血与泪的苦难也给人美的震撼：当日本人打进上海的时候，周庄人搞了一次特殊的"划灯"，"一条火龙在水上行走，它要告诉人们，这是我们的家园，在这里，水也能燃烧。"造型奇、质地精、雕刻美的牌坊后面，那烈妇贞女"天涯信阻暗凝愁"（汪韫玉《鹧鸪天·听雨》）的辛酸与凄凉也透着一种沧桑美（在电视剧《徽州女人》中，也把一个隐藏在"御赐"牌坊后面的徽州女人的辛酸故事讲得如泣如诉，如歌如赋）。从技术层面看，如果说千百年来描绘江南的诗词歌赋只能让江南活在人们的想象中，那么，电视片《江南》则能够在语言与流动画面的完美结合中使一个完美的理想的江南直观地呈现在观众面前，把图像信息的技术优势发挥得淋漓尽致。从实际接受效果来看，这部电视片不仅通过电视镜头加深了人们对经典化的"意境"江南的印象，而且彰显了全球化时代多元文化中的"中国元素"，让世界更直观地了解了什么是"江南"，更真切地感受到了中国传统文化的独特内涵和无限魅力。

剑花"江南"：由阎建钢、范冬雨共同执导的电视剧《剑出江南》是现代人对江南的另一种解读：江南是美的极致、情的极致，同时也是人们用尽心计、以命相搏的角逐场。剧情以南昌为中心在江南地区展开。作为大明王朝忠诚卫士的锦衣卫首领俞昊成与图谋天下的宁王朱晨濠之间明争暗斗，互相渗透，出类拔萃的青年才俊慕容真和徐鹤便是他们分别打入对方要害部门的卧底。慕容真为了完成使命负尽红颜，徐鹤为了自我拯救不惜让心上人踏上不归路。剧中还为一代大儒王阳明留足了戏份，不过，这位儒雅的心学大师似乎并没有为那些刀光剑影的场面带来多少温和的气息，为了帮助大明度过劫难，为了那万户炊烟每天照常升起，他不惜在美丽的江南山水间大开杀戒。随着冰冷的剑花飞扬，是一声又一声的惨叫，一个个鲜活的生命如缕缕云烟消散。如同电影《剑花烟雨江南》中表现的那样，江南原来冷艳而高傲，是一种血花飞扬的绚丽，是一个美轮美奂的角斗场。如果说古典诗词中的江南是"日神"照耀下的江南，那么现代影视中刀光剑影里的江南则是一个洋溢着"酒神"精神的江南。

由台湾中华电视公司出品的古装电视剧《烟雨江南》，具有台湾电视剧特有的剧情曲折、抒情性强的特点，使江南的柔情与血腥这种两面性被表现得更为入情入理。柳如烟、萧天雨、钱塘江、杜剑南，这烟、雨、江、南本为手足兄妹，但因家国变故而离散，长大以后，在各种机缘和误会的撮合下，四兄妹之间发生了无数传奇故事。老大杜剑南为江南八侠收留，成长为一个武功高强的反清领袖。老幺萧天雨做了康熙的干儿子，又接受了无相大师的平生所学，效忠于朝廷。作为反清领袖的杜剑南与作为康熙派往江南消灭抗清力量的钦差大臣萧天雨之间注定要有一场激烈的冲突与较量。杜剑南作为江南大儒杜公甫的长子，代表了江南文化和南方反清势力，萧天雨代表了那些因种种原因不得不辅佐满清而又内心里倾向于汉人的清初汉族官员，无相大师的作用是宗教力量的体现。表面上看，康熙主宰着一切，满清取得了统一中国的最后胜利，实际上是各方势力最终达成了妥协。康熙对杜剑南的赦免是清廷与中原、江南文化相互渗透、融合与妥协的一种结果。《烟雨江南》通过展现在江南地区展开的流血斗争与缠绵柔情，诠释了当代人对江南文化地位的新视界，显现了江南在中华文明发展的历史长河中所发挥的巨大作用，以及中华文明因江南而获得的强大活力。也许这便是那些热闹的武打场面背后的"门道"吧。

浪漫"江南"：大陆与台湾合拍的电视剧《新白娘子传奇》用现代科技在江南山水间重新演绎了古人的浪漫，并且取得了巨大的成功。从 1992 年首播到今天，无数次重播，占尽人气，观者甚众。平心而论，这部电视剧瑕疵也不少，过多的穿帮镜头，女扮男妆给人的别扭感觉等。但是考虑到这部电视剧持续地影响了几代人的价值观、审美观，给无数观众，特别是数以百万计的青少年儿童留下许多美好的回忆，我们不能不承认它是中国当代电视剧创作史上的一次奇迹。造成这一奇迹的原因是多方面的，演员的出色表演、对中国古代三大传奇之一《白蛇传》的依托、深厚的国学底蕴和民间故事色彩等，除此之外，便是江南那诱人的湖光山色以及西湖所具有的巨大文化魅力的融入。故事发生于江南腹地的杭州、苏州和镇江，这是中国最美丽的三个城市，仅此已足以对浪漫、唯美的观众产生巨大的吸引力了，更何况那"千年等一回"的凄美的爱情想象让这里的一山一水、一草一木都将自身传情达意的功能发挥到了极致。剧中插曲有不少直接咏赞西湖，引发人们对西湖的爱恋之情，如"西湖美景三月天，春雨如酒柳如烟"（《渡情》）。有的歌词不直接咏赞西湖，而是借西湖所特有的氛围把爱情戏推向高潮，如其主题歌《千年等一回》："雨心碎，风流泪，梦缠绵，情悠远，西湖的水我的泪。"一唱三叹，古意盎然，亦真亦幻，扣人心弦。唱着这些歌，看着如西子般妩媚的西湖画面，仿佛吟着《望海潮》的柳永、携着阮郁的苏小小、正要和梁山伯一起化蝶的祝英台等，都要争着向观众讲述他们的浪漫故事。《新白娘子传奇》是千百年来江南的浪漫、温情与优雅在电视画面上的精彩演绎，对于青少年观众而言，它符合一个稚气的心灵对爱情的美好想象，而对于成年观众而言，它更能唤起人们对江南浪漫历史的记忆，所以这部电视剧老少皆宜，经久不衰。在今天，如何让传统文化中的浪漫江南从诗词歌赋和文献资料中走进现代人的生活，更加符合现代人"人性化"的要求，更好地满足图像信息时代社会的审美趣味，这是一个需要不断探索的问题，从《新白娘子传奇》的接受效应上看，我们可以说它不失为一个相关创作方面可以借鉴的典范。

魔鬼"江南"：由毕飞宇编剧，张艺谋导演的电影《摇啊摇，摇到外婆桥》是对"江南"的一个意味深长的反讽。影片通过人物与人物、环境与环境、人物与环境之间的多重对比和映衬，使观众看到了"旧社会一个毛孔里渗出来的血"（电影《大鸿米店》画外音），看到了江南潮湿、血腥和肮脏的一面。上海滩，这个当时中国最富足、最发达、最新潮、最浪漫、最腐败和最险恶的地方，群魔乱舞，他们（如上海滩红极一时的歌妓小金宝）或许曾经是朴实善良的，但最终都被上海滩变成了寡廉鲜耻的魔鬼。

故事的下半部分转移到了一个江南小岛上，这里具有江南山水的典范美质："太阳偏西了，照耀出秋白苇叶的青黄色光芒。天空极干净，没有一丝云彩，蓝得优美、纯粹，蓝得晴晴朗朗又湿湿润润。天空下面的湖面碧波万顷，阳光在水面反弹出活泼的波光。"（毕飞宇《上海往事》）在这个被如梦如幻的芦苇丛包围着的略显荒凉的小岛上，生活着童年的阿娇，她单纯、清秀、明净，就像这里的山水一样。她唯一会唱的歌是："摇啊摇，摇到外婆桥，外婆叫我好宝宝。又会哭，又会笑，两只黄狗会抬轿。摇啊摇，摇到外婆桥，桥上喜鹊喳喳叫。红裤子，花棉袄，外婆送我上花轿。"与唱着《假正经》的小金宝相比，唱着童谣的阿娇就是天使。阿娇的童谣小金宝也会唱，是小时候外婆教的。联想起小时候的小金宝，人们自然会想到上海滩把一个天使变成了魔鬼。从阿娇身上小金宝看到了自己童年的影子，阿娇的纯洁、善良与美丽终于唤醒了她一点做人的良知。上海滩黑帮老大在这个远离尘世的小岛上演绎了一出出血腥屠杀的丑剧后终于离开了，而小岛依然保持着她迷人的美："小岛被新鲜的太阳照耀得安详宁静优美娇艳，万顷水面烟波浩渺，天高水回，上上下下都干干净净……"（毕飞宇《上海往事》）污浊的上海滩与纯净的江南小岛、奢侈糜烂的小金宝与清纯善良的阿娇、残忍奸诈的黑帮老大唐大爷与朴实厚道的乡巴佬儿少年唐水生，这些看上去十分矛盾的景致和人物似乎很自然地凑到了一起，但却又使人必然地去进行美与丑的对比，这或许是要向观众传递这样的信息：江南不是天堂，或者说天堂里有天使也有魔鬼。

革命"江南"：江南在中国现代史上的地位与它所具有的气势磅礴的革命精神息息相关。二十六集电视剧《新四军》就是一部以表现江南人民奋起抗日为主要内容的革命史诗。剧中最为震撼观众心灵的是皖南事变中新四军将士在深山密林中悲壮突围的场面。在皖南的崇山峻岭之中，在当年李白"俱怀逸兴壮思飞"（《宣州谢朓楼饯别校书叔云》）的不远处，蒋介石制造了中国历史上的"千古奇冤"，曾经令日寇闻风丧胆的九千多新四军将士被自己的同胞残酷屠杀，血流成河的场面仿佛就在眼前，而新四军将士则以自己英勇无畏的抗争书写了现代革命史上的"江南一叶"。二十四集电视剧《长征》也是以表现江南地区的革命斗争为重要内容的优秀剧作。江南优美的自然环境为艰苦的革命斗争增添了不少浪漫主义色彩，特别是在那首感人肺腑的主题歌《十送红军》的渲染下，这种色彩更是浓郁。但是，青山绿水毕竟掩不住战争的残酷与惨烈，在中央红军气壮山河的长征路上，仅湘江一役，就有五万江南儿女献出了自己宝贵的生命。江南人民的流血牺牲让观众真切地感受到江南不仅有"小桥、流水、人家"的温馨，更有钱江大潮的波澜壮阔，还有"马蹄声碎，喇叭声咽"（毛泽东《忆秦娥·娄山关》）的苍凉。也许编剧并无意作这样一种对比和启迪，然而，真实的现代中国革命史所昭示的正是这样一个江南：从湘江到皖南，经过革命战争洗礼后的江南，青山更青，枫叶更红。

在新中国成立后，江南的革命并没有停止。根据苏童同名小说改编，由范小天、王永执导的电视剧《红粉》对江南文化中最丑陋的妓院文化进行了否定和批判，多方位地展现了新中国成立后在中国共产党和人民政府领导下彻底铲除妓院这颗毒瘤的伟大的文化革命的意义。这部电视剧是与当代文化领域对江南文化进行反省和批判的浪潮相呼应的。新中国成立初期，妓院和妓女遍布全国各地，但《红粉》却把斗争的主要矛头指向了江南腹地，这是因为江南的娼妓制度历史悠久，娼妓文化最为发达。江南娼妓制度的根除不仅使江南水乡重新焕发出青春的活力与明媚，而且也象征着新中国已经步入了她最为光明与纯洁的时代。与小说相比，电视剧一扫苏童对江南所惯有的那种"哀怒"之情，显示了对一个新时代的十足的信心和希望。

爱在"江南"：说到以爱为主题的江南题材电视剧，不能不提到根据当代台湾女作家琦君的同名小说改编的二十五集电视剧《橘子红了》，这是当代人书写的又一首江南情歌，它向人们昭示："江南"因爱而美丽。导演李少红将旖旎迷人的江南风光与清新婉约的"少红风格"相结合，在人间天堂苏州演绎了一段从头到尾都弥漫着灵秀之美的江南梦。由粉墙黛瓦、雕梁画栋组成的古老的江南深宅大院，由典型的江南美女周迅扮演的清水芙蓉般的江南少妇，在摇曳的芦苇中烟雨朦胧的湖沼，那凄苦得让人洒泪、幽怨得让人肠断的爱情，还有那一片苍翠欲滴而又金光闪闪的江南橘园，共同构成了一首题为"橘子红了"的江南组诗。剧中主人公秀禾与耀辉一见倾心，那一片橘园便成了他们放飞爱情的地方，漫山遍野的橘香正是他们爱情的芬芳。虽然他们带着没有子嗣的缺憾，虽然他们为飘飞的情感痛彻心扉，但爱却如同一道美丽的彩虹，永远地镌刻在了彼此的心扉。其实爱本身就是最美好的结局，岁月的河水可以冲刷掉一切，唯有冲不掉的是爱，它会永远地沉积在生命之河的底层，而且越积越厚。橘子红了又落了，落了又红了，走出电视剧的观众好像经历了一番《失乐园》般的痛楚，悲怆中裹挟着缠绵的忧郁。有的评论家说作者太过于怀旧了，虽无贬义却不解怀旧的本质乃是对爱的思念，对爱的期待，所以怀旧的人多是善良和多愁善感的性情中人。李少红是琦君的知音，她和琦君一样地怀旧，也一样地深深地爱着江南，同时又通过自己的作品把对江南的大爱撒向人间。爱，这是我们这个时代人道主义精神的核心，而美丽的"江南"不仅接受着爱，浸透着爱，而且也注定是一个理想的传达爱的使者。

广角"江南"：伴随着中国对外开放的步伐，江南走向了世界，成为国人反思自我，认识世界的一个坐标。冯小刚和陈国富导演的2008年贺岁片《非诚勿扰》，大约有二十分钟的镜头是在展现杭州的西溪湿地，其中两个镜头堪称经典，其一是：绵邈碧水，蔼蔼烟树，数间茅舍，一艘挂着灯笼的摇橹船缓缓地溯流而上，在静谧的西溪中摇向远方，咿呀的橹桨声中还隐约着古人的声音："西溪，且留下！"这是一种纯正的江南韵味，是历史的江南在今天的延续。其二是：一片湖沼，两把钓竿，几枝芭蕉，数幢别墅，还有一对为爱情而憔悴的男女，这一片略具野味的城中山水，象征了当代人孜孜以求的江南梦境和生活理想。影片还向观众展现了另一处迷人的自然风光，日本的北海道，其中也有两个镜头很有代表性，其一是：清澈的升腾着雾气的天然温泉池，青草与树丛间隐约的怪石，日式木屋，还有广阔的阿寒湖，这是一种美得让人敬畏的异域风情。其二是：火山、森林、大海、悬崖、透明的空气，还有从鄂霍次克海上吹来的阵阵清凉海风，这里除了那种纯净的自然美以外，似乎还有一种演绎浪漫与爱情的天然韵律。杭州与北海道在中国和日本都是具有代表性和象征性的风景区，导演将其置于同一部影片中充分展示，显然是一种刻意的对比，也许这种对比仅仅是为了让不同风格的自然风光来增强故事的美感，冲击观众的视觉神经。确实，观众看完影片首先发出的感叹是：杭州真美！北海道真美！几年前，张艺谋在拍完《英雄》后曾经说，人们可能会忘记这部电影，但却会记住在一片金黄的树叶里对打的两个穿红衣服的女人。据此推论，显然不能排除《非诚勿扰》的那种唯美的艺术追求。不过，就这种对比的效果而言，如果仅仅以"美"论之似乎未尽其详。首先，在《非诚勿扰》中，这两地景观代表了两种不同类型的美，西溪呈现的是中国传统美学所推崇的那种生活化的和合、优雅与朦胧之美，而北海道具有的则是日本传统文化所欣赏的那种凄清和神秘之美。其次，这两处风景显示出不同的象征意义，导演让男主人公秦奋在西溪与佳人结缘，并暗示这里将是他们未来的栖居地，但却安排女主人公梁笑笑在北海道从悬崖上纵身跳向大海来结束那一段挥之不去的凄绝爱情。所以，我们可以说西溪之美象征着生活的快乐与安逸，北海道之美则跨越了生活的此岸性，具有令人敬畏的宗教意味。通过这种对比，"江南"超越了国度，进入了国际视野，成为国人心目中世界景观的一种底色。

总之，"江南"虽然是一个在传统文化中已经定型的，象征着优美、文雅、富裕和浪漫的经典形象，但是，当代影视凭借其强大的视觉表现优势，以及与现代视野、价值观念、审美理念等紧密结合的优势，成功地对"江南"形象进行了改造和重塑，使"江南"从一种古典美的极致转化为一个富于现代韵味的多面立体的审美形象。

在对江南山水与中国审美文化生成的关系进行了繁杂而细致的辨析后，我们十分清楚地看到，优质的山水环境是中国山水审美文化发达的根据，在古代农业社会，山清水秀、渔歌互答的情景随处可见，我国的山水审美文化才如长江大河般浩浩荡荡一路向前。但是，今天我们正在一点一点地失去这个根据，我们一方面不辞辛苦地走向云南的原始森林、走向川藏交界处的横断山区去寻找与大自然亲密接触的机会，另一方面又为了一时的经济利益对身边尚存的一片清纯山水肆意糟蹋，不难想象，当人们对山水的那份亲情和责任日益淡漠甚至丧失的时候，山水审美文化的衰落将成为一种必然。今天仍然有不少人在赞美江南，但我们注意到，人们在赞美之余多了一份哀怨，像古人那样赞美眼前江南的人少了，而在江南的历史中幻想的人却多了。在我们这个时代，讴歌江南的声音一天比一天弱了，描绘江南的色彩也一天比一天淡了，这让我们深深地焦虑和悲哀。过去，江南人嘲笑北方的自然环境恶劣，称其"百里全无桑柘树，三春哪见杏桃花"（葛熙存《诗词趣话》卷3），江南人在粗简的北方生活方式面前有一种优越感，说实在这种优越感有点狭隘，但我倒是期望江南人永远都能在整个世界面前保持着那份优越感，因为那意味着美丽的江南获得了永生！

参考书目

一　古代论著

1. 《春秋》
2. 《庄子》
3. （东晋）葛洪：《抱朴子》
4. （南朝）宗炳：《画山水序》
5. （南朝）顾恺之：《画云台山记》
6. （北朝）郦道元：《水经注》
7. （西汉）东方朔：《五岳真形图》
8. （东汉）赵晔：《吴越春秋》
9. （南朝）萧绎：《山水松石格》
10. （唐）李大师、李延寿：《南史》（卷76）《隐逸》
11. （唐）王维：《山水诀》
12. （唐）杜绾：《云林石谱》
13. （唐）陆羽：《茶经》
14. （唐）许嵩：《建康实录》
15. （唐）荆浩：《笔法记》
16. （唐）李成：《山水诀》
17. （唐）李昉等：《太平广记》（卷236）

18. （北宋）孙光宪：《北梦琐言》

19. （北宋）陶谷《清异录》

20. （北宋）郭熙：《林泉高致》

21. （北宋）米芾：《画史》

22. （北宋）惠洪：《冷斋夜话》

23. （北宋）韩拙：《山水纯全集》

24. （南宋）张敦颐：《六朝事迹编类》

25. （南宋）李心传：《建炎以来系年要录》

26. （南宋）赵孟頫：《松雪论画》

27. （南宋）赵孟頫：《兰亭十三跋》

28. （南宋）黄公望：《写山水诀》

29. （南宋）范成大：《吴船录》

30. （南宋）范成大：《吴郡志》

31. （南宋）施宿、张淏等：《嘉泰会稽志》

32. （南宋）张铉：《至正金陵新志》

33. （元）汤垕：《画鉴》

34. （明）张璁：《嘉靖温州府志》

35. （明）唐锦：《龙江梦余录》

36. （明）郎瑛：《七修类稿》（卷5）《五山十刹》

37. （明）王世贞：《弇山园记》

38. （明）王稚登：《国朝吴郡丹青志》

39. （明）王士性：《五岳游草　广志绎》

40. （明）董其昌：《画旨》

41. （明）张翰：《松窗梦语》

42. （明）计成：《园冶》

43. （明）唐志契：《绘事微言》

44. （明）文震亨：《长物志》

45.（清）笪重光：《画筌》

46.（清）石涛：《画语录》

47.（清）李渔：《芥子园画传·序》

48.（清）李渔：《闲情偶寄》

49.（清）王夫之：《薑斋诗话》

50.（清）王夫之：《明诗评选》

51.（清）王夫之：《古诗评选》

52.（清）王夫之：《唐诗评选》

53.（清）王夫之：《楚辞通释》

54.（清）叶燮：《假山说》

55.（清）汪琬：《姜氏艺圃记》

56.（清）廖燕：《刘五原诗集·序》

57.（清）王概：《芥子园画传》

58.（清）袁枚：《随园诗话》

59.（清）沈宗骞：《芥舟学画编》

60.（清）钱泳：《履园丛话》

61.（清）陈梦雷：《古今图书集成》（第132册）

62.（清）娄近垣：《龙虎山志》

63.（清）沈垚：《落帆楼文集》（卷24）

64.（清）郑绩：《梦幻居画学简明》

65.（清）顾禄：《清嘉录》

66.（清）袁景澜：《吴郡岁华纪丽》

67.（清）范濂：《云间据目抄》

68.（清）夏仁虎：《秦淮志》

69.（民国）王国维：《宋元戏曲史》

70.（民国）胡道静、陈莲笙、陈耀庭等：《道藏要籍选刊》
（第7册）

二 古代文艺作品

1. 《山海经》

2. 屈原:《离骚》

3. (南朝) 孙绰:《游天台山赋》

4. (南朝) 谢灵运:《山居赋》

5. (南朝) 刘义庆:《世说新语》

6. (南朝) 沈约:《宋书·谢灵运传》

7. (南朝) 陶弘景:《寻山志》

8. (唐) 姚思廉:《梁书·处士传》

9. (唐) 白居易:《太湖石记》

10. (唐) 柳宗元:《永州八记》

11. (北宋) 欧阳修:《有美堂记》

12. (北宋) 苏舜钦:《沧浪亭记》

13. (北宋) 陈舜俞:《庐山记》

14. (北宋) 沈括:《梦溪笔谈》

15. (北宋) 苏轼:《记游庐山》

16. (北宋) 郭茂倩:《乐府诗集》

17. (南宋) 陈田夫:《南岳总胜集》

18. (元) 杨维祯:《西湖竹枝词》

19. (元) 辛文房:《唐才子传·方干小传》

20. (明) 施耐庵:《水浒传》

21. (明) 罗贯中:《三国演义》

22. (明) 袁宏道:《袁宏道集笺校》

23. (明) 袁中道:《珂雪斋集》

24. (明) 钟惺:《隐秀轩集》

25. (明) 钟惺:《梅花墅记》

26. （明）冯梦龙：《情史·王生陶师儿》

27. （明）冯梦龙：《山歌》

28. （明）冯梦龙：《叙山歌》

29. （明）冯梦龙：《警世通言》

30. （明）谭元春：《谭元春集》

31. （明）周清原：《西湖二集》

32. （明）艾衲居士：《豆棚闲话》

33. （清）钱谦益：《钱牧斋全集》

34. （清）张岱：《陶庵梦忆》

35. （清）张岱：《西湖梦寻》

36. （清）叶燮：《滋园记》

37. （清）叶燮：《二取亭记》

38. （清）孔尚任：《桃花扇》

39. （清）古吴墨浪子：《西湖佳话》

40. （清）陆次云：《湖蠕杂记》

41. （清）曹雪芹：《红楼梦》

42. （清）袁枚：《随园记》

43. （清）沈复：《浮生六记》

44. （清）龚自珍：《辛亥杂诗》

45. （清）魏源：《魏源集》

46. 姜彬主编：《江南十大民间叙事诗》，上海文艺出版社 1989 年版。

三　今人论著

1. 卜工：《文明起源的中国模式》，科学出版社 2007 年版。

2. 陈江：《明代中后期的江南社会与社会生活》，上海社会科学出版社 2006 年版。

3. 陈从周、潘洪萱编：《绍兴石桥》，上海科技出版社 1986年版。

4. 陈从周：《说园》，同济大学出版社 1984 年版。

5. 陈术主编《杭州运河丛书》：包括《杭州运河历史研究》、《杭州运河文献》上下册、《杭州运河风俗》、《京杭大运河图说》、《杭州运河古诗词选评》、《杭州运河桥船码头》、《杭州运河遗韵》共八本，杭州出版社 2006 年版。

6. 陈志华：《楠溪江中游古村落》，三联书店 1999 年版。

7. 胡旭东：《江南访古》，广西师范大学出版社 2006 年版。

8. 胡朴安编：《中华全国风俗志》，上海科学技术文献出版社 2008 年版。

9. 贾德江主编：《高寅水墨江南·当代著名画家技法解析》，北京工艺美术出版社 2005 年版。

10. 金煦：《太湖传说》，古吴轩出版社 2006 年版。

11. 金学智：《苏州园林》，苏州大学出版社 1999 年版。

12. 居阅时：《庭院深处——苏州园林的文化涵义》，三联书店 2006 年版。

13. 李学勤：《丰富多彩的吴文化》，上海古籍出版社 1998年版。

14. 刘士林：《西洲在何处》，东方出版社 2005 年版。

15. 刘士林：《江南文化的诗性阐释》，上海音乐学院出版社 2003 年版。

16. 马时雍：《杭州的古建筑》，杭州出版社 2004 年版。

17. 孟庆琳、晓倩、骏灵：《民间江南》，济南出版社 2007年版。

18. 单之蔷主编：《中国国家地理·江南专辑》2007 年第 3 期。

19. 沈华、朱年：《太湖稻俗》，苏州大学出版社 2006 年版。

20. 汤用彤：《汉魏两晋南北朝佛教史》，中华书局 1983 年版。

21. 王志清：《盛唐生态诗学》，北京大学出版社 2007 年版。

22. 夏咸淳：《明代山水审美》，人民出版社 2009 年版。

23. 萧兵：《楚辞的文化破译》，湖北人民出版社 1991 年版。

24. 余开亮：《六朝园林美学》，重庆出版社 2007 年版。

25. 赵霞、向洪主编：《正说秦淮八艳》，哈尔滨出版社 2006 年版。

26. 钟涛：《六朝骈文形式及其文化意蕴》，东方出版社 1997 年版。

27. 宗白华：《美学与意境》，江苏文艺出版社 2008 年版。

28. 《中国古村游》，中国友谊出版公司 2005 年版。

29. 朱秋枫：《浙江歌谣源流史》，浙江古籍出版社 2004 年版。

30. 章尚正：《中国山水文学研究》，学林出版社 1997 年版。

31. 竺岳兵：《李白与天姥》，维信版权公司 2001 年版。

32. 竺岳兵：《唐诗之路唐代诗人行迹考》，中国文史出版社 2004 年版。

33. 竺岳兵：《唐诗之路唐诗总集》，中国文史出版社 2003 年版。

34. 竺岳兵：《天姥山研究》，中国国学出版社 2008 年版。

35. 竺岳兵、李招红：《唐诗之路综论》，中国文史出版社 2003 年版。

36. 张曼涛主编：《佛教与中国文化》，上海书店 1987 年版。

37. 邹汉明：《江南词典》，湖南文艺出版社 2007 年版。

38. 曾繁仁：《生态美学导论》，商务印书馆 2010 年版。

四 今人论文

1. 陈望衡：《江南文化的美学品格》，《江海学刊》2006 年第 1 期。

2. 陈荣力：《如水的越剧》，《散文百家》2005 年第 6 期。

3. 胡海义、田小兵：《明末清初西湖小说中的西湖梦镜》，《理论月刊》2007 年第 8 期。

4. 黄健：《江南文化与中国新文学的唯美主义审美理想》，《浙江师范大学学报》2008 年第 1 期。

5. 景遐东：《东晋至唐朝江南文化特征新论》，《中华文化论坛》2005 年第 3 期。

6. 刘士林：《江南轴心期与中国古典美学精神的生成》，《浙江学刊》2004 年第 6 期。

7. 刘士林、徐燕平、朱逸宁、耿波：《江南文化与江南诗学笔谈》，《江苏大学学报》2004 年第 6 期。

8. 刘勇强：《西湖小说：城市个性与文化场景》，《文学遗产》2001 年第 5 期。

9. 邱苇、胡海义：《明末清初西湖小说与西湖词》，《贵州文史丛刊》2006 年第 1 期。

10. 饶玲一：《器物与记忆：近世江南文化学术研讨会综述》，《史林》2004 年第 6 期。

11. 邵宁宁：《山水审美的历史转折》，《文学评论》2003 年第 6 期。

12. 盛志梅：《试论清代弹词的江南文化特色》，《江淮论坛》2003 年第 1 期。

13. 孙旭：《西湖小说与话本小说的文人化》，《明清小说研究》2003 年第 2 期。

14. 孙旭：《西湖小说对杭州地域人格的摹写》，《西安电子科技大学学报》2005 年第 3 期。

15. 孙旭：《话本小说与江南文化》，《北京科技大学学报》2005 年第 3 期。

16. 熊家良：《现代文学中的江南情怀》，《江海学刊》2006 年第 1 期。

17. 杨文虎：《意境范畴生成的江南文化因素》，《江海学刊》2006 年第 1 期。

18. 张晓玥：《吴歌的魅力》，《文艺争鸣》2007 年第 3 期。

19. 曾燕：《李浔诗歌创作论》，《浙江作家》2005 年第 2 期。

20. 朱逸宁：《江南文化的地理界定及六朝诗性精神阐释》，《江淮论坛》2006 年第 2 期。

21. 左鹏：《论唐诗中的江南意象》，《江汉论坛》2004 年第 3 期。

22. 竺岳兵：《剡溪——唐诗之路》（1991 年中国首届唐宋诗词国际学术讨论会提交论文）。

后　记

　　"江南山水"是我心中的一首诗，一种希望，一个理想，我小心翼翼地用心灵的触须去爱抚她，用历史的眼睛去审视她，用哲学的智慧去解读她，用美妙的语言去表现她。面对江南，我无法保持绝对的冷静，更缺乏纯粹的客观，所以这部著作可能给人以感性有余而学理不足的缺憾。但是，可以肯定，在书中我是努力地把那个具有历史发展性和美的整体性的"江南山水"呈现在读者面前的。海德格尔云，真理乃"让存者整体存在"，从这个意义上说，或许本书也能传达出一些真理的信息。若真是这样，这几年的辛苦也就没有白费。

　　在这里要我真诚地感谢对本课题进行鉴定的各位专家们，他们热情的褒奖和溢美对我今后的学术研究是一种巨大的鼓舞，他们冷峻的批评和独到的修改意见为本书的进一步改进发挥了重要作用，虽然我无法知道他们的姓名，但却能够真切地感受到他们精诚的人格魅力和卓越的专业境界，为有此等同仁，我甚感欣慰和鼓舞。

　　杜卫教授曾经审阅了本书初稿，之后多次提醒和警戒我：这个课题很好，千万不要马虎，一定要努力做精做细。兄长之诚如芒在背，使我不得不以更严格的尺度来衡量自己的每一处表述，虽然由于我的能力和水平所限，致使书中仍有很多不足之处，但毕竟还是向着完善的方向进步了不少。所以，在书稿即将付梓之际，感念之情愈益深浓。

另外，我的两位研究生周少勇和刘琦在本课题研究过程中做了不少搜集资料方面的工作，特在此表示谢意！